解析力学

十河 清
Sogo Kiyoshi

［著］

日評ベーシック・シリーズ

日本評論社

はじめに

　力学は 17 世紀のニュートンに始まるが，その後おもにロシア，フランスさらにはイギリス，ドイツにおいて，オイラー，ラグランジュやハミルトン，ヤコビなどによって，数学的整備がなされた．その際に，微分積分法の整備にとどまらず，新しい概念である**変分** (variation) という考え方が導入された．「初めに運動方程式ありき」ではなくて，変分原理によって「運動方程式が導出される」のである．この新しい装いをもった力学理論を総称して「**解析力学**」という．

　物理学には力学以外にもいろいろな分野があるが，解析力学の考えによれば狭義の力学だけでなく電磁気学・量子力学なども同様の変分法によって定式化できる．このことは特筆すべき発展であり進歩である．第 2 章と第 3 章では力学を例にして解析力学を学ぶが，電磁気学・量子力学・場の理論などその他の分野の基礎方程式も変分原理によって導出されることを第 4 章で紹介する．

　第 5 章では再び力学を例にして正準変換の考え方・対称性と保存則・ポアソン括弧などの道具とその使い方を具体的に紹介する．また，互いに共役な座標と運動量でつくられる空間，すなわち「相空間」の持つ幾何学的性質のうちリウヴィルの定理と断熱不変量の物理的意味を議論するのが第 6 章のテーマである．第 7 章では，時間離散な力学系においても連続時間の場合と同様の取り扱いができることを「完全積分可能系」を例にして紹介する．最後の第 8 章では変分法を近似計算に用いる手法を紹介する．なお，本文中に書くと本筋を外れてしまうような付加的事項を，数学的付録として巻末において解説した．

　本書では次元・単位などの物理の常識的事項や微分積分などの基礎的数学を前提にしているが，確認のために本書の読解に必要な事項を第 1 章「解析力学を学

ぶ前に」にまとめたので活用してほしい．これらの事項は分野を問わず共通する知識なので，他の物理学分野を学ぶ際にも大いに役立つはずである．

　とくに「無次元化」の手法は，(1) 式が簡単になり，本質が見やすくなる，(2) 何が現象を決めるパラメータなのかがよくわかる，(3) 式変形を間違える機会を減らせる，(4) 計算機に載せるときに好都合である，などといった長所がある．本書のあちこちで活用しているが，読者にも大いに推奨したい方法である．

　どんな理論でも概念や数式だけでは本当の理解に至るのは難しい．そのためには「良い問題」の演習が欠かせないのである．本書にはいろいろな例題や問題を挙げているが，その作成・選択・構成には大いに推敲かつ腐心した．人為的に作った問題ではなく，実際にある (ありそうな) 現象を探して，文献や自分の経験から問題を渉猟したのである．標準的な問題に加えて，解いておもしろい問題，発展性のある問題，歴史的な問題をたくさん取りあげるように努めた．なかには著者オリジナルの新作もいくつか含まれている．解くことを楽しんでもらえたなら著者冥利に尽きる．

　あちこちに「注意」とある部分は，本来の注意のほかに注釈・歴史・文献・トリビア的雑学など，雑多な内容を盛り込んだものである．こういうものがじつは新発見のきっかけになるのだという説がある．読者のヒントになることが何かしら含まれていれば幸いである．なお，掲げた例題と問題はそのすべてに詳しい「解答」を付した．教科書として使われることを想定してはいるが，自学自習の便宜も考えた結果である．

　あれもこれもと盛り込んだせいで，半年の講義内容としては超過気味で通年講義並みの分量になってしまった．とくに第7章は著者の興味と関心に偏り過ぎており，好みの分かれるところかもしれない．全部を逐一やる必要はないので，適当に取捨選択していただければよいと考えている．たとえば，2・3・5・6章をやるというのが狭義の解析力学教程であろうから，これに他の章のおいしい部分を「つまみ食い」で追加するというのも一案であろう．学生諸君には残った部分も後からでよいからぜひとも読んでほしい．かならず楽しんでいただけるものと確信している．

　本書の内容は著者の「講義ノート」から出発したのであるが，ページ数が3倍近くに増えてしまった．内容がアドバンスト・レベルへ若干シフトしてしまった

きらいがあるが，説明や式変形はくどいくらい丁寧に書いているので，ゆっくり時間を掛けて取り組んでいただきたい．

最後に，著者に執筆依頼の声を掛けてくださった編集部の筧裕子さんには，図の作成等でたいへんお世話になったことをお礼申し上げる．ともすれば難解になりがちな内容が，読み易くなっているとすれば筧さんのおかげである．

2017 年 4 月

十河 清

目次

はじめに … i

第 1 章 解析力学を学ぶ前に … 1
- 1.1 次元と単位系 … 1
- 1.2 次元解析の効用 … 4
- 1.3 微分積分の復習 … 8
- 1.4 変分法の歴史 … 27

第 2 章 オイラー–ラグランジュの方程式 … 35
- 2.1 ニュートンの運動法則 … 35
- 2.2 運動方程式の「書き換え」… 39
- 2.3 角運動量保存則 … 42
- 2.4 極座標とケプラー運動 … 44

第 3 章 ハミルトンの変分原理 … 50
- 3.1 ハミルトンの変分原理 … 50
- 3.2 2 粒子系，重心座標と相対座標 … 57
- 3.3 振り子の運動方程式を解く … 59
- 3.4 相対論的粒子の力学 … 62

第 4 章 基礎方程式の変分法による導出 … 70
- 4.1 電磁気学の基礎方程式 … 70
- 4.2 量子力学の基礎方程式 … 75
- 4.3 場の理論の基礎方程式 … 77
- 4.4 散逸系の基礎方程式 … 82

第 5 章 正準形式の理論 … 87
- 5.1 正準形式と正準変換 … 87
- 5.2 無限小変換と保存則 … 90
- 5.3 ポアソン括弧とその応用 … 92
- 5.4 ハミルトン–ヤコビの方程式 … 100

第 6 章 相空間の幾何学 … 109
- 6.1 相空間 … 109
- 6.2 リウヴィルの定理 … 114
- 6.3 断熱不変量と作用変数 … 116
- 6.4 拘束系とディラック括弧 … 121

第 7 章 離散時間の力学系 … 130
- 7.1 離散時間の変分原理 … 130
- 7.2 離散時間ノイマン系 … 134

　　　　7.3　ロトカ–ボルテラ系と戸田格子 … 136
　　　　7.4　3 体問題を解く … 140

第 8 章　**変分法による近似計算** … 148
　　　　8.1　コンデンサ容量の近似計算 … 148
　　　　8.2　エネルギー準位の近似計算 … 150
　　　　8.3　ギンツブルグ–ランダウの超伝導現象論 … 152
　　　　8.4　超伝導薄膜の近似計算 … 155

数学的付録 … 160
　　　　A　オイラーのガンマ関数とベータ関数 … 160
　　　　B　ルジャンドル多項式と球関数 … 165
　　　　C　ミンコフスキー空間と特殊相対論 … 170
　　　　D　ヤコビの楕円関数 … 174

　　　　参考文献 … 180
　　　　演習問題の解答 … 181
　　　　索引 … 220

第1章

解析力学を学ぶ前に

本章では解析力学を学ぶ前の準備として，物理および数学の基礎知識の復習，ならびに本書の基調をなす変分法の歴史について簡単な予習をしておこう．

1.1 次元と単位系

物理学が取り扱う量 (物理量という) にはいろいろなものがあるが，あらゆる物理量は必ずそれに特有の**次元** (dimension)，あるいは**単位** (unit) を持っている．そして，すべての物理量は次の四つの基本的な次元または単位の組み合わせで表される．

次元	記号	単位
長さ	L	m (メートル)
質量	M	kg (キログラム)
時間	T	s (秒)
電荷	Q	C (クーロン)

上の表で電荷の代わりに電流 ($Q \cdot T^{-1}$, 単位はアンペア A = C/s) を用いてもよい．これを MKSA 単位系 (Meter, Kilogram, Second, Ampere) という．なお慣習により，物理変数や数式は斜体 (イタリック) で表すのに対して，次元記号や単位は立体で表して互いに区別する．コンデンサの容量を C で表すときのように，紛らわしい場合もあるので注意してほしい．

注意 次元は普遍的で変わらないが，単位は時代や国によって変わる．たとえば古い書籍や論文では cgs-Gauss 単位系という cm (センチメートル), g (グラム), s (秒) および esu (静電単

位) という電荷の単位が使われている．本書でも 1 題だけこの単位系で書かれた問題を出題した (問 3.6)．現在の単位系に直すのが面倒だからではなく，古い文献を読む練習にもなると考えたからである．いずれにせよ用いる単位系は，物理の本質とは無関係で，多少の便利・不便の差があるだけである．

さて，物理に登場する式は「あるものが別のあるものに等しい」という形式で書かれる．このとき，

等式の両辺の次元は必ず一致していなければならない．

たとえば，ニュートンの運動方程式は $F = ma$ と書かれる．この式は，次元あるいは単位について，左辺の力が質量と加速度の積となることを主張している．力の単位は N (ニュートン) であるから，これは次の関係を意味する．

$$N = kg \cdot m/s^2 \tag{1.1}$$

また，エネルギーの単位は J (ジュール) であるが，運動エネルギーの式 $E = \frac{1}{2}mv^2$ あるいはガリレイの仕事の原理 $\Delta E = W = F\Delta x$ からわかるように，次の等式が成り立つ．

$$J = kg \cdot (m/s)^2 = N \cdot m \tag{1.2}$$

式 (1.1) を用いて，上式の右側の等号が成立することを確かめよ．

ここで，電磁気学の例を挙げておこう．電位の単位は V (ボルト) であるが，電荷 × 電位はエネルギーの単位 J (ジュール) と同じ次元を持つ $(C \cdot V = J)$．この単位を eV (エレクトロン・ボルト，電子ボルト) といい，

$$1 \, eV = 1.6 \times 10^{-19} \, J$$

の単位換算の関係が成り立つ．右辺の数は単位電荷量 (電子の持つ電荷の符号を変えたもの) $e = 1.6 \times 10^{-19}$ C から来ている．素粒子実験に使われている加速器の規模はいまや最大エネルギーが TeV (略してテブ，テラエレクトロン・ボルト 10^{12} eV) のオーダーに到達している．

注意 10 の 12 乗「テラ」が出てきたついでに，その系列の読み方を書いておこう．現在の約束では，大きいほうは 3 桁ずつ増えて「キロ < メガ < ギガ < テラ < ペタ < エクサ」と

続く．逆に小さいほうは 3 桁ずつ減って「ミリ ＞ マイクロ ＞ ナノ ＞ ピコ ＞ フェムト ＞ アト」と続き，これらに各単位名を付け加えて，たとえばキロ・メートルなどとする．しかし，実際に計算する際には，こういう読み方よりもベキ数が具体的に書かれたほうが便利である．

例題 1.1 誘電率 ε の次元を L, M, T, Q を用いて表せ．

解 平行平板コンデンサの容量 C と，そのコンデンサに電位差 V のもとで蓄えられる電荷量 Q を与える公式は平板の面積を S，間隔を d として

$$C = \frac{\varepsilon S}{d}, \quad Q = CV \tag{1.3}$$

である．これから C を消去すれば，誘電率 ε の次元として

$$\varepsilon = \frac{Qd}{VS} \implies [\varepsilon] = \frac{Q \cdot L}{(M(L/T)^2/Q) \cdot L^2} = \frac{Q^2 T^2}{ML^3} \tag{1.4}$$

を得る．ここで，物理量 K の次元を表すのに $[K]$ の記号を用いた．また，(ボルト) = (ジュール)/(クーロン) = $M(L/T)^2/Q$ の関係を用いている．

別解として，距離 r 離れた二つの電荷 q_1, q_2 のあいだのクーロン・ポテンシャルの式

$$U = \frac{1}{4\pi\varepsilon_0} \cdot \frac{q_1 q_2}{r} \tag{1.5}$$

に現れる「真空の誘電率」ε_0 も同じ次元を持つことを確かめよ． □

このように，知りたい物理量が登場する関係式を使えば，その物理量の次元を求めることができる．

例題 1.2 次の量の次元を L, M, T, Q を用いて表せ．またその単位は何とよばれるか．
 (1) 振動数， (2) 圧力， (3) 電気抵抗， (4) 磁束密度

解 (1) T^{-1}，単位は Hz (ヘルツ) $= s^{-1}$．
 (2) $M \cdot L^{-1} \cdot T^{-2}$，単位は Pa (パスカル) $= N/m^2$．
 (3) $M \cdot L^2 \cdot T^{-1} \cdot Q^{-2}$，単位は Ω (オーム) $= V$ (ボルト)$/A$ (アンペア)．

(4) $M \cdot T^{-1} \cdot Q^{-1}$, 単位は T(テスラ) $= N/A \cdot m$ である. ただし, この記号法は時間の次元 T と同じで紛らわしい (せめて Te とでもしてほしいのだが). ちなみに, これらの単位はすべて人名に由来している. □

注意 電気抵抗には h/e^2 という基本単位 (フォン・クリッツィング定数という) があることが量子ホール効果として 1980 年に観測された. この組み合わせ h/e^2 が上記の電気抵抗の次元を持つことを確かめてみよ.

1.2 次元解析の効用

次元解析

すべての物理量が次元を持つことを利用すると, 物理公式を「導出」できることがある. これを**次元解析** (dimensional analysis) という.

例として「バネの運動」を考えよう. つりあいの位置から少しずらして手を離すと, 物体は周期的運動 (単振動) をすることはよく知られている. この運動を特徴づけている物理量は, 物体の質量 m とバネ定数 k および振幅 A である. よって, 振動の周期 T はこれらによって表されるはずである. そこで,

$$T = m^\alpha k^\beta A^\gamma \tag{1.6}$$

とおいて両辺の次元を比べよう. フックの法則 ($F = -kx$) から $[k] = MLT^{-2}/L = M/T^2$ であるから

左辺の次元 $= T$, 右辺の次元 $= (M)^\alpha (M/T^2)^\beta (L)^\gamma = M^{\alpha+\beta} \cdot T^{-2\beta} \cdot L^\gamma$

となる. よって, 連立方程式 $\alpha + \beta = 0, -2\beta = 1, \gamma = 0$ を解いて $\alpha = 1/2, \beta = -1/2, \gamma = 0$ を得る. したがって

$$\text{周期 } T = \sqrt{\frac{m}{k}} \cdot (\text{無次元量}) \tag{1.7}$$

となる. 正確な公式は $T = 2\pi\sqrt{m/k}$ であるから, 上記の無次元量は 2π である. ここで, 円周率 π のような角度 (ラジアン) は「円の弧長と半径の比」ゆえ, 無次元であることに注意せよ. また, 周期が振幅 A に依存しないことは, 単振動の著しい性質のひとつである.

例題 1.3　（振り子）　ニュートンの万有引力の法則 $F = Gm_1 m_2/r^2$ を既知として以下の問いに答えよ．

(1) 地上における重力加速度 g を計算で求めよ．

(2) 「振り子」の周期 T がひもの長さ ℓ, 重力加速度 g, おもりの質量 m によって決まるとして，次元解析を実行せよ．

(3) 月面上と地上とで振り子の周期はどれほど違うか，その比を計算せよ．

ただし，必要なら以下の数値を用いよ．

　　万有引力定数　$G = 6.7 \times 10^{-11}$ m$^3 \cdot$ kg$^{-1} \cdot$ s^{-2}

　　地球の質量　$M_{地} = 6.0 \times 10^{24}$ kg,　　地球の半径　$R_{地} = 6.4 \times 10^6$ m

　　月の質量　$M_{月} = 7.3 \times 10^{22}$ kg,　　月の半径　$R_{月} = 1.7 \times 10^6$ m

解　(1) $g = GM_{地}/R_{地}^2 = 9.8$ m/s^2．

(2) $T = \sqrt{\ell/g} \cdot$ (無次元量) $= 2\pi\sqrt{\ell/g}$, 質量 m には依存しないのである (振り子の等時性)．ただし，正確には振幅 a にも依存し $T = \sqrt{\ell/g} \cdot F(a/\ell)$ となり，2π は微小振動の場合 $F(0) = 2\pi$ の結果である．

(3) $g_{月}/g_{地} = (M_{月}/M_{地}) \cdot (R_{地}/R_{月})^2 = 0.17$ であり，周期の比は $T_{月}/T_{地} = \sqrt{g_{地}/g_{月}} = 2.4$ になる．個々の数値自体を計算することもできるが，このように相対比を通して計算すると簡便である．　□

四つの基本的な物理定数

物理学には上記の万有引力定数 G を含めて，これまでに知られている基本的な物理定数が四つ存在する．

　　光速度　$c = 3.0 \times 10^8$ m $\cdot$ s^{-1},

　　プランク定数　$\hbar = h/2\pi = 1.0 \times 10^{-34}$ J $\cdot$ s,

　　単位電荷　$e = 1.6 \times 10^{-19}$ C,

　　万有引力定数　$G = 6.7 \times 10^{-11}$ m$^3 \cdot$ kg$^{-1} \cdot$ s^{-2}

そこで，これらの定数を組み合わせると四つの次元 L, M, T, Q の基本単位を定めることができる．電荷 Q の単位はそのまま単位電荷 e で与えられるが，その

他の三つは次のようになる．

$$\text{L}: \quad \ell_\text{P} = \sqrt{\hbar G/c^3} = 1.6 \times 10^{-35} \text{ m},$$
$$\text{T}: \quad \tau_\text{P} = \sqrt{\hbar G/c^5} = 5.4 \times 10^{-44} \text{ s},$$
$$\text{M}: \quad m_\text{P} = \sqrt{\hbar c/G} = 2.2 \times 10^{-8} \text{ kg}$$

これらは，それぞれ「プランク長さ」「プランク時間」「プランク質量」とよばれている．プランク長さはプランク時間のあいだに光が進む距離 $\ell_\text{P} = c\tau_\text{P}$ であり，プランク質量の「ド・ブロイ長」$\ell_\text{P} = \hbar/m_\text{P}c$ である．また，$\ell_\text{P} = Gm_\text{P}/c^2$ はプランク質量のシュワルツシルト半径 (の半分) でもある．最初の二つから ℓ_P を消去すると $m_\text{P}c^2 \cdot \tau_\text{P} = \hbar$ を得るが，これはエネルギーと時間を同時に測定できる精度に限界があるという不確定性関係の類似物である．さて，これらはどれも極端に小さい量であることに注意してほしい．いまだ確立していない量子重力の理論は，このスケールで意味を持つと考えられている．

注意 プランクの光量子がエネルギー $\varepsilon = h\nu$，運動量 $p = h/\lambda$ を持つことから類推して，ド・ブロイは物質粒子 (たとえば電子) には波長 $\lambda = h/p = h/mv$ の波が付随していると考えたのである．速度 v を光速度に置き換え，h を $\hbar = h/2\pi$ にした $\hbar/mc$ をド・ブロイ長という．

例題 1.4 水素原子のエネルギー準位を与える「ボーアの公式」

$$E_n = -\frac{me^4}{2\hbar^2(4\pi\varepsilon_0)^2} \cdot \frac{1}{n^2} \qquad (n = 1, 2, 3, \cdots) \tag{1.8}$$

の係数は「リュードベリ定数」Ry とよばれるエネルギーの次元を持つ定数である．

$$Ry = \frac{me^4}{2\hbar^2(4\pi\varepsilon_0)^2} = 13.6 \text{ eV} \tag{1.9}$$

ボーアは水素原子のエネルギー準位が物理定数 $\hbar = h/2\pi$，$e^2/4\pi\varepsilon_0$ および電子質量 m で決まると考えて次元解析をおこない，上記のリュードベリ定数を得たという．彼はこれによって，準位が量子論によって説明される (すなわち $\hbar$ が関係する) という確信を持ったのである．ボーアに倣って，この場合のエネルギーの

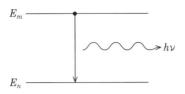

図 1.1 準位間の遷移による光の放出

単位 ε_H と長さの単位 a_H を構成してみよ．

解 ここで利用するのは $\hbar$, c, $e^2/4\pi\varepsilon_0$ でつくられる**微細構造定数** (fine structure constant) とよばれる無次元の定数 α である．

$$\alpha = \frac{e^2}{4\pi\varepsilon_0 \hbar c} = (137.035\cdots)^{-1} \tag{1.10}$$

これが無次元であることを確かめるのは容易なので読者にまかせよう．そこで，いまの場合のエネルギーの単位 ε_H には光速度 c は現れない (非相対論的) として

$$\varepsilon_\mathrm{H} = mc^2 \cdot \left(\frac{e^2}{4\pi\varepsilon_0 \hbar c}\right)^2 = \frac{me^4}{(4\pi\varepsilon_0)^2 \hbar^2} = 2Ry \tag{1.11}$$

を得る．前にある mc^2 は有名なアインシュタインのエネルギー式である．ここで，因子「2」の違いは次元解析からは示せない．同様にして，長さの単位 a_H は

$$a_\mathrm{H} = \frac{\hbar}{mc} \cdot \frac{4\pi\varepsilon_0 \hbar c}{e^2} = \frac{4\pi\varepsilon_0 \hbar^2}{me^2} = 0.5 \times 10^{-10} \text{ m} \tag{1.12}$$

となる．前にある $\hbar/mc$ は電子のド・ブローイ長である．この a_H は「ボーア半径」とよばれ，水素原子のサイズを表している． □

注意 通常「リュードベリ定数」とよばれているのは $R_\infty = Ry/hc = 1.1 \times 10^7$ m^{-1} のほうである．

$$h\nu = \frac{hc}{\lambda} = E_m - E_n \implies \frac{1}{\lambda} = R_\infty \left(\frac{1}{n^2} - \frac{1}{m^2}\right)$$

1.3 微分積分の復習

　ここでは解析力学で必要となる微分積分の知識を整理しておこう．解析力学では「運動」を問題にする．すなわち，いろいろな物理量の時間変化を考えるのである．たとえば，ある物体の運動を記述するには，物体の位置を時間の関数として $\boldsymbol{r}(t) = (x(t), y(t), z(t))$ を定めればよい．このとき，物体の速度 $\boldsymbol{v}$ および加速度 $\boldsymbol{a}$ は時間微分を用いて

$$\boldsymbol{v}(t) = \frac{\mathrm{d}}{\mathrm{d}t}\boldsymbol{r}(t), \quad \boldsymbol{a}(t) = \frac{\mathrm{d}}{\mathrm{d}t}\boldsymbol{v}(t) = \frac{\mathrm{d}^2}{\mathrm{d}t^2}\boldsymbol{r}(t) \tag{1.13}$$

と表される．ここで，ベクトルの時間微分は直角座標 (デカルト座標ともいう) では成分ごとの微分を意味する．また，物理では時間微分が頻出するので，記号の簡単化のために時間微分をドットで表して

$$\boldsymbol{v} = \dot{\boldsymbol{r}} = (\dot{x}, \dot{y}, \dot{z})$$

などと書く (ニュートンの記法)．また上記のように，時間引数 t をあらわに書かないこともあるので注意が必要だ．ドットが付いている以上は時間の関数と考えているのである．これらは物理独特の慣習であり，初めてのときは戸惑うかもしれないが，簡潔かつ便利なので積極的に使って慣れてほしい．

(1) 微分の基本的性質

　微分は「極限」を用いて

$$\frac{\mathrm{d}}{\mathrm{d}x}f(x) = \lim_{h \to 0}\frac{f(x+h) - f(x)}{h} \tag{1.14}$$

で定義されるが，初等的な関数 (x^n や $\sin x$ など) の微分公式を知っていれば，多くの場合は以下の微分の**基本的性質**をそれらに適用して求めることができる．

$$\text{(1) 和の微分} \quad \frac{\mathrm{d}}{\mathrm{d}x}(f+g) = \frac{\mathrm{d}f}{\mathrm{d}x} + \frac{\mathrm{d}g}{\mathrm{d}x}, \tag{1.15}$$

$$\text{(2) 定数倍の微分} \quad \frac{\mathrm{d}}{\mathrm{d}x}(cf) = c\frac{\mathrm{d}f}{\mathrm{d}x}, \tag{1.16}$$

$$\text{(3) 積の微分} \quad \frac{\mathrm{d}}{\mathrm{d}x}(fg) = \frac{\mathrm{d}f}{\mathrm{d}x}g + f\frac{\mathrm{d}g}{\mathrm{d}x} \tag{1.17}$$

これらのうちで，積の微分公式がもっとも「微分」らしい特徴を表す性質である．
　さらに**合成関数の微分**と**逆関数の微分**も有用である．

(4) 合成関数の微分　$\dfrac{\mathrm{d}}{\mathrm{d}t}f(x(t)) = \dfrac{\mathrm{d}x}{\mathrm{d}t} \cdot \dfrac{\mathrm{d}f(x)}{\mathrm{d}x},$ 　　　　(1.18)

(5) 逆関数の微分　$\dfrac{\mathrm{d}}{\mathrm{d}x}f^{-1}(x) = \dfrac{1}{\dfrac{\mathrm{d}}{\mathrm{d}y}f(y)}$ 　　　　(1.19)

ここで，逆関数 $y = f^{-1}(x)$ とは $x = f(y)$ を y について逆に解いた関数を意味する．これらの等式は，次のように書くとわかりやすい．あたかも「約分」できるかのように読めるからである．

$(4')\ \dfrac{\mathrm{d}f}{\mathrm{d}t} = \dfrac{\mathrm{d}x}{\mathrm{d}t} \cdot \dfrac{\mathrm{d}f}{\mathrm{d}x},$

$(5')\ \dfrac{\mathrm{d}y}{\mathrm{d}x} = \left(\dfrac{\mathrm{d}x}{\mathrm{d}y}\right)^{-1}$ 　あるいは　 $\dfrac{\mathrm{d}y}{\mathrm{d}x} \cdot \dfrac{\mathrm{d}x}{\mathrm{d}y} = 1$

たとえば，ϕ を時間 t の関数 $\phi = \phi(t)$ とするとき，$\sin\phi$ を時間微分すると

$$\dfrac{\mathrm{d}}{\mathrm{d}t}\sin\phi = \dfrac{\mathrm{d}\phi}{\mathrm{d}t} \cdot \dfrac{\mathrm{d}\sin\phi}{\mathrm{d}\phi} = \dot\phi \cdot \cos\phi$$

となる．

注意　これをどう勘違いしたのか $\cos\dot\phi$ などとする人がいるので，気をつけてほしい．このように，学生諸君の犯す間違いの多くは，自分勝手な規則を作って運用した結果であるようだ．規則は正確に運用しなくてはならない．

例題 1.5　（商の微分）　微分の基本的性質を用いて，次の逆数関数の微分および商の微分の公式を導け．

$$\dfrac{\mathrm{d}}{\mathrm{d}t}\left(\dfrac{1}{f(t)}\right) = -\dfrac{\dot f}{f^2}, \quad \dfrac{\mathrm{d}}{\mathrm{d}t}\left(\dfrac{g(t)}{f(t)}\right) = \dfrac{\dot g f - g\dot f}{f^2}$$

解　$F(t) = 1/f(t)$ とおく．分母を払った $F(t)f(t) = 1$ の両辺を t 微分すれば $\dot F f + F\dot f = 0$ から $\dot F = -F\dot f/f = -\dot f/f^2$ すなわち右辺を得る．後者は $g/f = gF$ に積の微分公式を適用すれば $\dot g F + g\dot F = \dot g/f - g\dot f/f^2$ を通分して右辺を得る．　□

例題 1.6 積の高階微分に関するライプニッツの規則

$$\frac{\mathrm{d}^n}{\mathrm{d}t^n} f(t)g(t) = \sum_{r=0}^{n} \binom{n}{r} f^{(n-r)}(t) g^{(r)}(t) \qquad (n=0,1,2,\cdots)$$

を示せ．ここで $g^{(r)}(t)$ は $g(t)$ の r 階微分を表し，記号 $\binom{n}{r}$ は 2 項係数

$$\binom{n}{r} = \frac{n!}{r!(n-r)!}$$

である．

解 これの証明には数学的帰納法などいろいろな方法があるが，2 項係数が自然に登場するのは以下の証明である．

$$\text{左辺} = \left[\left(\frac{\mathrm{d}}{\mathrm{d}t} + \frac{\mathrm{d}}{\mathrm{d}t'}\right)^n f(t)g(t')\right]_{t=t'} = \sum_{r=0}^{n} \binom{n}{r} \left[\frac{\mathrm{d}^{n-r}f(t)}{\mathrm{d}t^{n-r}} \cdot \frac{\mathrm{d}^r g(t')}{\mathrm{d}t'^r}\right]_{t=t'} = \text{右辺}$$

左側の等号は左辺の高階微分の意味を考えればわかる．中央の等号において微分演算の和の n 乗に対して 2 項定理を適用している． □

(2) 対数関数と指数関数

次の極限で定義される定数 $e = 2.7182818\cdots$ (自然対数の底，ネイピア定数ともいう)

$$e = \lim_{n\to\infty} \left(1 + \frac{1}{n}\right)^n = \sum_{n=0}^{\infty} \frac{1}{n!} = 1 + \frac{1}{1!} + \frac{1}{2!} + \cdots \tag{1.20}$$

を底とする自然対数は，定積分によって次のように定義される．

$$\log x = \int_1^x \frac{\mathrm{d}u}{u} \iff \frac{\mathrm{d}}{\mathrm{d}x} \log x = \frac{1}{x} \tag{1.21}$$

左側の積分による定義から，対数関数が $\log(xy) = \log x + \log y$ という性質 (**対数法則**：対数は積を和に変える) を持つことが

$$\log(xy) = \int_1^{xy} \frac{\mathrm{d}u}{u} = \int_1^x \frac{\mathrm{d}u}{u} + \int_x^{xy} \frac{\mathrm{d}u}{u} = \log x + \log y$$

のように示される．二つ目の積分で変数変換 $u \to xu$ をするのである．

指数関数は，対数関数の逆関数として定義してもよい．

$$y = e^x \iff x = \log y \tag{1.22}$$

指数関数の性質 $e^{x+y} = e^x e^y$ (**指数法則**：指数は和を積に変える) は，対数法則 $\log(XY) = \log X + \log Y$ の「読み換え」である ($X = e^x$, $Y = e^y$).

例題 1.7 微分公式

$$\frac{\mathrm{d}}{\mathrm{d}t} \log(1+t) = \frac{1}{1+t}, \quad \frac{\mathrm{d}}{\mathrm{d}t} e^t = e^t$$

から以下のマクローリン展開 (原点のまわりのテイラー展開) 公式が得られることを確かめよ．

$$\log(1+t) = t - \frac{t^2}{2} + \frac{t^3}{3} - \cdots = \sum_{n=1}^{\infty} (-1)^{n-1} \frac{t^n}{n} \quad (-1 < t \leq 1),$$

$$e^t = 1 + t + \frac{t^2}{2!} + \frac{t^3}{3!} + \cdots = \sum_{n=0}^{\infty} \frac{t^n}{n!}$$

解 ここで使うのは「$\dot{f} = \dot{g}$ ならば $f = g + C$ が成り立つ」という性質である．積分定数 C は両辺が特定の t (たとえば $t = 0$) において一致するように選べばよい．これにより，前者では

$$f = \log(1+t), \quad \dot{f} = 1/(1+t) = 1 - t + t^2 - t^3 + \cdots \quad (-1 < t < 1)$$

ゆえ $\dot{f} = \dot{g}$ より，右辺を項別に積分すれば

$$g = t - t^2/2 + t^3/3 - \cdots$$

を得る (積分定数はゼロ)．公式の成立範囲に $t = 1$ が含まれるのは，結果的にそこでも等号が成立する (条件収束という) からである．後者の場合は

$$f = e^t, \quad g = 1 + t + t^2/2! + \cdots$$

とおけば，$\dot{f} = f$, $\dot{g} = g$ が成立し，しかも $t = 0$ で両者は一致することからいえる．なお，この場合の右辺 g の級数の収束半径は無限大である． □

注意 テイラー展開，あるいは特に原点近傍でのマクローリン展開というと

$$f(t) = f(0) + f'(0)t + \frac{f''(0)}{2!}t^2 + \cdots \tag{1.23}$$

に従って高階の微分係数の計算が必要であると考え，それを生真面目に実行する人がいる．けれども，既知の展開公式を使うことで片付く場合も多いので，まずは「近道がないか」を考えるのがよい．たとえば，$f(t) = \log(1+t)$ の高階微分計算ならばそれほど難しくはないが，1 階微分 $f'(t) = 1/(1+t)$ の段階で上記のように等比級数に直すほうが賢明である．あるいは

$$f(t) = \frac{e^t - 1}{t}$$

のマクローリン展開の場合はどうだろう．商の高階微分計算だけでも面倒なうえ，その $t=0$ での極限値となると結構な労力である．ところが，指数関数 e^t のマクローリン展開

$$e^t = 1 + t + \frac{t^2}{2!} + \frac{t^3}{3!} + \cdots$$

を使えば，代入するだけで

$$f(t) = \frac{e^t - 1}{t} = \frac{1}{t}\left(t + \frac{t^2}{2!} + \frac{t^3}{3!} + \cdots\right) = 1 + \frac{t}{2!} + \frac{t^2}{3!} + \cdots \tag{1.24}$$

となることがわかる．数学において「ズルする」ことは罪悪ではなく，むしろ美徳なのである．これを工夫という．

(3) 三角関数

三角関数の微分はよく知っているであろう．

$$\frac{d}{dx}\sin x = \cos x, \quad \frac{d}{dx}\cos x = -\sin x, \quad \frac{d}{dx}\tan x = \sec^2 x$$

最後の $\tan x$ の微分は，商の微分公式を用いて導出できることを確かめよ．なお $\sec x = 1/\cos x$ である．

もうひとつ覚えていると便利なものにオイラーの公式がある．

$$e^{ix} = \cos x + i\sin x \tag{1.25}$$

ここで $i = \sqrt{-1}$ である．この公式を使えば，指数法則 $e^{i(x+y)} = e^{ix} \cdot e^{iy}$ から三角関数の加法公式が導かれることはよく知られている．

オイラーの公式の導出には，三角関数のマクローリン展開の公式

$$\sin x = x - \frac{x^3}{3!} + \frac{x^5}{5!} - \cdots, \quad \cos x = 1 - \frac{x^2}{2!} + \frac{x^4}{4!} - \cdots \tag{1.26}$$

を指数関数のマクローリン展開の公式と比較すればよい ($i^2 = -1$ を使う).

$$\begin{aligned} e^x &= 1 + x + \frac{x^2}{2!} + \frac{x^3}{3!} + \cdots, \\ e^{ix} &= 1 + (ix) + \frac{(ix)^2}{2!} + \frac{(ix)^3}{3!} + \cdots \\ &= \left(1 - \frac{x^2}{2!} + \frac{x^4}{4!} - \cdots\right) + i\left(x - \frac{x^3}{3!} + \frac{x^5}{5!} - \cdots\right) \\ &= \cos x + i \sin x \end{aligned}$$

(4) 積分法

「積分は微分の逆演算」であるから,すでにみてきた微分についての知識があれば,たいていの積分は容易に求まるであろう.解析力学に特有の問題は「**微分方程式を解く**」という形式の積分問題である.

例として,自由落下を取り上げよう.ニュートンの運動方程式は,重力加速度を g として

$$m\ddot{x} = -mg \quad \text{すなわち} \quad \ddot{x} = -g \tag{1.27}$$

で与えられる.この 2 階常微分方程式は,初期条件 $x(0) = x_0,\ \dot{x}(0) = v_0$ のもとで,

$$x(t) = x_0 + v_0 t - \frac{g}{2}t^2 \tag{1.28}$$

と解ける.等加速度運動は力学の典型的な問題であるから,必ず解けるようにしておきたい.

例題 1.8(等加速度運動) ある冬の朝,氷の張った湖面に跳び移ったところ,ある距離を滑ったのち停止した.氷面との間には垂直抗力と動摩擦力のみが働くとして,このときの運動を考えよう.

(1) 湖面は水平として,人を質量 m の質点,重力加速度を g,動摩擦係数を μ として,運動方程式を書け.

(2) 跳び移った瞬間の初速度 (水平) を v_0 とするとき,時刻 t における速度 $v(t)$ を求めよ.

(3) 停止するまでの時間 T, 滑った距離 L の表式を求めよ．

解　(1) の運動方程式は，垂直抗力を N として

$$N = mg, \quad m\dot{v} = -\mu N \quad \Longrightarrow \quad \dot{v} = -\mu g \tag{1.29}$$

となる．よって，これも等加速度運動である．これを 1 回積分すれば (2) の答え

$$v(t) = v_0 - \mu g t \tag{1.30}$$

を得る．よって (3) の静止するまでの時間 T は $v(T) = v_0 - \mu g T = 0$ より $T = v_0/\mu g$ と求まる．最後に，滑った距離 L は定積分により

$$L = \int_0^T v(t)\,\mathrm{d}t = \int_0^T (v_0 - \mu g t)\,\mathrm{d}t = v_0 T - \frac{\mu g}{2} T^2 = \frac{v_0^2}{2\mu g} \tag{1.31}$$

となる．なお，このような等加速度問題の場合は，速度 $v(t)$ の図を描いて面積から求めるのも簡明である (図 1.2)．　□

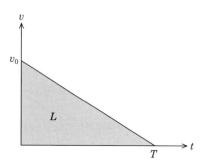

図 1.2　等加速度運動の $v(t)$ グラフ

例題 1.9　（終端速度）　速度に比例した抵抗力を受けながら落下する質量 m の物体に対する運動方程式は，速度を v として，

$$m\dot{v} = -kv + mg$$

で与えられる．
(1) 初期条件を $v(0) = v_0$ として，この微分方程式を解け．
(2) $\lim_{t \to \infty} v(t)$ を求めよ．これを**終端速度**という．

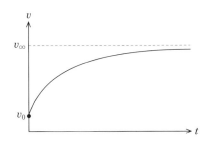

図 1.3　速度に比例する抵抗力を受けた物体の運動

解　(1) の微分方程式は

$$\frac{dv}{dt} = -\frac{k}{m}\left(v - \frac{mg}{k}\right)$$

と書けるから，変数変換 $w(t) = v(t) - mg/k$ によって

$$\frac{dw}{dt} = -\frac{k}{m}w \implies w(t) = w(0)e^{-kt/m}, \quad w(0) = v_0 - mg/k$$

すなわち

$$v(t) = \frac{mg}{k} + \left(v_0 - \frac{mg}{k}\right)e^{-kt/m} \tag{1.32}$$

を得る．したがって，$t \to \infty$ の極限をとって，(2) の答えは $v(\infty) = mg/k$ となる．終端速度では重力と抵抗力がつりあっているのである．　□

(5) 偏微分

多変数関数の微分法を「偏微分」(partial differential) という．これに対して，従来の 1 変数微分をとくに「常微分」(ordinary differential) ということがある．常微分 d と区別するため，偏微分には記号 ∂ を用いる．

関数 $f(x, y, z)$ を変数 x で偏微分するには，他の変数 y, z は x にとっては「定数」と考えて x に関する常微分と同じ操作を実行すればよい．たとえば

$$\frac{\partial}{\partial x}\left(x^2 + y^2 + z^2\right) = 2x$$

といったぐあいである[1]．

---

[1] たまに $y^2 + z^2$ の偉そうな態度に気圧されてか，$2x + y^2 + z^2$ などとする人がいるが，遠慮はいらないのである．

さて，極座標では $x^2 + y^2 + z^2 = r^2$ であるから，これから

$$\frac{\partial}{\partial x}(r^2) = 2x \implies 2r\frac{\partial r}{\partial x} = 2x \implies \frac{\partial r}{\partial x} = \frac{x}{r} \tag{1.33}$$

を得る．直接

$$\frac{\partial r}{\partial x} = \frac{\partial}{\partial x}(x^2+y^2+z^2)^{1/2} = \frac{1}{2}(x^2+y^2+z^2)^{-1/2} \cdot 2x = \frac{x}{\sqrt{x^2+y^2+z^2}} = \frac{x}{r}$$

と計算しても同じである．

注意 極座標では $x = r\sin\theta\cos\phi$ であるから

$$\frac{\partial x}{\partial r} = \sin\theta\cos\phi = \frac{x}{r} \tag{1.34}$$

でもある．それゆえ

$$\frac{\partial x}{\partial r} \cdot \frac{\partial r}{\partial x} \neq 1$$

なのである．こういうところが常微分の場合との大きな違いで，よく間違える点でもある．こういう間違いは複数個ある独立変数と従属変数の区別をしっかり意識することで回避できる．なお，上記の例で右辺を 1 にするのは

$$\frac{\partial r}{\partial r} = \frac{\partial x}{\partial r} \cdot \frac{\partial r}{\partial x} + \frac{\partial y}{\partial r} \cdot \frac{\partial r}{\partial y} + \frac{\partial z}{\partial r} \cdot \frac{\partial r}{\partial z} = 1 \tag{1.35}$$

である．

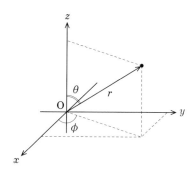

図 **1.4** 3 次元極座標．$x = r\sin\theta\cos\phi$, $y = r\sin\theta\sin\phi$, $z = r\cos\theta$

もう少しややこしい例を挙げよう．

$$\frac{\partial}{\partial x}\left(\frac{1}{r}\right) = \frac{\partial}{\partial x}\frac{1}{\sqrt{x^2+y^2+z^2}} = -\frac{1}{2}\left(x^2+y^2+z^2\right)^{-3/2}\cdot 2x$$
$$= -\frac{x}{(x^2+y^2+z^2)^{3/2}} = -\frac{x}{r^3} \tag{1.36}$$

となる．これは，合成関数の微分規則を使って

$$\frac{\partial}{\partial x}\frac{1}{r} = \frac{\partial r}{\partial x}\frac{\partial}{\partial r}\frac{1}{r} = \frac{x}{r}\cdot\frac{-1}{r^2} = -\frac{x}{r^3}$$

としてもよい．これは

$$\frac{\partial}{\partial x} = \frac{\partial r}{\partial x}\frac{\partial}{\partial r} + \frac{\partial\theta}{\partial x}\frac{\partial}{\partial\theta} + \frac{\partial\phi}{\partial x}\frac{\partial}{\partial\phi} \tag{1.37}$$

において，微分される側が r だけの関数なので，角度微分の項を落としたのである．

注意 答えの右辺を $-x/r^2$ とする間違いを時々見掛けるが，左辺の次元が L^{-2} であることに注意すれば，こういう間違いは防げるだろう．次元に敏感であることの効用のひとつである．

偏微分計算で頻出するものに「ナブラ」∇ とよばれるベクトル型微分演算子がある．

$$\nabla = \left(\frac{\partial}{\partial x}, \frac{\partial}{\partial y}, \frac{\partial}{\partial z}\right) \tag{1.38}$$

この記号を用いると，スカラー値関数 $\phi(x,y,z)$ やベクトル値関数 $\boldsymbol{A}(x,y,z) = (f,g,h)$ に対する

$$\mathrm{grad}\,\phi = \nabla\phi = \left(\frac{\partial\phi}{\partial x}, \frac{\partial\phi}{\partial y}, \frac{\partial\phi}{\partial z}\right), \tag{1.39}$$

$$\mathrm{div}\,\boldsymbol{A} = \nabla\cdot\boldsymbol{A} = \frac{\partial f}{\partial x} + \frac{\partial g}{\partial y} + \frac{\partial h}{\partial z}, \tag{1.40}$$

$$\mathrm{rot}\,\boldsymbol{A} = \nabla\times\boldsymbol{A} = \left(\frac{\partial h}{\partial y} - \frac{\partial g}{\partial z}, \frac{\partial f}{\partial z} - \frac{\partial h}{\partial x}, \frac{\partial g}{\partial x} - \frac{\partial f}{\partial y}\right) \tag{1.41}$$

といった基本的な微分演算を簡潔に表すことができる．順に「勾配」(グラディエント)，「発散」(ダイバージェンス)，「回転」(ローテイション) とよばれる．演算結果がスカラーなのかベクトルなのかに注意してほしい．$\mathrm{div}\,\boldsymbol{A} = \nabla\cdot\boldsymbol{A}$ 以外はベ

クトルとなる．

また，これらを組み合わせると

$$\mathrm{div}\,(\mathrm{grad}\,\phi) = \nabla \cdot (\nabla \phi) = \nabla^2 \phi = \left(\frac{\partial^2}{\partial x^2} + \frac{\partial^2}{\partial y^2} + \frac{\partial^2}{\partial z^2}\right)\phi \tag{1.42}$$

となるが，この微分演算子を「ラプラス演算子」あるいは単に「ラプラシアン」(Laplacian) という．

注意 順番が逆の $\mathrm{grad}\,(\mathrm{div}\,\boldsymbol{A})$ もあり得るが，$\mathrm{grad}\,(\mathrm{rot}\,\boldsymbol{A})$，$\mathrm{rot}\,(\mathrm{div}\,\boldsymbol{A})$ はあり得ない組み合わせである．また，$\mathrm{div}\,(\mathrm{rot}\,\boldsymbol{A})$，$\mathrm{rot}\,(\mathrm{grad}\,\phi)$ はあり得るが，結果は通常恒等的にゼロとなる．これについては後で登場したときに説明しよう．

例題 1.10 ベクトル $\boldsymbol{r} = (x, y, z)$ の大きさを $r = \sqrt{x^2 + y^2 + z^2}$ と書くとき

$$\nabla \frac{1}{r} = -\frac{\boldsymbol{r}}{r^3}, \quad \nabla^2 \frac{1}{r} = 0 \tag{1.43}$$

を確かめよ．

解 前者は式 (1.36) を y, z にも適用した結果である．後者は「積」の微分規則を使って

$$-\frac{\partial}{\partial x}\left(\frac{x}{r^3}\right) - \frac{\partial}{\partial y}\left(\frac{y}{r^3}\right) - \frac{\partial}{\partial z}\left(\frac{z}{r^3}\right) = -\frac{3}{r^3} - x \cdot \frac{-3x}{r^5} - y \cdot \frac{-3y}{r^5} - z \cdot \frac{-3z}{r^5}$$

$$= -\frac{3}{r^3} + \frac{3r^2}{r^5} = 0$$

となる． □

注意 正確にいうと，上記の結果は原点 $\boldsymbol{r} = 0$ を除いて正しく，原点を含める場合の右辺はゼロではなく，「ディラックのデルタ関数」を用いて

$$\nabla^2 \frac{1}{r} = -4\pi \delta(\boldsymbol{r}) \quad \text{あるいは} \quad \nabla^2 \frac{1}{4\pi r} = -\delta(\boldsymbol{r}) \tag{1.44}$$

となる．これは原点に単位電荷があるときの「クーロンの法則」の数学的表現である．デルタ関数の性質

$$\delta(\boldsymbol{r}) = 0 \quad (\boldsymbol{r} \neq 0), \quad \int \delta(\boldsymbol{r}) f(\boldsymbol{r}) \, \mathrm{d}^3 \boldsymbol{r} = f(0) \tag{1.45}$$

はたいへん重要かつ有用な公式なので，覚えておくとよい．

ベクトル解析の公式

よく使われる「∇ を含むベクトル解析の公式」をまとめて書いておこう.

(1) $\nabla(fg) = f\nabla g + g\nabla f$ (1.46)

(2) $\nabla \cdot (f\boldsymbol{A}) = (\nabla f) \cdot \boldsymbol{A} + f(\nabla \cdot \boldsymbol{A})$ (1.47)

(3) $\nabla \times (f\boldsymbol{A}) = (\nabla f) \times \boldsymbol{A} + f(\nabla \times \boldsymbol{A})$ (1.48)

(4) $\nabla \cdot (\boldsymbol{A} \times \boldsymbol{B}) = \boldsymbol{B} \cdot (\nabla \times \boldsymbol{A}) - \boldsymbol{A} \cdot (\nabla \times \boldsymbol{B})$ (1.49)

(5) $\nabla \times (\boldsymbol{A} \times \boldsymbol{B}) = (\boldsymbol{B} \cdot \nabla)\boldsymbol{A} - (\boldsymbol{A} \cdot \nabla)\boldsymbol{B} + \boldsymbol{A}(\nabla \cdot \boldsymbol{B}) - \boldsymbol{B}(\nabla \cdot \boldsymbol{A})$ (1.50)

(6) $\nabla(\boldsymbol{A} \cdot \boldsymbol{B}) = (\boldsymbol{B} \cdot \nabla)\boldsymbol{A} + (\boldsymbol{A} \cdot \nabla)\boldsymbol{B} + \boldsymbol{B} \times (\nabla \times \boldsymbol{A}) + \boldsymbol{A} \times (\nabla \times \boldsymbol{B})$ (1.51)

(7) $\nabla \times (\nabla f) = 0$ (1.52)

(8) $\nabla \cdot (\nabla \times \boldsymbol{A}) = 0$ (1.53)

(9) $\nabla \times (\nabla \times \boldsymbol{A}) = \nabla(\nabla \cdot \boldsymbol{A}) - \nabla^2 \boldsymbol{A}$ (1.54)

このうちのいくつかは,あとで登場したときに証明する.結果がベクトルのものは 1 成分だけ示せば十分である.どれも「積の微分規則」を適用するだけなのだが,(5), (6) などは予想外ではないだろうか.結果がベクトルなのかスカラーなのか,文字の入れ換えについて対称なのか反対称なのか,に注意してほしい.じつは,それらの性質だけから右辺を推測することができる.

例題 1.11 最後の公式 (9) を示せ.

解 左辺の x 成分を計算すれば

$$(左辺)_x = \frac{\partial}{\partial y}\left(\frac{\partial g}{\partial x} - \frac{\partial f}{\partial y}\right) - \frac{\partial}{\partial z}\left(\frac{\partial f}{\partial z} - \frac{\partial h}{\partial x}\right) = \frac{\partial}{\partial x}\left(\frac{\partial g}{\partial y} + \frac{\partial h}{\partial z}\right) - \left(\frac{\partial^2 f}{\partial y^2} + \frac{\partial^2 f}{\partial z^2}\right)$$

$$= \frac{\partial}{\partial x}\left(\frac{\partial f}{\partial x} + \frac{\partial g}{\partial y} + \frac{\partial h}{\partial z}\right) - \left(\frac{\partial^2 f}{\partial x^2} + \frac{\partial^2 f}{\partial y^2} + \frac{\partial^2 f}{\partial z^2}\right) = (右辺)_x \quad (1.55)$$

のように右辺の x 成分を得る.共通の $\partial^2 f/\partial x^2$ が打ち消し合うことに注意.

別解 3 次元の完全反対称テンソル記号 ε_{ijk} を使う別解を紹介しておこう.ここで「完全反対称」とは,任意の二つの添え字の入れ換えで符号が変わる性質をいい,そのためゼロと異なるのは $\varepsilon_{123} = 1$ とその添え字を交換したものだけとな

る.すなわち,全部で $3^3 = 27$ 個のうちゼロと異なるのは $\varepsilon_{123} = \varepsilon_{231} = \varepsilon_{312} = 1$ および $\varepsilon_{321} = \varepsilon_{213} = \varepsilon_{132} = -1$ の 6 個だけである.あるいは,e_1, e_2, e_3 を互いに直交する単位ベクトルで $e_1 = e_2 \times e_3$ となっているとすると,$\varepsilon_{ijk} = e_i \cdot (e_j \times e_k)$ と書ける.

この記号を使うと,ベクトルを $\bm{A} = (A_1, A_2, A_3)$,$\bm{B} = (B_1, B_2, B_3)$ とするとき,それらのベクトル積を

$$(\bm{A} \times \bm{B})_i = \varepsilon_{ijk} A_j B_k \tag{1.56}$$

と表すことができる.ここで「二つ繰り返す添え字は和をとる (縮約するともいう)」という「アインシュタイン規約」を採用して $\sum$ 記号を省略した.実際,たとえば第 1 成分は

$$(\bm{A} \times \bm{B})_1 = \varepsilon_{123} A_2 B_3 + \varepsilon_{132} A_3 B_2 = A_2 B_3 - A_3 B_2$$

となるが,これはベクトル積の規則である.

これと,二つの ε の積に関する性質

$$\varepsilon_{ijk} \varepsilon_{k\ell m} = \delta_{i\ell} \delta_{jm} - \delta_{im} \delta_{j\ell} \tag{1.57}$$

を使えば (アインシュタイン規約により,左辺は k に関して和をとっている)

$$(\nabla \times (\nabla \times \bm{A}))_i = \varepsilon_{ijk} \frac{\partial}{\partial x_j} (\nabla \times \bm{A})_k = \varepsilon_{ijk} \varepsilon_{k\ell m} \frac{\partial^2 A_m}{\partial x_j \partial x_\ell}$$

$$= (\delta_{i\ell} \delta_{jm} - \delta_{im} \delta_{j\ell}) \frac{\partial^2 A_m}{\partial x_j \partial x_\ell}$$

$$= \frac{\partial}{\partial x_i} \left(\frac{\partial A_j}{\partial x_j} \right) - \frac{\partial^2 A_i}{\partial x_j^2} = \left(\nabla(\nabla \cdot \bm{A}) - \nabla^2 \bm{A} \right)_i$$

が示される.なお,性質 (1.57) の証明は,k をひとつ決めたとすると (i, j),(ℓ, m) の選び方は残る二つから選ぶしかないので,$i = \ell$,$j = m$ か $i = m$,$j = \ell$ の 2 通りである.あとは ε の符号を考えれば,右辺のように書けることがわかる.このように記号 ε_{ijk} を使うと,計算が機械的に進むのである. □

(6) 多重積分とガウス・ストークスの定理

積分の変数変換

多変数の積分を「多重積分」(multiple integration) という．多重積分で重要なことのひとつは，積分の変数変換の際のヤコビアンが偏微分と行列式で書けることである．たとえば $x = x(u,v)$, $y = y(u,v)$ のとき

$$dx\,dy = \frac{\partial(x,y)}{\partial(u,v)}\,du dv, \quad \frac{\partial(x,y)}{\partial(u,v)} = \begin{vmatrix} \partial x/\partial u & \partial y/\partial u \\ \partial x/\partial v & \partial y/\partial v \end{vmatrix} \tag{1.58}$$

となる．これは線形変換 $x = au + bv$, $y = cu + dv$ の場合の面積比 (図 1.5 を参照) $dx\,dy/du dv = ad - bc$ を一般化したものである．

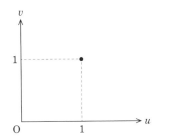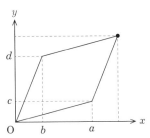

図 1.5　線形変換 $(u,v) \to (x,y)$ は正方形を平行四辺形に写像する

例題 1.12 2 次元極座標 $x = r\cos\phi$, $y = r\sin\phi$ のとき

$$dx\,dy = \frac{\partial(x,y)}{\partial(r,\phi)}\,dr\,d\phi, \quad \frac{\partial(x,y)}{\partial(r,\phi)} = \begin{vmatrix} \partial x/\partial r & \partial y/\partial r \\ \partial x/\partial \phi & \partial y/\partial \phi \end{vmatrix} = r \tag{1.59}$$

を示せ．よって $dx\,dy = r\,dr\,d\phi$ である．

解　行列要素は

$$\frac{\partial x}{\partial r} = \cos\phi, \quad \frac{\partial y}{\partial r} = \sin\phi, \quad \frac{\partial x}{\partial \phi} = -r\sin\phi, \quad \frac{\partial y}{\partial \phi} = r\cos\phi$$

であるから，行列式は

$$\frac{\partial(x,y)}{\partial(r,\phi)} = \begin{vmatrix} \cos\phi & \sin\phi \\ -r\sin\phi & r\cos\phi \end{vmatrix} = r\cos^2\phi + r\sin^2\phi = r$$

となる．なお，等式 $dx\,dy = r\,dr\,d\phi$ の右辺は，図 1.6 の「扇型」の面積が $dr \cdot r\,d\phi$ にほぼ等しい (違いは高次の微小量) ことに注意すれば，記憶するのに便利である． □

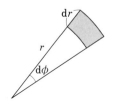

図 1.6　2 次元極座標の面積素

注意　3 次元極座標 $x = r\sin\theta\cos\phi$, $y = r\sin\theta\sin\phi$, $z = r\cos\theta$ の場合には

$$dx\,dy\,dz = \frac{\partial(x,y,z)}{\partial(r,\theta,\phi)}\,dr\,d\theta\,d\phi, \quad \frac{\partial(x,y,z)}{\partial(r,\theta,\phi)} = r^2\sin\theta \tag{1.60}$$

となる．よって $dx\,dy\,dz = r^2\sin\theta\,dr\,d\theta\,d\phi$ である．この場合も，体積 $dr \cdot r\,d\theta \cdot r\sin\theta\,d\phi$ に注意すれば覚えやすい．

いろいろな積分定理

電磁気学や流体力学などベクトル場が登場する分野で活躍する積分定理を挙げておこう．以下では，ベクトル値関数 $\boldsymbol{A} = (f, g, h)$ とする．

1. ガウスの定理

$$\int_S (f\,dy\,dz + g\,dz\,dx + h\,dx\,dy) = \int_V \left(\frac{\partial f}{\partial x} + \frac{\partial g}{\partial y} + \frac{\partial h}{\partial z}\right) dx\,dy\,dz \tag{1.61}$$

あるいはベクトル表記で

$$\int_S \boldsymbol{A} \cdot d\boldsymbol{S} = \int_V \operatorname{div} \boldsymbol{A}\,dV \tag{1.62}$$

の等式を「ガウスの定理」という．

ここに，面積素ベクトル $\mathrm{d}\boldsymbol{S} = (\mathrm{d}y\,\mathrm{d}z, \mathrm{d}z\,\mathrm{d}x, \mathrm{d}x\,\mathrm{d}y)$ で，体積素 $\mathrm{d}V = \mathrm{d}x\,\mathrm{d}y\,\mathrm{d}z$ である．また，積分領域の対応は閉曲面 S の内部領域を V とした．

注意 ベクトル表記の利点は「座標系の取り方」に依らないこと，また「曲面」らしく表現できることである．その場合の面積素ベクトル $\mathrm{d}\boldsymbol{S}$ は，大きさが $|\mathrm{d}\boldsymbol{S}|$ で方向が領域 V の「外向き法線」方向のベクトルを意味する．なお，この定理は電磁気学における「ガウスの法則」などで使われている．

注意 「ガウスの定理」と「ガウスの法則」は異なる命題であることに注意してほしい．等式

$$\int_S \boldsymbol{E} \cdot \mathrm{d}\boldsymbol{S} = \int_V \mathrm{div}\,\boldsymbol{E}\,\mathrm{d}V = \frac{1}{\varepsilon_0} \int_V \rho\,\mathrm{d}V \tag{1.63}$$

の左側がガウスの定理で数学の定理．電荷密度 ρ が登場する右の等号がガウスの法則で物理の法則である．

2. ストークスの定理

$$\int_C (f\,\mathrm{d}x + g\,\mathrm{d}y + h\,\mathrm{d}z)$$
$$= \int_S \left(\left(\frac{\partial h}{\partial y} - \frac{\partial g}{\partial z} \right) \mathrm{d}y\,\mathrm{d}z + \left(\frac{\partial f}{\partial z} - \frac{\partial h}{\partial x} \right) \mathrm{d}z\,\mathrm{d}x + \left(\frac{\partial g}{\partial x} - \frac{\partial f}{\partial y} \right) \mathrm{d}x\,\mathrm{d}y \right) \tag{1.64}$$

あるいはベクトル表記で

$$\int_C \boldsymbol{A} \cdot \mathrm{d}\boldsymbol{r} = \int_S \mathrm{rot}\,\boldsymbol{A} \cdot \mathrm{d}\boldsymbol{S} \tag{1.65}$$

という等式を「ストークスの定理」という．

ここで線素ベクトル $\mathrm{d}\boldsymbol{r} = (\mathrm{d}x, \mathrm{d}y, \mathrm{d}z)$ である．また，閉曲線 C を境界に持つ曲面を S とした．

注意 曲線 C には「向き」が付随しており，対応する曲面 S は「右ネジの規則」にしたがう方向が面積素ベクトル $\mathrm{d}\boldsymbol{S}$ の向きとなる．なお，この定理は電磁気学における「アンペールの法則」などで使われるが，その起源は流体力学における「ストークスの循環定理」が最初である．

$$(\text{アンペール}) \quad \int_C \boldsymbol{B} \cdot \mathrm{d}\boldsymbol{r} = \int_S \mathrm{rot}\,\boldsymbol{B} \cdot \mathrm{d}\boldsymbol{S} = \mu_0 \int_S \boldsymbol{j} \cdot \mathrm{d}\boldsymbol{S} \tag{1.66}$$

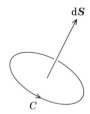

図 1.7 「ストークスの定理」の状況設定

$$(ストークス) \quad \int_C \bm{v} \cdot d\bm{r} = \int_S \operatorname{rot} \bm{v} \cdot d\bm{S} \equiv \int_S \bm{\omega} \cdot d\bm{S} \tag{1.67}$$

(1.66) 式の $\bm{B}$, $\bm{j}$ はそれぞれ磁束密度, 電流密度である. また, (1.67) 式の $\bm{v}$ と $\bm{\omega} = \operatorname{rot} \bm{v}$ はそれぞれ速度場と渦度場のベクトルである.

3. 一般化されたガウス・ストークス公式

上記のようにベクトル表記のほうが簡潔で覚えやすいのではあるが, 一方で成分表示の利点は, 両者を「一般化されたガウス・ストークス公式」

$$\int_{\partial R} \omega = \int_R d\omega \tag{1.68}$$

の特別の場合として統一的に扱うことができる点である. ここで記号 ∂R は領域 R の境界を意味しており, この ∂ は偏微分ではないことに注意 (紛らわしいが, これが慣習なのである).

注意 公式 (1.68) は空間が 3 次元でなくとも (たとえば 4 次元でも) 成立する積分公式になっている. また, 両辺を $(\partial R, \omega) = (R, d\omega)$ のように「内積」の形に表せば, ∂ と d が互いに「共役」な演算子になっている, と読むことができる. これは, 行列とベクトルの場合の $(M\bm{x}, \bm{y}) = (\bm{x}, M^\dagger \bm{y})$ の類似である.

この公式を使いこなすには「微分形式と外微分の規則」を知っておく必要がある. 規則そのものは簡単で覚えやすいので少し説明しよう. まず, 微分 dx, dy, dz の間に「外積」$\wedge$ を導入して

$$\mathrm{d}x \wedge \mathrm{d}x = 0, \quad \mathrm{d}y \wedge \mathrm{d}y = 0, \quad \mathrm{d}z \wedge \mathrm{d}z = 0,$$
$$\mathrm{d}x \wedge \mathrm{d}y = -\mathrm{d}y \wedge \mathrm{d}x, \quad \mathrm{d}y \wedge \mathrm{d}z = -\mathrm{d}z \wedge \mathrm{d}y, \quad \mathrm{d}z \wedge \mathrm{d}x = -\mathrm{d}x \wedge \mathrm{d}z \qquad (1.69)$$

とする．すなわち，一般に $\mathrm{d}u \wedge \mathrm{d}v + \mathrm{d}v \wedge \mathrm{d}u = 0$ とするのである．このような**反交換規則**にしたがうものを「**外積代数**」あるいは「**グラスマン代数**」という．

注意 この反交換規則で，特に u, v の両方に x を代入すれば
$$0 = \mathrm{d}x \wedge \mathrm{d}x + \mathrm{d}x \wedge \mathrm{d}x = 2\,\mathrm{d}x \wedge \mathrm{d}x \quad \Longrightarrow \quad \mathrm{d}x \wedge \mathrm{d}x = 0$$
を得る．よって，式 (1.69) はすべて $\mathrm{d}u \wedge \mathrm{d}v + \mathrm{d}v \wedge \mathrm{d}u = 0$ という規則にまとめられる．

つぎに f, g, h を独立変数 x, y, z の関数として
$$\omega = f\,\mathrm{d}x + g\,\mathrm{d}y + h\,\mathrm{d}z$$
を **1 次微分形式**という．これに線形演算である「**外微分 d**」(全微分と同じ記号 d を用いる) を施した $\mathrm{d}\omega$ の計算は以下のように実行する．まず，第 1 項 $f\,\mathrm{d}x$ への演算は
$$\mathrm{d}(f\,\mathrm{d}x) = (\mathrm{d}f) \wedge \mathrm{d}x = \left(\frac{\partial f}{\partial x}\mathrm{d}x + \frac{\partial f}{\partial y}\mathrm{d}y + \frac{\partial f}{\partial z}\mathrm{d}z\right) \wedge \mathrm{d}x$$
$$= -\frac{\partial f}{\partial y}\mathrm{d}x \wedge \mathrm{d}y + \frac{\partial f}{\partial z}\mathrm{d}z \wedge \mathrm{d}x \qquad (1.70)$$

となる (外積代数の規則 $\mathrm{d}x \wedge \mathrm{d}x = 0$, $\mathrm{d}y \wedge \mathrm{d}x = -\mathrm{d}x \wedge \mathrm{d}y$ を用いた)．すなわち，$\mathrm{d}f$ に全微分の等式
$$\mathrm{d}f = \frac{\partial f}{\partial x}\mathrm{d}x + \frac{\partial f}{\partial y}\mathrm{d}y + \frac{\partial f}{\partial z}\mathrm{d}z$$
を使ったのち $\wedge$ 積を計算するのである．「積の微分」という観点からすると，微分の外微分 $\mathrm{d}(\mathrm{d}x)$ も出そうだが，これはゼロと約束する．残りの $g\,\mathrm{d}y + h\,\mathrm{d}z$ への演算も同様にすれば
$$\mathrm{d}\omega = \left(\frac{\partial h}{\partial y} - \frac{\partial g}{\partial z}\right)\mathrm{d}y \wedge \mathrm{d}z + \left(\frac{\partial f}{\partial z} - \frac{\partial h}{\partial x}\right)\mathrm{d}z \wedge \mathrm{d}x + \left(\frac{\partial g}{\partial x} - \frac{\partial f}{\partial y}\right)\mathrm{d}x \wedge \mathrm{d}y \qquad (1.71)$$
を得る．ここで外積記号 $\wedge$ を省略すれば，これはストークスの定理 (1.64) の右辺になっている．二つの積 $\mathrm{d}y \wedge \mathrm{d}z$ 等の順序には意味があって，この順に「右ネジ規則」を適用して面積素 $\mathrm{d}y\,\mathrm{d}z$ の向き (x 軸) を決めるのである．そのために，わ

ざと $dz \wedge dx$ としてある (これが y 軸方向になる) のである．

同様に
$$\omega = f\,dy \wedge dz + g\,dz \wedge dx + h\,dx \wedge dy \tag{1.72}$$
を **2 次微分形式**という．これの外微分 $d\omega$ も，同様の規則によって計算される．たとえば，第 1 項の結果は
$$d(f\,dy \wedge dz) = (df) \wedge dy \wedge dz = \left(\frac{\partial f}{\partial x}dx + \frac{\partial f}{\partial y}dy + \frac{\partial f}{\partial z}dz\right) \wedge (dy \wedge dz)$$
$$= \frac{\partial f}{\partial x}\,dx \wedge dy \wedge dz$$
となる．ここで
$$dy \wedge dy \wedge dz = 0, \quad dz \wedge dy \wedge dz = -dy \wedge dz \wedge dz = 0$$
などを用いた．残りも同様で
$$d\omega = \left(\frac{\partial f}{\partial x} + \frac{\partial g}{\partial y} + \frac{\partial h}{\partial z}\right)dx \wedge dy \wedge dz \tag{1.73}$$
を得る．外積記号 $\wedge$ を省略すれば，これはガウスの定理 (1.61) の右辺になっている．

注意 ところで，式 (1.71) を再び外微分 d すると
$$d(d\omega) = \frac{\partial}{\partial x}\left(\frac{\partial h}{\partial y} - \frac{\partial g}{\partial z}\right)dx \wedge dy \wedge dz + \frac{\partial}{\partial y}\left(\frac{\partial f}{\partial z} - \frac{\partial h}{\partial x}\right)dy \wedge dz \wedge dx$$
$$+ \frac{\partial}{\partial z}\left(\frac{\partial g}{\partial x} - \frac{\partial f}{\partial y}\right)dz \wedge dx \wedge dy$$
$$= \left[\frac{\partial}{\partial x}\left(\frac{\partial h}{\partial y} - \frac{\partial g}{\partial z}\right) + \frac{\partial}{\partial y}\left(\frac{\partial f}{\partial z} - \frac{\partial h}{\partial x}\right) + \frac{\partial}{\partial z}\left(\frac{\partial g}{\partial x} - \frac{\partial f}{\partial y}\right)\right]dx \wedge dy \wedge dz = 0$$
を得る．これは恒等式 $\mathrm{div}\,(\mathrm{rot}\,\boldsymbol{A}) = \nabla \cdot (\nabla \times \boldsymbol{A}) = 0$ に他ならない．ここで
$$dy \wedge dz \wedge dx = -dy \wedge dx \wedge dz = dx \wedge dy \wedge dz,$$
$$dz \wedge dx \wedge dy = -dx \wedge dz \wedge dy = dx \wedge dy \wedge dz$$
を用いた．同様に式 (1.73) の場合も $d(d\omega) = 0$ である．一般に $d^2 \equiv 0$ となるのである．この性質は高次元でも同様に成り立ち，外微分の重要な性質のひとつである．

微分形式は解析力学のほか，熱力学・一般相対論や非可換ゲージ理論・微分幾何学などでも有効に使われる．上記の計算規則はそれらの場合にもそのまま通用するので，覚えておけば面食らうこともないであろう．

1.4 変分法の歴史

変分法とは

「変分法」は微分積分法の発展形とみることができる．微分法が有効に機能する問題として，最大最小問題あるいは一般に極値問題がある．たとえば

$$S = f(x_1, x_2) = x_1^4 - 2x_1^2 + x_1^2 x_2^2 + x_2^4 \tag{1.74}$$

が最小になるような (x_1, x_2) およびその最小値を求めよという問題を解くには，極値点で偏微分係数がゼロとなるところを調べればよい．

$$\frac{\partial f}{\partial x_1} = 4x_1^3 - 4x_1 + 2x_1 x_2^2 = 0, \quad \frac{\partial f}{\partial x_2} = 2x_1^2 x_2 + 4x_2^3 = 0 \tag{1.75}$$

を解いて $x_2 = 0$, $x_1 = 0, \pm 1$ すなわち $(x_1, x_2) = (0, 0)$, $(\pm 1, 0)$ の三つを得る．このときの f の値を調べれば

$$f(0, 0) = 0, \quad f(\pm 1, 0) = -1$$

となっているから，$(x_1, x_2) = (\pm 1, 0)$ の二つが最小値 -1 を与える点である．また，詳しく調べれば，原点 $(0, 0)$ は鞍点になっていることがわかる (図 1.8 を参照).

変分法はこれを無限個の変数，たとえば $x_j \to x(t)$ の場合へ，すなわち積分

$$S = \int f(x(t), \dot{x}(t), \cdots) \, dt$$

へと拡張したものである．左辺の S は関数 $x(t)$ が決まると値が定まる，いわば「関数の関数」ともいうべき量で汎関数 (functional) とよばれる．

> 変分法とは汎関数に対する「微分法」である．

注意 これを「ぼんかんすう」と読んだ学生がいたのだが，正しくは「はんかんすう」と読む．名誉のため書いておくと，彼は漢字の読み書きを除けばたいへん優秀な学生であった．

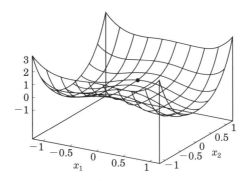

図 1.8 $S = x_1^4 - 2x_1^2 + x_1^2 x_2^2 + x_2^4$ のグラフ

変分法の歴史

変分法の出発点となった問題は，有名な**フェルマーの原理**である．物質中を通過する光の速度 v は，物質の持つ屈折率 n により $v = c/n$ (c は真空中の光速度) で与えられる．フェルマーの原理とは，このとき「光線は通過に要する時間が最小になるような経路を進む」というものである:

$$T = \int \frac{\mathrm{d}s}{v} = \frac{1}{c} \int n(\boldsymbol{r})\,\mathrm{d}s = 最小 \tag{1.76}$$

ここで $\mathrm{d}s \equiv |\mathrm{d}\boldsymbol{r}| = \sqrt{\mathrm{d}x^2 + \mathrm{d}y^2 + \mathrm{d}z^2}$ は経路の微小線素で，光線の屈折率 n が位置 $\boldsymbol{r}$ に依存する場合を想定している．すぐにわかるように，屈折率が場所によらない定数のとき (一様な媒質)，所要時間が最小となるのは経路が「直線」の場合である．これはすなわち「光の直進性」に他ならない．

例題 1.13 （屈折の法則） x 軸を挟んだ二つの領域で屈折率の値がそれぞれ定数 n_1, n_2 をとる場合，フェルマーの原理から光の屈折法則

$$\frac{\sin\theta_1}{\sin\theta_2} = \frac{n_2}{n_1} = \frac{c_1}{c_2} \tag{1.77}$$

が得られることを示せ．ここで，c_1, c_2 は各領域における光速度である．

解 この場合の最小条件は

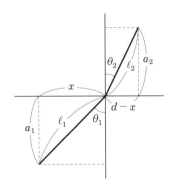

図 1.9 屈折の法則

$$L \equiv n_1 \ell_1 + n_2 \ell_2 = 最小 \tag{1.78}$$

であるが,関係式 $\ell_1^2 = a_1^2 + x^2$, $\ell_2^2 = a_2^2 + (d-x)^2$ を使えば (図 1.9 を参照)

$$L(x) = n_1 \sqrt{a_1^2 + x^2} + n_2 \sqrt{a_2^2 + (d-x)^2}$$

であるから,条件 $L'(x) = 0$ から

$$L'(x) = \frac{n_1 x}{\sqrt{a_1^2 + x^2}} - \frac{n_2(d-x)}{\sqrt{a_2^2 + (d-x)^2}} = 0 \implies n_1 \sin\theta_1 = n_2 \sin\theta_2$$

が得られる.これは屈折の法則である. □

注意 この問題のたとえとして「砂浜にいる男性が海で溺れている女性を助けに行く」状況を挙げたのはファインマンである.まっすぐ自分のほうに直進してこない彼をみて不信感を抱かない彼女であればよいのだが.

オイラーの変分方程式

次の汎関数 S の変分を考える.

$$S = \int_{x_0}^{x_1} f(x, y(x), \dot{y}(x)) \, \mathrm{d}x, \quad \dot{y} = \frac{\mathrm{d}y}{\mathrm{d}x} \tag{1.79}$$

関数 $y(x)$ を $y(x) + \delta y(x)$ としたときとの積分 S の差

$$\delta S = \int_{x_0}^{x_1} [f(x, y+\delta y, \dot{y}+\delta \dot{y}) - f(x, y, \dot{y})]\, \mathrm{d}x$$

を S の変分という．このとき $\delta y(x)$ も y の変分という．

ここで，多変数のテイラー展開公式

$$f(u+\delta u, v+\delta v) = f(u,v) + \left(\frac{\partial f}{\partial u}\delta u + \frac{\partial f}{\partial v}\delta v\right) + \cdots \tag{1.80}$$

を使う．ここの u が y に，v が $\dot{y}$ にあたる．

注意 y の「微分」が二つ目の変数ということに違和感があるかもしれないが (y とは独立な変数と言えるのか?)，ここは「別の文字記号」と思えばよい．具体的な場合で冷静に考えれば「独立」であることがわかる．

さて，積分の中身のテイラー展開を 1 次まで残した

$$\delta S = \int_{x_0}^{x_1} \left(\frac{\partial f}{\partial y}\delta y + \frac{\partial f}{\partial \dot{y}}\delta \dot{y}\right) \mathrm{d}x$$

において $\delta \dot{y} = \mathrm{d}\delta y/\mathrm{d}x$ であるから，部分積分によって

$$\delta S = \left[\frac{\partial f}{\partial \dot{y}}\delta y(x)\right]_{x_0}^{x_1} + \int_{x_0}^{x_1} \delta y \left(\frac{\partial f}{\partial y} - \frac{\mathrm{d}}{\mathrm{d}x}\left(\frac{\partial f}{\partial \dot{y}}\right)\right) \mathrm{d}x$$

となる．ここで，両端固定の境界条件 $\delta y(x_0) = \delta y(x_1) = 0$ を仮定すれば

$$\delta S = \int_{x_0}^{x_1} \delta y \left(\frac{\partial f}{\partial y} - \frac{\mathrm{d}}{\mathrm{d}x}\left(\frac{\partial f}{\partial \dot{y}}\right)\right) \mathrm{d}x \tag{1.81}$$

となる．よって，任意の変分 $\delta y(x)$ に対して $\delta S = 0$ が成り立つのは

$$\frac{\partial f}{\partial y} - \frac{\mathrm{d}}{\mathrm{d}x}\left(\frac{\partial f}{\partial \dot{y}}\right) = 0 \tag{1.82}$$

のときである．被積分関数 f が $f(x, y, \dot{y}, \ddot{y})$ のように，もっと高階の微分に依存する場合も同様の計算をすればよい．たとえばこの場合，境界条件 $\delta y(x_0) = \delta y(x_1) = 0$, $\delta \dot{y}(x_0) = \delta \dot{y}(x_1) = 0$ のもとで

$$\frac{\partial f}{\partial y} - \frac{\mathrm{d}}{\mathrm{d}x}\left(\frac{\partial f}{\partial \dot{y}}\right) + \frac{\mathrm{d}^2}{\mathrm{d}x^2}\left(\frac{\partial f}{\partial \ddot{y}}\right) = 0 \tag{1.83}$$

となる．このタイプの方程式を**オイラーの変分方程式**という．

注意 式 (1.82) や (1.83) を暗記して使うのでもよいが，よく見かける記憶違いに

$$\frac{\partial f}{\partial \dot{y}} - \frac{\mathrm{d}}{\mathrm{d}x}\left(\frac{\partial f}{\partial y}\right) = 0 \qquad (間違い)$$

というのがある．これでは次元が合わない．迷ったときは初心に立ち返って上述の変分を実行するのが結局は近道である．

例題 1.14 （最速降下線の問題） ベルヌーイにより提出された「重力のもとで原点を出発して点 (x_0, y_0) へ最速で到達する軌道はどんなものか」という問いは「最速降下線問題」とよばれる有名な変分問題である．所要時間を T とするとき，軌道線素 $\mathrm{d}s = \sqrt{\mathrm{d}x^2 + \mathrm{d}y^2} = \sqrt{1+\dot{x}^2}\,\mathrm{d}y$ $(\dot{x} \equiv \mathrm{d}x/\mathrm{d}y)$ を速度 $v = \sqrt{2gy}$ で割った

$$T = \int_0^{y_0} \sqrt{\frac{1+\dot{x}^2}{2gy}}\,\mathrm{d}y \equiv \frac{1}{\sqrt{2g}} \int_0^{y_0} f(y, \dot{x})\,\mathrm{d}y \tag{1.84}$$

に対する変分問題となる．ここで独立変数を x ではなく y に選んだのがアイデアである．これを解け．

解 このとき，任意の変分 $\delta x(y)$ に対する極値条件 (変分条件) $\delta T = 0$ から，オイラーの変分方程式

$$\frac{\mathrm{d}}{\mathrm{d}y}\left(\frac{\partial f}{\partial \dot{x}}\right) - \frac{\partial f}{\partial x} = 0 \quad\Longrightarrow\quad \frac{\partial f}{\partial \dot{x}} = \frac{\dot{x}}{\sqrt{y(1+\dot{x}^2)}} = 一定 \equiv \frac{1}{\sqrt{2a}}$$

$$\Longrightarrow\quad \frac{\mathrm{d}x}{\mathrm{d}y} = \sqrt{\frac{y}{2a-y}} \tag{1.85}$$

を解けばよい．変数分離形なので，右辺の平方根を開くような変数変換 $y = 2a\sin^2(\theta/2) = a(1-\cos\theta)$ によって

$$x = a(\theta - \sin\theta), \quad y = a(1-\cos\theta) \tag{1.86}$$

を得る．これは「サイクロイド」とよばれる曲線である (図 1.10)．パラメータ a, θ は目的地の (x_0, y_0) から決まる． □

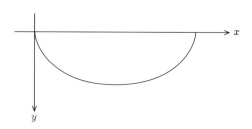

図 1.10　最速降下線はサイクロイド

注意　この問題を問われたニュートンはたちどころに「サイクロイド」と答えたという．ニュートンは「変分」の概念に到達していたのかもしれない．

変分法はこのように最初は光学や幾何学の問題に始まったのであるが，次章以降にみるように力学やその他の物理学の問題にも適用されるようになり，分野を問わない普遍的な原理「**変分原理**」となっていったのである．

演 習 問 題

問 1.1　磁気能率 μ の次元を L, M, T, Q を用いて表せ．

問 1.2　(**ケプラーの第 3 法則**)　ケプラーはティコ・ブラーエの後任として天文台を引き継ぎ，ブラーエの観測データから惑星運動に関する有名な三つの法則を発見した．第 1 法則は惑星が太陽を焦点とする楕円軌道を描くこと，第 2 法則は面積速度が一定であること (角運動量保存則に等価)，第 3 法則は公転周期 T と長半径 a との間に $T^2 \propto a^3$ の関係が成立することである．

(1) 理科年表によれば各惑星のデータは次の表のようになっている (適当に四捨五入してある)．

惑星	公転周期 T (太陽年)	長半径 $a \times 10^8$ km	離心率 ε
水星	0.24	0.58	0.21
金星	0.62	1.08	0.01
地球	1.00	1.50	0.02
火星	1.88	2.28	0.09
木星	11.9	7.78	0.05
土星	29.5	14.3	0.06
天王星	84.0	28.8	0.05
海王星	164.8	45.0	0.01
冥王星	247.8	59.2	0.25

なお，冥王星を惑星の仲間に入れてある．**両対数グラフ用紙に** T と a の対応をプロットし，第3法則の成立を確かめよ．

(2) 重力が距離の2乗に逆比例すること

$$f = G\frac{Mm}{r^2} \quad (M = \text{太陽質量}, m = \text{惑星質量})$$

および軌道が半径 a の円であることを仮定して，次元解析によりケプラーの第3法則を導け．

問 1.3 速度の2乗に比例した抵抗力のもとで落下する物体の運動方程式

$$m\frac{dv}{dt} = -kv^2 + mg \tag{1.87}$$

を初期条件 $v(0) = 0$ の場合に解け．

問 1.4 外積記号 $\wedge$ の反交換規則を利用すると，積分の変数変換においてヤコビアンが行列式になることが自動的に示される．たとえば $x = x(u,v)$, $y = y(u,v)$ のとき

$$dx \wedge dy = \left(\frac{\partial x}{\partial u}du + \frac{\partial x}{\partial v}dv\right) \wedge \left(\frac{\partial y}{\partial u}du + \frac{\partial y}{\partial v}dv\right) \tag{1.88}$$

を計算して，変数変換の公式 (1.58) を示せ．

問 1.5 曲線 $y = y(x)$ を x 軸を中心に回転してできる曲面の表面積は

$$S = \int 2\pi y\sqrt{1 + \dot{y}^2}\, dx \equiv 2\pi \int f(x, y, \dot{y})\, dx \tag{1.89}$$

で与えられる $(\dot{y} = dy/dx)$．両端を $y(x_0) = y_0$, $y(x_1) = y_1$ に固定する条件の下で，表面積 S を最小にする曲線 $y = y(x)$ はどんなものかを変分法によって調べよ．

問 1.6 屈折率 n が動径 r のみに依存する状況での光線の経路 $r = r(\phi) \iff \phi = \phi(r)$ は，フェルマーの原理により汎関数

$$S = \int n(r)\sqrt{1 + r^2 \dot{\phi}^2}\, dr, \quad \dot{\phi} \equiv \frac{d\phi}{dr} \tag{1.90}$$

に対するオイラーの変分方程式

$$\frac{d}{dr}\left(n(r)\frac{r^2 \dot{\phi}}{\sqrt{1 + r^2 \dot{\phi}^2}}\right) = \frac{\partial}{\partial \phi}\left(n(r)\sqrt{1 + r^2 \dot{\phi}^2}\right) \equiv 0$$

$$\implies \quad \left(\frac{d\phi}{dr}\right)^2 = \frac{a^2}{r^2(n^2 r^2 - a^2)} \quad (a\text{ は積分定数}) \tag{1.91}$$

を解いて求めることができる．

あまり現実的ではないが，屈折率が $n^2 = 1 + b^2/r^2$ にしたがって変化する場合に，無限遠から入射する光線のその後の経路を調べよ．

ヒント: 初めに $b^2 = 0$ の場合を解き，直進することを確認せよ．つぎに $a^2 - b^2 = c^2$ とおいて経路を調べよ．

第2章
オイラー–ラグランジュの方程式

本章では「古典力学」に範囲を限り，基礎方程式であるニュートンの運動方程式を，オイラー–ラグランジュの観点により変分法的に書き換えることから始める．また，ケプラー運動の詳しい解析をおこなう．

2.1 ニュートンの運動法則

はじめに力学の復習として，ニュートンの運動法則をまとめておこう．

(1) 慣性の法則　$f = 0$　ならば　$a = 0$
(2) 運動の法則　$ma = f$
(3) 作用・反作用の法則　$f_{12} = -f_{21}$
(4) 万有引力の法則　$f = G\dfrac{m_1 m_2}{r^2}$

ここで，力 f や加速度 a はベクトルで，向きと大きさを持つことに注意してほしい．それゆえ，等式 $f_{12} = -f_{21}$ は，物体 1 が 2 に及ぼす力が，物体 2 が 1 に及ぼす力と大きさが同じで向きが反対であることを意味している．また，加速度 $= 0$ とは，静止または等速度運動の状態をいう．ガリレイ以前においては，「動いている物体には必ず力が働いている」と，誤って信じられていた．慣性の法則は，**慣性系**の存在を主張するものであって，「ガリレイの相対性原理」を法則化したものに他ならない．

湯川秀樹先生によれば，**力学法則と初期条件の分離**がニュートンのもっとも偉大な発見であるという．たとえば，ボールを投げると毎回違った軌跡を描くが，

それは法則が複雑なためではなく，初期条件が異なるためである．法則自体は単純であり得ることの認識が，ニュートンの偉大な功績なのである．

したがって力学の問題とは，運動方程式を立てること，そしてそれを解くことである．**運動方程式を解く**とは「力を知って，運動を求める」あるいは逆に「運動を知って，力を求める」ということに他ならない．

例題 2.1 （バネの運動） バネ定数を k とすれば，力は $f = -kx$ (フックの法則，力の向きは変位の向きと逆) なので，運動方程式は

$$m\ddot{x} = -kx \implies \ddot{x} = -\omega^2 x \quad (\omega^2 = k/m) \tag{2.1}$$

で与えられる．この 2 階常微分方程式を解け．

解 この微分方程式の一般解は

$$x(t) = A\cos(\omega t) + B\sin(\omega t) \tag{2.2}$$

である (微分を実行してみればわかる)．初期条件を $x(0) = x_0$, $\dot{x}(0) = v_0$ とすれば，係数は $A = x_0$, $B = v_0/\omega$ と決定される．

解 (2.2) は，次のようにして求めることもできる．微分方程式 (2.1) は

$$\left(\frac{\mathrm{d}}{\mathrm{d}t} + i\omega\right)\left(\frac{\mathrm{d}}{\mathrm{d}t} - i\omega\right) x(t) = 0$$

と「因数分解」される．それゆえ，一般解は

$$\left(\frac{\mathrm{d}}{\mathrm{d}t} + i\omega\right) x(t) = 0, \quad \left(\frac{\mathrm{d}}{\mathrm{d}t} - i\omega\right) x(t) = 0$$

の解の重ね合わせ (線形結合) で与えられる．指数関数の微分公式 $\mathrm{d}e^{at}/\mathrm{d}t = ae^{at}$ に注意すれば，$e^{\pm i\omega t}$ がその解であることはすぐにわかる．さらにオイラーの公式によれば，これは $\sin(\omega t)$ と $\cos(\omega t)$ の重ね合わせでもある．よって，式 (2.2) を得る． □

バネの運動における**エネルギー保存則**について述べておこう．よく知られているように，式 (2.1) の運動のもとでは，運動エネルギー $\frac{1}{2}m\dot{x}^2$ と弾性エネルギー $\frac{1}{2}kx^2 = \frac{m}{2}\omega^2 x^2$ の和

$$E = \frac{m}{2}(\dot{x}^2 + \omega^2 x^2)$$

が保存 (時間に依らず一定) する．このことは直接 E の時間微分をとれば容易にわかるので確かめてみよ．

一般に，ポテンシャル $V(x)$ によって力が決まるような場合 (弾性力や重力など) には，全エネルギー $E = \frac{m}{2}\dot{x}^2 + V(x)$ が保存する．これを保存力という．この場合，運動方程式

$$m\ddot{x} = -V'(x) \tag{2.3}$$

の両辺に $\dot{x}$ をかけると

$$m\dot{x}\ddot{x} = -V'(x)\dot{x} \implies \frac{\mathrm{d}}{\mathrm{d}t}\left(\frac{1}{2}m\dot{x}^2 + V(x)\right) = 0$$

$$\implies E = \frac{1}{2}m\dot{x}^2 + V(x) = 一定 \tag{2.4}$$

となる．このようにして，エネルギー保存則が導かれるのである．

注意 念のため，途中の計算を書いておく．合成関数の微分規則により

$$\frac{\mathrm{d}}{\mathrm{d}t}\dot{x}^2 = \frac{\mathrm{d}\dot{x}}{\mathrm{d}t} \cdot \frac{\mathrm{d}}{\mathrm{d}\dot{x}}\dot{x}^2 = 2\ddot{x}\dot{x}, \quad \frac{\mathrm{d}}{\mathrm{d}t}V(x) = \frac{\mathrm{d}x}{\mathrm{d}t} \cdot \frac{\mathrm{d}}{\mathrm{d}x}V(x) = \dot{x}V'(x)$$

である．

例題 2.2 一定の外力 F を受けた調和振動子 (単振動) の運動方程式は

$$m\ddot{x} = -m\omega^2 x + F \tag{2.5}$$

で与えられる．

(1) 初期条件 $x(0) = 0, \dot{x}(0) = 0$ のもとで，これを解け．

(2) 全エネルギー $E(t) = \frac{m}{2}\left(\dot{x}^2 + \omega^2 x^2\right)$ の時間依存性を調べて，そのグラフを描け．

解 (1) 問題の微分方程式を書き換える．変数変換 $x(t) - F/m\omega^2 = y(t)$ により

$$\ddot{x} = -\omega^2\left(x - \frac{F}{m\omega^2}\right) \implies \ddot{y} = -\omega^2 y$$

となる．変数 y の運動は単振動であるから，一般解

$$y(t) = A\cos(\omega t) + B\sin(\omega t) \implies x(t) = \frac{F}{m\omega^2} + A\cos(\omega t) + B\sin(\omega t)$$

を得る．初期条件から $A + F/m\omega^2 = 0$, $B = 0$ ゆえ，解として

$$x(t) = \frac{F}{m\omega^2}(1 - \cos(\omega t)) \tag{2.6}$$

を得る．

(2) エネルギー E を時間微分すると

$$\dot{E} = m\dot{x}\ddot{x} + m\omega^2 x\dot{x} = \dot{x}\left(m\ddot{x} + m\omega^2 x\right) = F\dot{x} \tag{2.7}$$

となる．これは「ガリレイの仕事の原理」$dE = F\,dx$ である．よって，両辺を積分して (F は定数)

$$E(t) = Fx(t) = \frac{F^2}{m\omega^2}(1 - \cos(\omega t)) \tag{2.8}$$

を得る．ここで初期条件 $E(0) = 0$, $x(0) = 0$ を用いている．これをグラフにするのは容易であろう (図 2.1)． □

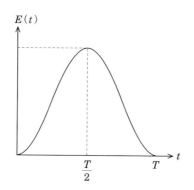

図 2.1　エネルギー $E(t)$ の時間変化 ($T = 2\pi/\omega$)

2.2 運動方程式の「書き換え」

ここで「書き換え」というのは，運動方程式を「質量 × 加速度 = 力」の形に書く代わりに，もっと別の表しかたをしようというのである．もちろん，そうするにはそれなりの効用があるからだ．そのうちのいくつかを，前もって挙げると次のようなものがある．

(1) 直角 (デカルト) 座標に限らず，一般の座標 (極座標など) を用いて，運動方程式を簡単に書き下すことができる．
(2) その結果，方程式を解くのが容易になる (じつをいうと，簡単になるように書き換えるのである)．
(3) 系の持つ対称性が見やすくなる．すなわち，**対称性があれば保存量がある** (ネーターの定理, p.91)．

ポテンシャル $V(x)$ を持つ力学系を例にして，書き換えを示そう．少し天下り的であるが，次のような x と $\dot{x}$ の関数 $L(x, \dot{x})$ を導入する．これをラグランジアン (Lagrangian) という．

$$L(x, \dot{x}) = \frac{1}{2}m\dot{x}^2 - V(x) \tag{2.9}$$

右辺が引き算である点に注意してほしい．ラグランジアンはエネルギーの次元を持つが，全エネルギーではないのである．このとき，運動方程式 (2.3) は

$$\frac{d}{dt}\left(\frac{\partial L}{\partial \dot{x}}\right) - \frac{\partial L}{\partial x} = 0 \tag{2.10}$$

と書き表せる．これをオイラー–ラグランジュの方程式という．実際，上式は

$$\frac{d}{dt}(m\dot{x}) - (-V'(x)) = 0 \Longrightarrow m\ddot{x} + V'(x) = 0 \text{ すなわち } m\ddot{x} = -V'(x)$$

と変形され，運動方程式 (2.3) に一致する．

注意 マイナス符号がなんども出て間違いやすいので

$$\frac{d}{dt}\left(\frac{\partial L}{\partial \dot{x}}\right) = \frac{\partial L}{\partial x}$$

と記憶するのもよい考えである．

ラグランジアン $L(x,\dot{x})$ は，第 1 章の式 (1.79) の汎関数 S の被積分関数 f の引数の文字を $x \to t$, $y(x) \to x(t)$ と変えたものである．オイラー–ラグランジュ方程式 (2.10) は汎関数

$$S = \int_{t_0}^{t_1} L(x,\dot{x})\,\mathrm{d}t \tag{2.11}$$

の変分 $\delta S = 0$ から得られるオイラーの変分方程式に他ならない．解析力学ではこのような積分 S のことを**作用** (action) あるいは**作用積分** (action integral) という．

以上，簡単のために 1 次元の場合で説明したが，3 次元の場合も同様である．念のために書いておくと，位置座標を $\boldsymbol{r} = (x_1, x_2, x_3)$ とするとき，ラグランジアンを $L(\boldsymbol{r}, \dot{\boldsymbol{r}})$ として，オイラー–ラグランジュの方程式は

$$\frac{\mathrm{d}}{\mathrm{d}t}\left(\frac{\partial L}{\partial \dot{\boldsymbol{r}}}\right) - \frac{\partial L}{\partial \boldsymbol{r}} = 0 \quad \text{すなわち} \quad \frac{\mathrm{d}}{\mathrm{d}t}\left(\frac{\partial L}{\partial \dot{x}_j}\right) - \frac{\partial L}{\partial x_j} = 0 \quad (j=1,2,3) \tag{2.12}$$

のように **連立の微分方程式**となる．

注意 $\partial/\partial \dot{\boldsymbol{r}}$, $\partial/\partial \boldsymbol{r}$ という記号は，分母にベクトルがあって記号的にはおかしいのであるが，便利なので「成分ごとの微分」という意味に解釈して慣習的に使われている．特に後者は，ナブラ演算子 ∇ のことである ((1.38) 式)．

たとえば，2 次元調和振動子 (2 次元の単振動) のラグランジアンは

$$L = \frac{m}{2}\left(\dot{x}^2 + \dot{y}^2\right) - \frac{m\omega^2}{2}\left(x^2 + y^2\right)$$

で与えられるが，この場合のオイラー–ラグランジュの運動方程式は

$$\frac{\mathrm{d}}{\mathrm{d}t}\left(\frac{\partial L}{\partial \dot{x}}\right) - \frac{\partial L}{\partial x} = 0 \implies m\ddot{x} + m\omega^2 x = 0$$

$$\frac{\mathrm{d}}{\mathrm{d}t}\left(\frac{\partial L}{\partial \dot{y}}\right) - \frac{\partial L}{\partial y} = 0 \implies m\ddot{y} + m\omega^2 y = 0$$

となる．力学変数を x, y とする 2 個の 1 次元調和振動子の問題と結果的に同じとなるのである．

注意 これを
$$\frac{d}{dt}\left(\frac{\partial L}{\partial \dot{x}}\right) - \frac{\partial L}{\partial x} + \frac{d}{dt}\left(\frac{\partial L}{\partial \dot{y}}\right) - \frac{\partial L}{\partial y} = 0 \quad (間違い)$$
と書いた学生がいた．ひとつの式ではなく，連立の方程式になるのが正しい．

以上を要約すれば，ニュートンからオイラー–ラグランジュへの移行は，「はじめに運動方程式ありき」から「はじめにラグランジアンありき」への**発想の転換**ということができる．

例題 2.3 （振り子のラグランジアン） 長さ ℓ のひもにつけられた質量 m の質点の，重力の下での運動を考える (単振り子)．ある鉛直平面内を運動するとして，位置を角度変数 ϕ を用いて表し (図 2.2)，この系のラグランジアンが
$$L = \frac{m}{2}\ell^2 \dot{\phi}^2 - mg\ell(1 - \cos\phi) \tag{2.13}$$
で与えられることを示せ．これから，ϕ に対するオイラー–ラグランジュの方程式
$$m\ell\ddot{\phi} = -mg\sin\phi \tag{2.14}$$
を導け．

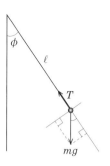

図 2.2 振り子の運動

解 振り子の支点を原点に選び，質点の位置を (x, y) とする (y 軸は鉛直下方にとる)．このとき，角度 ϕ を鉛直下方から測るとすれば

と書ける．よって，運動エネルギー K および位置エネルギー U は，それぞれ

$$x = \ell \sin\phi, \quad y = \ell \cos\phi \tag{2.15}$$

$$K = \frac{m}{2}(\dot{x}^2 + \dot{y}^2) = \frac{m}{2}\ell^2 \dot{\phi}^2, \quad U = mg\ell(1 - \cos\phi) \tag{2.16}$$

となる．ここで

$$\dot{x} = \ell\dot{\phi}\cos\phi, \quad \dot{y} = -\ell\dot{\phi}\sin\phi \implies \dot{x}^2 + \dot{y}^2 = \ell^2\dot{\phi}^2$$

の関係を用いている．以上から，ラグランジアン L は

$$L(\phi, \dot{\phi}) = K - U = \frac{m}{2}\ell^2\dot{\phi}^2 - mg\ell(1 - \cos\phi)$$

となることがわかる．よって，オイラー–ラグランジュの方程式

$$\frac{\mathrm{d}}{\mathrm{d}t}\left(\frac{\partial L}{\partial \dot{\phi}}\right) - \frac{\partial L}{\partial \phi} = 0 \tag{2.17}$$

は

$$\frac{\mathrm{d}}{\mathrm{d}t}\left(m\ell^2\dot{\phi}\right) - (-mg\ell\sin\phi) = 0 \implies m\ell\ddot{\phi} = -mg\sin\phi$$

となる． □

$\partial L/\partial \phi$ の計算は符号を間違えやすいので注意深く行ってほしい．「符号の間違いは偶数回なら許される」とはディラックによる有名なジョークである．

なお，この ϕ に関する非線形常微分方程式の解を求めることは第 3 章で議論する．

2.3 角運動量保存則

角運動量は次のベクトルで定義される．

$$\boldsymbol{L} = \boldsymbol{r} \times \boldsymbol{p} \quad (\boldsymbol{p} = m\boldsymbol{v} = m\dot{\boldsymbol{r}}) \tag{2.18}$$

ここで $\boldsymbol{r} \times \boldsymbol{p}$ はベクトル積を表し，成分で書けば $\boldsymbol{r} = (x, y, z)$, $\boldsymbol{p} = (p_x, p_y, p_z)$ として

$$L_x = yp_z - zp_y, \quad L_y = zp_x - xp_z, \quad L_z = xp_y - yp_x \tag{2.19}$$

である．一方で，運動方程式は「運動量 $p = m\dot{r}$ の時間微分が外力に等しい」

$$\frac{\mathrm{d}p}{\mathrm{d}t} = f \tag{2.20}$$

と書ける．よって，角運動量 $L = r \times p$ の時間微分は

$$\frac{\mathrm{d}L}{\mathrm{d}t} = \frac{\mathrm{d}}{\mathrm{d}t}(r \times p) = \dot{r} \times p + r \times \dot{p} = r \times f \equiv N \tag{2.21}$$

となる．ここで，$\dot{r} \times p = \dot{r} \times m\dot{r} = 0$ の性質を使った．右辺の N は「トルク」とよばれていて，トルクは物体を回転させる力 (次元は，力 × 長さ) である．

ゆえに，どんなときに角運動量が保存するかといえば，それはトルクがゼロの場合である．そして，どんなときにトルクがゼロになるかというと，それは $N = r \times f = 0$ の場合，すなわち，$f = 0$ または $f \parallel r$ (f と r が平行) のときである．後者は力が中心力であることを意味する．

とくに 3 次元のポテンシャル運動を考えよう．ポテンシャルが動径 $r = |r|$ のみの関数であれば，力 f は

$$f = -\frac{\partial}{\partial r}V(r) = -V'(r)\,\hat{r} \quad (\hat{r} \equiv r/r \text{ すなわち } r \text{ 方向の単位ベクトル}) \tag{2.22}$$

のように，原点方向の向きを持つ**中心力**となる．

注意 ここで

$$\frac{\partial}{\partial r}V(r) = \frac{\partial r}{\partial r}\frac{\partial}{\partial r}V(r) = \frac{r}{r}\,V'(r) \tag{2.23}$$

である ($\partial r/\partial x = x/r$ などは既出)．

中心力の例としては，弾性力，重力，静電気力などがある．一般に，中心力下の運動においては，**角運動量保存則**が成り立つ．中心力の場合に角運動量が保存することは，すでに述べたように L の時間微分を計算して

$$\frac{\mathrm{d}L}{\mathrm{d}t} = r \times f = 0 \tag{2.24}$$

となることからわかる．この証明をベクトルの成分に分けて実行することを想像してみれば，ベクトル記法の威力がよくわかる．

重力の場合の角運動量保存則は，ケプラーによって観測事実として知られていた (第 2 法則の面積速度一定がそれである)．実際，面積速度は $\frac{1}{2}r \times \dot{r}$ の大きさ

で与えられるので，角運動量に比例している．

角運動量保存則は，ベクトル $\bm{L} = \bm{r} \times \bm{p}$ の「大きさと向き」の両方が一定となることを意味する．とくに「向きが一定」とは，**軌道がある平面内に収まっている**ことを意味している点に注意してほしい．

2.4 極座標とケプラー運動

重力が働く場合に，オイラー–ラグランジュ方程式を書き下そう．たとえば，太陽のまわりの地球の運動 (ケプラー運動) を考える．太陽と地球の質量を M, m とし，重力定数を G とすれば，**重力ポテンシャルは $V(r) = -GMm/r$ であるから**，この場合のラグランジアンは

$$L = \frac{m}{2}\dot{r}^2 + \frac{GMm}{r} \tag{2.25}$$

である (右辺第 2 項の符号に注意せよ)．

前節でみたように，いまの場合，角運動量が保存するから，運動はある平面内に拘束される．その平面を xy 平面としよう．対称性から，直角座標より極座標のほうが便利であることが予想される．2 次元極座標を $x = r\cos\phi, y = r\sin\phi$ とすれば，

$$\dot{x} = \dot{r}\cos\phi - r\dot{\phi}\sin\phi, \quad \dot{y} = \dot{r}\sin\phi + r\dot{\phi}\cos\phi \tag{2.26}$$

であるから，

$$\dot{r}^2 = \dot{x}^2 + \dot{y}^2 = (\dot{r}\cos\phi - r\dot{\phi}\sin\phi)^2 + (\dot{r}\sin\phi + r\dot{\phi}\cos\phi)^2 = \dot{r}^2 + r^2\dot{\phi}^2 \tag{2.27}$$

となり (振り子の場合は「$r = \ell$ = 一定」なので，右辺第 1 項が消えた)，ラグランジアンは

$$L = \frac{m}{2}(\dot{r}^2 + r^2\dot{\phi}^2) + \frac{GMm}{r} \tag{2.28}$$

と書き換えられる．

したがって，オイラー–ラグランジュの方程式は，連立で

$$\frac{\mathrm{d}}{\mathrm{d}t}\left(\frac{\partial L}{\partial \dot{r}}\right) - \frac{\partial L}{\partial r} = 0, \quad \frac{\mathrm{d}}{\mathrm{d}t}\left(\frac{\partial L}{\partial \dot{\phi}}\right) - \frac{\partial L}{\partial \phi} = 0 \tag{2.29}$$

となる．極座標の場合にも，方程式が形式的に相似になることが，オイラー–ラグランジュの方法の長所なのである．式 (2.28) の L を代入すれば，これらは

$$m\ddot{r} - mr\dot{\phi}^2 + \frac{GMm}{r^2} = 0, \quad \frac{\mathrm{d}}{\mathrm{d}t}\left(mr^2\dot{\phi}\right) = 0 \tag{2.30}$$

となる．後者は角運動量保存則に他ならない．$r^2\dot{\phi} = $ 一定 $= h$ とおくと，前者は

$$\ddot{r} = \frac{h^2}{r^3} - \frac{GM}{r^2} \tag{2.31}$$

と変形される．地球の質量 m が方程式から約分されて消えてしまった．

注意 $r^2\dot{\phi} = h$ の h はプランク定数ではない．次元も異なるので（さらに質量 m を掛けると次元は一致する）誤解は生じないと思うが，この量を h と書くのは力学における伝統的慣習である．むしろ逆に，プランクはこの慣習のせいで角運動量の次元を持つ彼の定数を h と書いたのかもしれない．

例題 2.4（楕円軌道） 惑星運動の軌道 $r = r(\phi)$ の表式を求めよ．

解 時間変数 t を消去する．角運動量保存則 $r^2\dot{\phi} = h$ より，

$$\frac{\mathrm{d}\phi}{\mathrm{d}t} = \frac{h}{r^2} \quad \Longrightarrow \quad \frac{\mathrm{d}}{\mathrm{d}t} = \frac{\mathrm{d}\phi}{\mathrm{d}t} \cdot \frac{\mathrm{d}}{\mathrm{d}\phi} = \frac{h}{r^2} \cdot \frac{\mathrm{d}}{\mathrm{d}\phi} \tag{2.32}$$

を用いれば，新しい変数 $u = 1/r$ を導入して，式 (2.31) は

$$\frac{\mathrm{d}^2 u}{\mathrm{d}\phi^2} = -u + \frac{GM}{h^2} \tag{2.33}$$

となる．実際

$$\frac{\mathrm{d}u}{\mathrm{d}\phi} = -\frac{1}{r^2}\frac{\mathrm{d}r}{\mathrm{d}\phi} = -\frac{1}{h}\frac{\mathrm{d}r}{\mathrm{d}t} \quad \Longrightarrow \quad \frac{\mathrm{d}^2 u}{\mathrm{d}\phi^2} = \frac{r^2}{h}\frac{\mathrm{d}}{\mathrm{d}t}\left(-\frac{1}{h}\frac{\mathrm{d}r}{\mathrm{d}t}\right) = -\frac{r^2}{h^2}\frac{\mathrm{d}^2 r}{\mathrm{d}t^2}$$

を使えばよい．微分方程式 (2.33) は角度 ϕ を時間 t と読み替えれば，例題 2.2 と同様の一定外力の下での単振動（$\omega = 1$）の方程式であるから，その解は

$$u = \frac{GM}{h^2} + A\cos\phi \quad \Longrightarrow \quad r = \frac{\ell}{1 + \varepsilon\cos\phi}$$

ここに $\ell = \frac{h^2}{GM}, \quad \varepsilon = \frac{Ah^2}{GM} \tag{2.34}$

と求まる．ここで ℓ は通径，ε は離心率とよばれる運動のパラメータで，その値は初期条件から決まる (図 2.3 を参照)．

$$\ell = \frac{2r_1 r_2}{r_1 + r_2}, \quad \varepsilon = \frac{r_2 - r_1}{r_2 + r_1} \tag{2.35}$$

離心率 ε の値に応じて，軌道は楕円 ($0 \leqq \varepsilon < 1$)，放物線 ($\varepsilon = 1$)，双曲線 ($\varepsilon > 1$) となる．式 (2.34) の軌道がこれらの 2 次曲線となることは，直角座標に直すと，

$$\begin{aligned}
r(1+\varepsilon\cos\phi) = \ell \quad &\Longrightarrow \quad \sqrt{x^2+y^2} + \varepsilon x = \ell \\
&\Longrightarrow \quad x^2 + y^2 = (\ell - \varepsilon x)^2 \\
&\Longrightarrow \quad (1-\varepsilon^2)\left(x + \frac{\varepsilon\ell}{1-\varepsilon^2}\right)^2 + y^2 = \frac{\ell^2}{1-\varepsilon^2}
\end{aligned} \tag{2.36}$$

となることからわかる． □

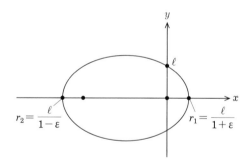

図 2.3　ケプラー運動の楕円軌道

例題 2.5　ケプラー運動の周期 T を以下の手順で求めよ．

(1) 式 (2.31) の両辺に $\dot{r}$ をかけて，t に関して 1 回積分すれば，次式が得られることを確かめよ．

$$\frac{\dot{r}^2}{2} = C - \frac{h^2}{2r^2} + \frac{GM}{r} \quad (C \text{ は積分定数}) \tag{2.37}$$

これは，近日点の距離 r_1 と遠日点の距離 r_2 を用いれば

$$\left(\frac{dr}{dt}\right)^2 = h^2 \left(\frac{1}{r_1} - \frac{1}{r}\right)\left(\frac{1}{r} - \frac{1}{r_2}\right) \tag{2.38}$$

とも書ける (図 2.3). ここに $r_1 = \ell/(1+\varepsilon)$, $r_2 = \ell/(1-\varepsilon)$ である. これらは式 (2.34) で $\phi = 0$, $\phi = \pi$ にあたる.

(2) 式 (2.38) から周期 T は

$$T = \frac{2\sqrt{r_1 r_2}}{h} \int_{r_1}^{r_2} \frac{r\,\mathrm{d}r}{\sqrt{(r_2-r)(r-r_1)}} \tag{2.39}$$

と表される. 変数変換 $r = r_1 \cos^2\theta + r_2 \sin^2\theta$ ($0 \leqq \theta \leqq \pi/2$) により積分を実行して, 以下を導け.

$$T = \frac{2\pi \ell^2}{h(1-\varepsilon^2)^{3/2}} = 2\pi \sqrt{\frac{a^3}{GM}} \tag{2.40}$$

ここで $a = (r_1 + r_2)/2 = \ell/(1-\varepsilon^2)$ とした. これを長半径という. この結果はケプラーの第3法則である.

解 (1) 指示通りに実行すれば

$$\dot{r}\ddot{r} = \frac{h^2}{r^2}\dot{r} - \frac{GM}{r^2}\dot{r} \implies \frac{\mathrm{d}}{\mathrm{d}t}\left(\frac{\dot{r}^2}{2}\right) = \frac{\mathrm{d}}{\mathrm{d}t}\left(-\frac{h^2}{2r^2} + \frac{GM}{r}\right)$$

$$\implies \frac{\dot{r}^2}{2} = C - \frac{h^2}{2r^2} + \frac{GM}{r} \quad (C \text{ は積分定数})$$

を得る. 近日点と遠日点では $\dot{r} = 0$ であるから, 右辺を r_1, r_2 を用いて表すのは易しい.

(2) 周期 T の定義式に式 (2.38) を代入すれば

$$T = 2\int_{r_1}^{r_2} \frac{\mathrm{d}t}{\mathrm{d}r}\,\mathrm{d}r = 2\int_{r_1}^{r_2} \frac{\mathrm{d}r}{(\mathrm{d}r/\mathrm{d}t)} = \frac{2\sqrt{r_1 r_2}}{h}\int_{r_1}^{r_2} \frac{r\,\mathrm{d}r}{\sqrt{(r_2-r)(r-r_1)}}$$

を得る. この積分は有名で公式集にもあるが[1], 上記の変数変換で計算できる. 関係式

$$(r_2 - r) = (r_2 - r_1)\cos^2\theta, \quad (r - r_1) = (r_2 - r_1)\sin^2\theta,$$
$$\mathrm{d}r = 2(r_2 - r_1)\sin\theta \cos\theta\,\mathrm{d}\theta$$

を使えば, 定積分公式

---

[1] たとえば, 森口繁一・宇田川銈久・一松 信『岩波数学公式 I』(岩波書店) p.126 に不定積分がある.

$$\int_{r_1}^{r_2} \frac{r\,dr}{\sqrt{(r_2-r)(r-r_1)}} = 2\int_0^{\pi/2} \left(r_1\cos^2\theta + r_2\sin^2\theta\right)d\theta = \frac{\pi}{2}(r_1+r_2) \quad (2.41)$$

を得る。よって

$$T = \frac{\pi}{h}\sqrt{r_1 r_2}\,(r_1+r_2) = \frac{2\pi}{h}\cdot\frac{\ell^2}{(1-\varepsilon^2)^{3/2}} \quad (2.42)$$

となる。ここで $r_1 = \ell/(1+\varepsilon)$, $r_2 = \ell/(1-\varepsilon)$ を代入した。最後に h を消去するには、式 (2.34) の $\ell = h^2/GM$ を使えばよく、最終結果は

$$T = 2\pi\sqrt{\frac{a^3}{GM}}, \quad a = \frac{\ell}{1-\varepsilon^2}$$

となる [2]。 □

演習問題

問 2.1 半径 a の棒に巻かれた重さの無視できる糸の先端に付けられた質量 m の質点が速さ v_0 でほどかれていく。ただしこの際に、糸はピンと張られているものとする。質点の運動を調べよ。

問 2.2 ポテンシャルが

$$U(r) = -\frac{\alpha}{r^2} \quad (\alpha > 0) \quad (2.43)$$

で与えられる場合の質量 $m=1$ の物体の平面運動について、運動方程式を導出し、その起こり得る運動を議論せよ。

問 2.3 ポテンシャル $V(x)$ における質量 m の粒子の1次元的運動を考える。
(1) エネルギー保存の式 $E = \frac{m}{2}\dot{x}^2 + V(x)$ から、運動の周期 T を与える公式

$$T = \sqrt{2m}\int_{x_1}^{x_2} \frac{dx}{\sqrt{E-V(x)}} \quad (2.44)$$

を導出せよ。ここで、$x_1 < x_2$ は、方程式 $V(x) = E$ の二つの解である。
(2) 上の公式を用いて、次のポテンシャル下における運動の周期をエネルギー

---

[2] なお、ここでは定積分計算によって導いたが、「面積速度一定の法則」を利用したもう少し簡単な導出が十河・和達・出口『ゼロからの力学 II』（岩波書店、2005）p.48 にあるので参考にしてほしい。

E の関数として求めよ．
$$V(x) = K|x|^\alpha \qquad (K>0,\ \alpha = 1, 3)$$

問 2.4 ケプラー運動のエネルギー E は
$$E = \frac{m}{2}(\dot{r}^2 + r^2\dot{\phi}^2) - \frac{GMm}{r} \tag{2.45}$$
で与えられる．式 (2.34) の解で，軌道が楕円の場合 ($0 \leqq \varepsilon < 1$) に，E を計算して次式を導け．
$$E = -\frac{GMm}{2\ell}(1 - \varepsilon^2) \tag{2.46}$$

問 2.5 ケプラー運動について，軌道ではなく運動の時間依存性を求めるには，天下り的ではあるが「ケプラー–レビチビタ変数」とよばれる次のような変数 ξ を仲立ちにするとよい．
$$\tan\left(\frac{\phi}{2}\right) = \sqrt{\frac{1+\varepsilon}{1-\varepsilon}} \tan\left(\frac{\xi}{2}\right) \tag{2.47}$$
とくに円軌道 ($\varepsilon = 0$) のときは $\xi = \phi$ となっている．これから
$$\cos\phi = \frac{\cos\xi - \varepsilon}{1 - \varepsilon\cos\xi}, \quad \sin\phi = \frac{\sqrt{1-\varepsilon^2}\,\sin\xi}{1 - \varepsilon\cos\xi}, \quad \mathrm{d}\phi = \frac{\sqrt{1-\varepsilon^2}}{1 - \varepsilon\cos\xi}\,\mathrm{d}\xi \tag{2.48}$$
を示せ．このことを使って，動径と時間の変数 r, t を ξ を用いて表せ．

問 2.6 中心力のもとでは角運動量 $\boldsymbol{L} = \boldsymbol{r}\times\boldsymbol{p}$ が保存する．ところが，重力やクーロン力のような逆 2 乗則にしたがう中心力の場合には，さらにもうひとつの保存するベクトルが存在する．すなわち
$$\dot{\boldsymbol{p}} = -\frac{\alpha}{r^3}\boldsymbol{r} \quad \text{のとき} \quad \boldsymbol{A} = \dot{\boldsymbol{r}}\times\boldsymbol{L} - \frac{\alpha}{r}\boldsymbol{r} \quad \text{は保存する．} \tag{2.49}$$
このことを示せ．このベクトル $\boldsymbol{A}$ はルンゲ–レンツのベクトルとよばれている．

第 3 章
ハミルトンの変分原理

本章では「変分原理」をハミルトンの観点 (互いに共役な正準力学変数: 座標と運動量を用いる方法) から全面展開する．ハミルトニアンや正準運動方程式は，量子力学の発展に際して重要な概念となったものである．

3.1 ハミルトンの変分原理

最小作用の原理

前章では，ラグランジアンを天下り的に与えて，それに対するオイラー–ラグランジュの方程式がニュートンの運動方程式を再現することをみてきた．また，そのオイラー–ラグランジュの方程式が「作用」とよばれる汎関数に対するオイラーの変分方程式の一種であることがわかった．

重複する内容もあるが，記号や用語を確認するために，これまでのところを整理しておこう．ラグランジアン L が与えられたとき (たとえば，運動エネルギー K とポテンシャルエネルギー V の差: $L = K - V$ として)，積分

$$S = \int_{t_0}^{t_1} L(x, \dot{x})\,dt \tag{3.1}$$

を「作用」あるいは「ハミルトンの第一主関数」という．時間の関数として $x(t)$ を与えると，定積分 S が定まる．このような量を汎関数 (functional) というのであった．

さて，$x(t)$ を少し変えると: $x(t) \to x(t) + \delta x(t)$, $\dot{x}(t) \to \dot{x}(t) + \delta \dot{x}(t)$, 定積分 S

も少し変化するであろう: $S \to S + \delta S$. その変化 δS をテイラー展開の 1 次まで求める.

$$\delta S = \int_{t_0}^{t_1} (L(x+\delta x, \dot{x}+\delta \dot{x}) - L(x, \dot{x})) \, \mathrm{d}t = \int_{t_0}^{t_1} \left(\frac{\partial L}{\partial x} \delta x + \frac{\partial L}{\partial \dot{x}} \delta \dot{x} \right) \mathrm{d}t \quad (3.2)$$

注意 位置と速度 $(x$ と $\dot{x})$ は,たとえば初期条件を選ぶ場合を考えてみれば,確かに独立である.また,運動法則が決まっていない状況では,その後の値も独立に変化し得るであろう.こう考えれば第 1 章で書いた違和感も解消するだろう.

ここで,関係式 $\delta \dot{x} = \mathrm{d}\delta x/\mathrm{d}t$ を用いて,(3.2) 式の右辺第 2 項を部分積分する.ただし,端点固定 $(\delta x(t_0) = \delta x(t_1) = 0)$ を仮定するから,境界値部分は消える.これから

$$\delta S = \int_{t_0}^{t_1} \delta x(t) \left(\frac{\partial L}{\partial x} - \frac{\mathrm{d}}{\mathrm{d}t} \left(\frac{\partial L}{\partial \dot{x}} \right) \right) \mathrm{d}t \quad (3.3)$$

を得る.「括弧の中 $= 0$」はオイラー–ラグランジュの方程式である.言い換えると

オイラー–ラグランジュの方程式は作用 S の極値条件

なのである.式 (3.3) を

$$\frac{\delta S}{\delta x} = \frac{\partial L}{\partial x} - \frac{\mathrm{d}}{\mathrm{d}t} \left(\frac{\partial L}{\partial \dot{x}} \right) \quad (3.4)$$

と書いて,これを汎関数微分とよぶこともある.普通の微分可能な関数 $f(x)$ の場合にその最小値を探すには,微分 $f'(x) = 0$ を解いて求める.同様に汎関数 S の最小値を探すために,汎関数微分である式 (3.4) $= 0$ (すなわちオイラー–ラグランジュの方程式) を解くのである.そこで,これを**最小作用の原理** (principle of the least action) とよぶことがある.

注意 問題によっては必ずしも「最小」にならないことがある.その意味でこれは「停留条件」なのである.ここに,極大点,極小点,変曲点をまとめて停留点という.

例題 3.1 (作用の計算) 単振動の場合に作用を計算してみよう.すなわち,

$$S = \int_{t_0}^{t_1} \frac{m}{2} \left(\dot{x}^2 - \omega^2 x^2 \right) dt \tag{3.5}$$

として，境界条件が $x(t_0) = x_0$, $x(t_1) = x_1$ の場合に，オイラー–ラグランジュの方程式を解き，そのときの S の値を計算せよ．

解 オイラー–ラグランジュ方程式は

$$\ddot{x} = -\omega^2 x \tag{3.6}$$

である．境界条件が通常の初期条件 $x(t_0)$, $\dot{x}(t_0)$ ではないところが異なるが，解を

$$x(t) = A \sin[\omega(t_1 - t)] + B \sin[\omega(t - t_0)] \tag{3.7}$$

の形に書けば，境界条件は

$$A \sin[\omega(t_1 - t_0)] = x_0, \quad B \sin[\omega(t_1 - t_0)] = x_1$$

で与えられることがわかる．よって $T = t_1 - t_0$ とおいて（T は周期 $2\pi/\omega$ の整数倍ではないと仮定する）

$$A = \frac{x_0}{\sin(\omega T)}, \quad B = \frac{x_1}{\sin(\omega T)} \tag{3.8}$$

と積分定数が決まる．これを代入して積分を実行すれば

$$S = \frac{m\omega^2}{2\sin^2(\omega T)} \int_{t_0}^{t_1} \left(x_0^2 \cos[2\omega(t_1 - t)] + x_1^2 \cos[2\omega(t - t_0)] \right.$$

$$\left. - 2 x_0 x_1 \cos[\omega(t_0 + t_1 - 2t)] \right) dt$$

$$= \frac{m\omega}{2\sin(\omega T)} \left((x_0^2 + x_1^2) \cos(\omega T) - 2 x_0 x_1 \right) \tag{3.9}$$

となる． □

注意 この計算はファインマンの学位論文中にあるもので，彼の量子電磁気学 (QED) の理論のなかで活用された: R.P. Feynman, *Phys. Rev.* **80** (1950) 440.

ハミルトニアンと正準運動方程式

ラグランジアンが $L(x, \dot{x})$ で与えられるときのオイラー–ラグランジュ方程式

$$\frac{\mathrm{d}}{\mathrm{d}t}\left(\frac{\partial L}{\partial \dot{x}}\right) - \frac{\partial L}{\partial x} = 0 \tag{3.10}$$

はひとつの変数 $x(t)$ に対する時間微分が 2 階の常微分方程式である．

ハミルトンはこれを二つの変数に対する時間微分が 1 階の連立常微分方程式に書き換えることを考えた．新しい変数 p を

$$p = \frac{\partial L}{\partial \dot{x}} \tag{3.11}$$

で定義し，これを「変数 x に共役な運動量」とよぶ．この式の右辺は一般に $x, \dot{x}$ の関数であるから，この関係式を $\dot{x}$ について解いたとしよう．ここで $\dot{x}$ は x と p の関数である $(\dot{x} = \dot{x}(x, p))$．これを L に代入すれば，ラグランジアンは $L(x, \dot{x}(x, p))$ のように結果的に x, p の関数とみなすことができる．

たとえば

$$L = \frac{m}{2}\dot{x}^2 - V(x) \tag{3.12}$$

のときは

$$p = \frac{\partial L}{\partial \dot{x}} = m\dot{x} \implies \dot{x} = \frac{p}{m} \quad \text{ゆえ} \quad L = \frac{m}{2}\left(\frac{p}{m}\right)^2 - V(x) = \frac{p^2}{2m} - V(x)$$

となる．変数 x が位置座標のとき，変数 p は確かに運動量である．

さてそこで

$$H(x, p) = p \cdot \dot{x}(x, p) - L(x, \dot{x}(x, p)) \tag{3.13}$$

で定義される関数 H を導入し**ハミルトニアン** (Hamiltonian) とよぶ．先ほどの例の場合には

$$H = p \cdot \frac{p}{m} - \left(\frac{p^2}{2m} - V(x)\right) = \frac{p^2}{2m} + V(x) \tag{3.14}$$

となり，H は全エネルギーに一致する．

さて，前項の変分原理 (最小作用の原理) を $x \to x + \delta x$, $p \to p + \delta p$ の変分に対して実行してみよう．$L = p \cdot \dot{x} - H$ であるから

$$S = \int_{t_0}^{t_1} (p \cdot \dot{x} - H(x, p))\,\mathrm{d}t \tag{3.15}$$

の変分をテイラー展開の 1 次までとれば

$$\delta S = \int_{t_0}^{t_1} \left((p \cdot \delta \dot{x} + \delta p \cdot \dot{x}) - \left(\frac{\partial H}{\partial x} \delta x + \frac{\partial H}{\partial p} \delta p \right) \right) \mathrm{d}t$$

となる．そこで $\delta \dot{x} = \mathrm{d}\delta x/\mathrm{d}t$ の項を部分積分すれば (いつもの固定境界条件を仮定する)

$$\delta S = \int_{t_0}^{t_1} \left(\delta p \left(\dot{x} - \frac{\partial H}{\partial p} \right) - \delta x \left(\dot{p} + \frac{\partial H}{\partial x} \right) \right) \mathrm{d}t \tag{3.16}$$

となる．作用 S の停留条件 $\delta S = 0$ は，変分 $\delta p, \delta x$ の係数をそれぞれゼロとする条件から

$$\frac{\mathrm{d}x}{\mathrm{d}t} = \frac{\partial H}{\partial p}, \quad \frac{\mathrm{d}p}{\mathrm{d}t} = -\frac{\partial H}{\partial x} \tag{3.17}$$

となる．こうして目標とする 2 変数 x, p に対する 1 階連立の常微分方程式が得られた．微分方程式 (3.17) を**ハミルトンの正準運動方程式** (Hamilton's canonical equations of motion) という．また，このように互いに共役な 2 変数 x, p の変分を用いた (3.16) のような変分法を**ハミルトンの変分原理**という．

[**別の導出法**] 上記の変分計算では $\dot{x}$ の変分 $\delta \dot{x}$ の扱いに違和感をもったひともいるのではないか．それは $\dot{x} = \dot{x}(x, p)$ だからである．上の議論が間違っているわけではないが，このことに配慮した正準運動方程式の別の導出を与えておこう．

定義 $H(x, p) = p\dot{x}(x, p) - L(x, \dot{x}(x, p))$ から，

$$\frac{\partial H}{\partial p} = \dot{x} + p\frac{\partial \dot{x}}{\partial p} - \frac{\partial L}{\partial \dot{x}} \cdot \frac{\partial \dot{x}}{\partial p} = \dot{x},$$

$$\frac{\partial H}{\partial x} = p\frac{\partial \dot{x}}{\partial x} - \left(\frac{\partial L}{\partial x} + \frac{\partial L}{\partial \dot{x}} \cdot \frac{\partial \dot{x}}{\partial x} \right) = -\frac{\partial L}{\partial x} = -\frac{\mathrm{d}}{\mathrm{d}t}\left(\frac{\partial L}{\partial \dot{x}} \right) = -\dot{p}$$

を得る．ここで，定義により $\partial L/\partial \dot{x} = p$，また x, p は互いに独立な変数なので $\partial p/\partial x = 0$，およびオイラー–ラグランジュ方程式を用いた．この導出のポイントは，「何を独立変数と考えているか」に注意することである．

さて，先ほどのハミルトニアン (3.14) の場合

$$\frac{\mathrm{d}x}{\mathrm{d}t} = \frac{\partial H}{\partial p} = \frac{p}{m}, \quad \frac{\mathrm{d}p}{\mathrm{d}t} = -\frac{\partial H}{\partial x} = -V'(x) \tag{3.18}$$

となる．これから運動量 p を消去すれば，オイラー–ラグランジュの運動方程式

$m\ddot{x} = -V'(x)$ を再現する．なお，右辺の符号の付き方に注意してほしい (間違える学生が多いのである)．

例題 3.2 単振動のハミルトニアンと正準運動方程式は

$$H = \frac{p^2}{2m} + \frac{m\omega^2}{2}x^2, \quad \dot{x} = \frac{p}{m}, \quad \dot{p} = -m\omega^2 x \tag{3.19}$$

である．運動方程式から変数 p を消去すれば，いつもの $\ddot{x} = -\omega^2 x$ となり，その解は例題 2.1 で求めた．ここでは別の解法を与えよう．新しく複素数の変数 $\xi = p + im\omega x$ $(i = \sqrt{-1})$ を導入する．この ξ に対する微分方程式をつくり，それを解け．

解 変数 ξ を t で 1 回微分すると

$$\dot{\xi} = \dot{p} + im\omega\dot{x} = -m\omega^2 x + i\omega p = i\omega(p + im\omega x) = i\omega\xi \tag{3.20}$$

となるから，その解は

$$\xi(t) = \xi(0) \cdot e^{i\omega t} \tag{3.21}$$

と求まる．初期条件は $\xi(0) = p(0) + im\omega x(0)$ であるから，$\xi(t) = p(t) + im\omega x(t)$ および $e^{i\omega t} = \cos(\omega t) + i\sin(\omega t)$ を代入して，両辺の実部・虚部を比較すれば

$$p(t) = p(0)\cos(\omega t) - m\omega x(0)\sin(\omega t), \quad x(t) = x(0)\cos(\omega t) + \frac{p(0)}{m\omega}\sin(\omega t) \tag{3.22}$$

と解ける．x, p の両方が同時に求まってしまうところがこの解法の長所である． □

注意 複素化する際に，同じ次元を持つ p と $m\omega x$ を実部と虚部に選ぶのが大切である (i は無次元なので)．

例題 3.3 2 次元極座標 (r, ϕ) で書いたラグランジアンが

$$L = \frac{m}{2}\left(\dot{r}^2 + r^2\dot{\phi}^2\right) - V(r) \tag{3.23}$$

で与えられるとき，変数 r, ϕ に共役な運動量 p_r, p_ϕ を求め，ハミルトンの正準運動方程式を書け．

解 定義により

$$p_r = \frac{\partial L}{\partial \dot{r}} = m\dot{r}, \quad p_\phi = \frac{\partial L}{\partial \dot{\phi}} = mr^2\dot{\phi} \tag{3.24}$$

である．よって，ハミルトニアンは

$$H = (p_r \dot{r} + p_\phi \dot{\phi}) - L = \frac{1}{2m}\left(p_r^2 + \frac{p_\phi^2}{r^2}\right) + V(r) \tag{3.25}$$

となる（変数 $\dot{r}, \dot{\phi}$ を式 (3.24) を用いて p_r, p_ϕ で書き直す）．最後に，正準運動方程式は

$$\frac{dr}{dt} = \frac{\partial H}{\partial p_r} = \frac{p_r}{m}, \quad \frac{dp_r}{dt} = -\frac{\partial H}{\partial r} = \frac{p_\phi^2}{mr^3} - V'(r), \tag{3.26}$$

$$\frac{d\phi}{dt} = \frac{\partial H}{\partial p_\phi} = \frac{p_\phi}{mr^2}, \quad \frac{dp_\phi}{dt} = -\frac{\partial H}{\partial \phi} = 0 \tag{3.27}$$

となる．一定値 $p_\phi = mh$ は角運動量保存則である．上記の運動方程式は $V(r) = -GMm/r$ とするとき，第 2 章で議論したケプラー問題の場合と一致する． □

注意 この場合の p_ϕ は「運動量」とはいうものの「質量×速度」の次元をもたない．その原因は，もともとの「座標」ϕ が長さの次元をもたないからである．その意味で，これらを「一般化された座標」とそれに共役な「一般化された運動量」とよぶ．重要なのは，このように一般化された座標の場合にも，それに共役な運動量を求める手続き等は同じである，という点である．

例題 3.4 バネでつながれた二つの質点粒子の単振動の問題，すなわちハミルトニアン

$$H(x_1, x_2, p_1, p_2) = \frac{1}{2m}(p_1^2 + p_2^2) + \frac{k}{2}(x_1^2 + x_2^2 + (x_1 - x_2)^2) \tag{3.28}$$

で記述される系を考える (図 3.1)．ここで簡単のため質量・バネ定数ともにすべて同じとした．ハミルトンの正準運動方程式を書き下し，それを解け．

解 運動方程式は

$$\dot{x}_1 = \frac{\partial H}{\partial p_1} = \frac{p_1}{m}, \quad \dot{p}_1 = -\frac{\partial H}{\partial x_1} = -kx_1 - k(x_1 - x_2), \tag{3.29}$$

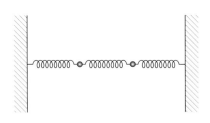

図 3.1　バネの連成振動

$$\dot{x}_2 = \frac{\partial H}{\partial p_2} = \frac{p_2}{m}, \quad \dot{p}_2 = -\frac{\partial H}{\partial x_2} = -kx_2 + k(x_1 - x_2) \tag{3.30}$$

である．運動量 p_1, p_2 を消去すれば

$$\ddot{x}_1 = -\omega^2(2x_1 - x_2), \quad \ddot{x}_2 = -\omega^2(2x_2 - x_1) \quad (\omega^2 = k/m) \tag{3.31}$$

となる．辺々の和および差をとれば，新しい変数 $x = x_1 + x_2$, $y = x_1 - x_2$ に対する方程式

$$\ddot{x} = -\omega^2 x, \quad \ddot{y} = -3\omega^2 y \tag{3.32}$$

を得る．よって，x, y はそれぞれ角振動数 ω, $\sqrt{3}\omega$ の単振動となる．したがって，一般解は

$$x(t) = A\cos(\omega t) + B\sin(\omega t), \quad y(t) = a\cos(\sqrt{3}\omega t) + b\sin(\sqrt{3}\omega t) \tag{3.33}$$

で与えられる．ここで，係数 A, B, a, b は初期条件から決まる．変数 x_1, x_2 に戻すには $x_1 = (x+y)/2$, $x_2 = (x-y)/2$ とすればよい． □

3.2　2粒子系，重心座標と相対座標

相互作用する 2 粒子系の運動を考えよう．粒子の質量を m_1, m_2 とし，それぞれの座標を $\boldsymbol{r}_1$, $\boldsymbol{r}_2$ とする．相互作用ポテンシャルを $V(\boldsymbol{r}_1 - \boldsymbol{r}_2)$ とすれば (差の関数)，ラグランジアンは

$$L = \frac{1}{2}\left(m_1 \dot{\boldsymbol{r}}_1^2 + m_2 \dot{\boldsymbol{r}}_2^2\right) - V(\boldsymbol{r}_1 - \boldsymbol{r}_2) \tag{3.34}$$

である．このとき，重心の座標 $\boldsymbol{R}$ と相対座標 $\boldsymbol{r}$ は

で定義される．

例題 3.5 (3.35) 式を r_1, r_2 について解きなおせば

$$r_1 = R + \frac{m_2}{m_1 + m_2}r, \quad r_2 = R - \frac{m_1}{m_1 + m_2}r \tag{3.36}$$

であるから，ラグランジアンは R, r を用いて

$$L = \frac{m_1 + m_2}{2}\dot{R}^2 + \frac{m_1 m_2}{2(m_1 + m_2)}\dot{r}^2 - V(r) \tag{3.37}$$

と書き直されることを示せ．

解 ベクトル版とはいえ 2 変数の連立方程式 (3.35) を解くのは容易だから読者にまかせよう．ラグランジアンの式変形部分は

$$m_1 \dot{r}_1^2 + m_2 \dot{r}_2^2 = m_1 \left(\dot{R} + \frac{m_2}{m_1 + m_2}\dot{r}\right)^2 + m_2 \left(\dot{R} - \frac{m_1}{m_1 + m_2}\dot{r}\right)^2$$
$$= (m_1 + m_2)\dot{R}^2 + \frac{m_1 m_2}{m_1 + m_2}\dot{r}^2$$

である．ここで，内積 $\dot{R} \cdot \dot{r}$ の項は打ち消しあうことに注意．右辺第 2 項の係数

$$\mu = \frac{m_1 m_2}{m_1 + m_2} \quad \text{すなわち} \quad \frac{1}{\mu} = \frac{1}{m_1} + \frac{1}{m_2} \tag{3.38}$$

を**換算質量** (reduced mass) という．ここで，不等式 $\mu \leqq m_1, \mu \leqq m_2$ が成り立つことに注意せよ．換算質量 μ は二つの質量のどちらよりも小さい (reduced) のである． □

以上の結果から，ラグランジアンは $L = L_{重心} + L_{相対}$ と分離されることがわかる．

$$L_{重心} = \frac{M}{2}\dot{R}^2 \quad (M = m_1 + m_2), \tag{3.39}$$

$$L_{相対} = \frac{\mu}{2}\dot{r}^2 - V(r) \tag{3.40}$$

とくに重心のラグランジアンは自由粒子のそれであるから「重心は等速度運動」をする．一方で，相対座標 r の運動は，質量が μ の粒子の運動方程式

$$\mu \frac{\mathrm{d}^2 \boldsymbol{r}}{\mathrm{d}t^2} = -\frac{\partial V}{\partial \boldsymbol{r}} \tag{3.41}$$

によって記述される．すなわち

> 相対座標のポテンシャルを持つ2粒子系は，重心座標
> と相対座標に関する2個の「1粒子問題」に等価

なのである．

質量 M, m の2粒子間の重力相互作用の場合に，以上の結果を適用すると，換算質量は $\mu = Mm/(M+m)$ で，重力ポテンシャルは $V(r) = -GMm/r$ であるから，

$$L_{\text{相対}} = \frac{\mu}{2}\dot{\boldsymbol{r}}^2 + \frac{GMm}{r} \tag{3.42}$$

となる．これを，式 (2.25) のラグランジアンと比べると，運動エネルギー項の質量 m が換算質量 μ に置き換わっている．太陽と地球のように，$m/M = 3 \times 10^{-6}$ ほどの質量差がある場合には，$\mu = m$ と近似してもよいが，一般には許されない．たとえば，2重星 (あるいは連星ともいう) などのように，似通った質量の星が互いの周りを回っているケプラー運動の場合には，換算質量 (両者が等しい場合は $\mu = m/2$) を用いる必要がある．

注意 第2章のケプラー運動の結果にこの修正を加えるには，太陽質量 M を $M^* = M \cdot (1 + m/M)$ に置き換えればよいことがわかる．それゆえ，ケプラーの第3法則に対する両対数グラフで，傾きは共通するが y 切片は異なることになる．もちろん，いちばん質量の大きい木星の場合でも $m/M = 9.5 \times 10^{-4}$ であるから，グラフからそれを読み取るのは困難である．

3.3 振り子の運動方程式を解く

例題 2.3 で導いた「振り子の運動方程式」を解いてみよう．(2.14) 式で $\omega^2 = g/\ell$ とおけば，解くべき運動方程式は

$$\ddot{\phi} = -\omega^2 \sin\phi \tag{3.43}$$

となる．角度 ϕ が小さいとき (微小振動) は，$\sin\phi \sim \phi$ であるから，$\ddot{\phi} = -\omega^2 \phi$ の単振動の方程式となり，容易に解ける (高校の物理では，この種の近似を常用

した).

ここでは，これを厳密に解くことを考えてみたい．式 (3.43) の両辺に $\dot\phi$ をかけて，1 回積分すると

$$\frac{1}{2}\dot\phi^2 - \omega^2\cos\phi = 一定 \equiv -\omega^2\cos\phi_0 \tag{3.44}$$

を得る．ここで ϕ_0 は最大振れ角である (以下では $0 < \phi_0 < \pi$ を仮定する)．これは本質的にエネルギー保存則に他ならない．これを $\mathrm{d}\phi/\mathrm{d}t$ について解けば，

$$\left(\frac{\mathrm{d}\phi}{\mathrm{d}t}\right)^2 = 2\omega^2(\cos\phi - \cos\phi_0) = 4\omega^2\left(\sin^2(\phi_0/2) - \sin^2(\phi/2)\right) \tag{3.45}$$

となる．いま時刻 $t = 0$ で $\phi(0) = 0$ の初期条件の場合を考えると，これから

$$\int_0^\phi \frac{\mathrm{d}\phi}{\sqrt{\sin^2(\phi_0/2) - \sin^2(\phi/2)}} = 2\omega\int_0^t \mathrm{d}t = 2\omega t \tag{3.46}$$

を得る．ここで左辺の積分に変数変換 $\phi \to \theta$

$$\sin(\phi/2) = \sin(\phi_0/2)\sin\theta, \quad k = \sin(\phi_0/2) \tag{3.47}$$

を施すと，関係式

$$\mathrm{d}\phi\cos(\phi/2) = 2k\,\mathrm{d}\theta\cos\theta, \quad \cos(\phi/2) = \sqrt{1 - k^2\sin^2\theta} \tag{3.48}$$

を用いて

$$(3.46)\text{式の左辺} = 2\int_0^\theta \frac{\mathrm{d}\theta}{\sqrt{1 - k^2\sin^2\theta}}$$

となる．よって，式 (3.46) は

$$\int_0^\theta \frac{\mathrm{d}\theta}{\sqrt{1 - k^2\sin^2\theta}} = \omega t \tag{3.49}$$

となる．この両辺の関係は **ヤコビの楕円関数** (Jacobi's elliptic function) とよばれる関数のひとつ $\mathrm{sn}(x, k)$ を用いて

$$\sin\theta = \mathrm{sn}(\omega t, k) \tag{3.50}$$

と表される (巻末の数学的付録 D (p.174) を参照)．すなわち

$$\int_0^\theta \frac{\mathrm{d}\theta}{\sqrt{1 - k^2\sin^2\theta}} = \mathrm{sn}^{-1}(\sin\theta, k) \tag{3.51}$$

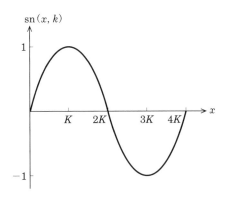

図 3.2　ヤコビの楕円関数 $\mathrm{sn}(x,k)$

あるいは $x = \sin\theta$ として

$$\int_0^x \frac{\mathrm{d}x}{\sqrt{(1-x^2)(1-k^2 x^2)}} = \mathrm{sn}^{-1}(x,k) \tag{3.52}$$

と書ける．ここで sn^{-1} は逆関数の意味である．これは $k=0$ のときの

$$\int_0^x \frac{\mathrm{d}x}{\sqrt{1-x^2}} = \sin^{-1} x \tag{3.53}$$

の一般化になっている．じつは $\mathrm{sn}(x,0) = \sin x$, $\mathrm{sn}(x,1) = \tanh x$ である．

楕円関数の解説は付録 D (p.174) を参照していただいて，ここでは周期 T を求めてみよう．周期 T は θ が 0 から $\pi/2$ まで変化する時間の 4 倍であるから，式 (3.49) から

$$T = \frac{4}{\omega}\int_0^{\pi/2} \frac{\mathrm{d}\theta}{\sqrt{1-k^2 \sin^2\theta}}, \quad k = \sin(\phi_0/2)$$

$$\equiv \frac{4}{\omega} K(k) \tag{3.54}$$

と求まる．ここに $K(k)$ は第 1 種完全楕円積分とよばれる積分で，$0 \leqq k < 1$ に対して

$$K(k) = \int_0^{\pi/2} \frac{\mathrm{d}\theta}{\sqrt{1-k^2 \sin^2\theta}} = \frac{\pi}{2}\cdot\left(1 + \left(\frac{1}{2}\right)^2 k^2 + \left(\frac{1\cdot 3}{2\cdot 4}\right)^2 k^4 + \cdots\right) \tag{3.55}$$

と展開される．とくに $K(0) = \pi/2$, $\lim_{k\to 1} K(k) = \infty$ である．初項はよく知られた

$T = 2\pi/\omega = 2\pi\sqrt{\ell/g}$ を与える．最大振れ角が 60 度 ($\phi_0 = \pi/3$) のとき，$k = \sin(\pi/6) = 1/2$ であるから，第 2 項 $= 1/16 = 0.0625$ となり，約 6 ％ の補正となる．

例題 3.6 （第 1 種完全楕円積分） 展開式 (3.55) を次の近似式を用いて k^2 の項まで導け．

$$\frac{1}{\sqrt{1-x}} = 1 + \frac{1}{2}x + \cdots, \quad \text{一般に } (1-x)^\alpha = 1 - \alpha x + \frac{\alpha(\alpha-1)}{2!}x^2 - \cdots \quad (|x| < 1)$$

解 $x = k^2 \sin^2\theta$ として被積分関数に適用すると

$$K(k) = \int_0^{\pi/2} \left(1 + \frac{1}{2}k^2 \sin^2\theta + \cdots\right) d\theta$$
$$= \frac{\pi}{2} + \frac{k^2}{2} \cdot \frac{1}{2} \cdot \frac{\pi}{2} + \cdots$$
$$= \frac{\pi}{2}\left(1 + \left(\frac{1}{2}\right)^2 k^2 + \cdots\right)$$

を得る．

3.4 相対論的粒子の力学

光速度 $c = 1$ とする単位系で，相対論的自由粒子に対するラグランジアンは

$$L(\boldsymbol{r}, \boldsymbol{v}) = -m\sqrt{1 - \boldsymbol{v}^2} \tag{3.56}$$

で与えられる：実際には自由粒子なのでラグランジアン L に $\boldsymbol{r}$ 依存性がないのである．なお，本節では $\dot{\boldsymbol{r}}$ の代わりに速度を $\boldsymbol{v}$ と書く (あまりに頻出するからである)．

このことは，ミンコフスキー計量 (巻末の数学的付録 C (p.170) を参照) が

$$ds^2 = dt^2 - d\boldsymbol{r}^2 = dt^2\left(1 - \boldsymbol{v}^2\right), \quad \boldsymbol{v} = \frac{d\boldsymbol{r}}{dt} \tag{3.57}$$

と書けることからわかる．すなわち，相対論的不変な作用が

$$S = -m\int ds = -m\int \sqrt{1 - \boldsymbol{v}^2}\, dt = \int L\, dt, \quad L = -m\sqrt{1 - \boldsymbol{v}^2} \tag{3.58}$$

で与えられるのである．このとき，オイラー–ラグランジュ方程式は

$$\frac{\partial L}{\partial \boldsymbol{v}} = \frac{m\boldsymbol{v}}{\sqrt{1-\boldsymbol{v}^2}} \equiv \boldsymbol{p} \quad \text{として} \quad \frac{\mathrm{d}\boldsymbol{p}}{\mathrm{d}t} = \frac{\partial L}{\partial \boldsymbol{r}} = 0 \tag{3.59}$$

となり，相対論的自由粒子の運動量 $\boldsymbol{p}$ の定義とその保存則を与える．

このとき，ハミルトニアンは

$$H = \boldsymbol{p}\cdot\boldsymbol{v} - L = \frac{m\boldsymbol{v}^2}{\sqrt{1-\boldsymbol{v}^2}} + m\sqrt{1-\boldsymbol{v}^2} = \frac{m}{\sqrt{1-\boldsymbol{v}^2}} = \left(m^2 + \boldsymbol{p}^2\right)^{1/2} \tag{3.60}$$

となる．ここで，最後の等号には $\boldsymbol{p}^2 = m^2\boldsymbol{v}^2/(1-\boldsymbol{v}^2)$ の関係を用いた．なお，光速度 c を復活させれば $H = (m^2c^4 + \boldsymbol{p}^2c^2)^{1/2}$ である．

例題 3.7 外部電磁場があるときは

$$S = \int L\,\mathrm{d}t, \quad L = -m\sqrt{1-\boldsymbol{v}^2} - q\phi + q\boldsymbol{v}\cdot\boldsymbol{A} \tag{3.61}$$

とすればよい．ここで q は粒子の持つ電荷，ϕ, $\boldsymbol{A}$ はスカラーおよびベクトル・ポテンシャルで，外場として与えられたものとする．このときのオイラー–ラグランジュ方程式を導け．

解 オイラー–ラグランジュ方程式

$$\frac{\mathrm{d}}{\mathrm{d}t}\left(\frac{\partial L}{\partial \boldsymbol{v}}\right) = \frac{\partial L}{\partial \boldsymbol{r}} \tag{3.62}$$

において

$$\frac{\partial L}{\partial \boldsymbol{v}} = \frac{m\boldsymbol{v}}{\sqrt{1-\boldsymbol{v}^2}} + q\boldsymbol{A} \equiv \boldsymbol{p}, \tag{3.63}$$

$$\frac{\partial L}{\partial \boldsymbol{r}} = -q\nabla\phi + q\nabla(\boldsymbol{v}\cdot\boldsymbol{A})$$

$$= -q\nabla\phi + q\left((\boldsymbol{v}\cdot\nabla)\boldsymbol{A} + \boldsymbol{v}\times(\nabla\times\boldsymbol{A})\right) \tag{3.64}$$

である．ここで，後者に第 1 章のベクトル解析公式 (p.19) の (6) 番目 (導出は章末の問 3.4 で行う)

$$\nabla(\boldsymbol{a}\cdot\boldsymbol{b}) = (\boldsymbol{a}\cdot\nabla)\boldsymbol{b} + (\boldsymbol{b}\cdot\nabla)\boldsymbol{a} + \boldsymbol{a}\times(\nabla\times\boldsymbol{b}) + \boldsymbol{b}\times(\nabla\times\boldsymbol{a}) \tag{3.65}$$

を用いた．ただし，粒子速度 $\boldsymbol{v}$ は場の変数ではないので ∇ 微分の項は消えてい

る．よって，オイラー–ラグランジュ方程式は

$$\frac{\mathrm{d}}{\mathrm{d}t}\left(\frac{m\boldsymbol{v}}{\sqrt{1-\boldsymbol{v}^2}}\right) + q\frac{\mathrm{d}\boldsymbol{A}}{\mathrm{d}t} = -q\nabla\phi + q((\boldsymbol{v}\cdot\nabla)\boldsymbol{A} + \boldsymbol{v}\times(\nabla\times\boldsymbol{A}))$$

となる．ここでさらに，左辺第 2 項に

$$\frac{\mathrm{d}\boldsymbol{A}}{\mathrm{d}t} = \frac{\partial\boldsymbol{A}}{\partial t} + (\boldsymbol{v}\cdot\nabla)\boldsymbol{A} \tag{3.66}$$

を使う．これは，成分 A_j の全微分

$$\mathrm{d}A_j = \frac{\partial A_j}{\partial t}\mathrm{d}t + \frac{\partial A_j}{\partial \boldsymbol{r}}\cdot\mathrm{d}\boldsymbol{r}$$

の両辺を $\mathrm{d}t$ で割ったものである ($\mathrm{d}\boldsymbol{r}/\mathrm{d}t = \boldsymbol{v}$)．以上から，最終的に

$$\frac{\mathrm{d}}{\mathrm{d}t}\left(\frac{m\boldsymbol{v}}{\sqrt{1-\boldsymbol{v}^2}}\right) = -q\nabla\phi - q\frac{\partial\boldsymbol{A}}{\partial t} + q\boldsymbol{v}\times(\nabla\times\boldsymbol{A})$$

$$= q\left(\boldsymbol{E} + \boldsymbol{v}\times\boldsymbol{B}\right),$$

$$\boldsymbol{E} = -\nabla\phi - \frac{\partial\boldsymbol{A}}{\partial t}, \quad \boldsymbol{B} = \nabla\times\boldsymbol{A} \tag{3.67}$$

を得る．これは外部電磁場中の相対論的粒子に対するローレンツ力による運動方程式である． □

注意 この場合の作用積分を $\boldsymbol{v} = \mathrm{d}\boldsymbol{r}/\mathrm{d}t$ に注意して

$$S = \int L\,\mathrm{d}t = \int [-m\,\mathrm{d}s - q\,(\phi\,\mathrm{d}t - \boldsymbol{A}\cdot\mathrm{d}\boldsymbol{r})] \tag{3.68}$$

と書けば，第 1 項・第 2 項ともに「ミンコフスキー空間の内積」で書かれていることがわかる．前者 $\mathrm{d}s^2 = \mathrm{d}t^2 - \mathrm{d}\boldsymbol{r}^2$ は $(\mathrm{d}t, \mathrm{d}\boldsymbol{r})$ の自分自身との内積，後者は二つのベクトル $(\phi, \boldsymbol{A})$ と $(\mathrm{d}t, \mathrm{d}\boldsymbol{r})$ の内積である．ここで，一般に二つの 4 次元ベクトル (a_0, a_1, a_2, a_3), (b_0, b_1, b_2, b_3) のミンコフスキー的内積は

$$a\cdot b = a_0 b_0 - (a_1 b_1 + a_2 b_2 + a_3 b_3) \tag{3.69}$$

で定義される．そしてローレンツ変換はこの内積を不変に保つ変換になっている：作用 S はローレンツ不変なのである．詳しくは巻末の数学的付録 C (p.170) を参照してほしい．

なお，このときのハミルトニアンは

となるが，右辺第1項を $\boldsymbol{p}$ で表せば

$$\frac{m}{\sqrt{1-\boldsymbol{v}^2}} = \boldsymbol{p} \cdot \boldsymbol{v} - L = \frac{m}{\sqrt{1-\boldsymbol{v}^2}} + q\phi$$

$$\frac{m\boldsymbol{v}}{\sqrt{1-\boldsymbol{v}^2}} = \boldsymbol{p} - q\boldsymbol{A} \implies \frac{m}{\sqrt{1-\boldsymbol{v}^2}} = \left(m^2 + (\boldsymbol{p}-q\boldsymbol{A})^2\right)^{1/2}$$

となるから，最終的に

$$H = \left(m^2 + (\boldsymbol{p}-q\boldsymbol{A})^2\right)^{1/2} + q\phi \tag{3.70}$$

を得る．なお，非相対論的極限 ((3.70) 式の右辺にある平方根の第 2 項が第 1 項に比べて小さいとする近似) では

$$H \simeq m + \frac{1}{2m}(\boldsymbol{p}-q\boldsymbol{A})^2 + q\phi \equiv m + H_0$$
$$\implies H_0 = \frac{1}{2m}(\boldsymbol{p}-q\boldsymbol{A})^2 + q\phi \tag{3.71}$$

となり，確かに非相対論的なハミルトニアン H_0 が得られる．

例題 3.8 非相対論的な粒子の場合に，静電場 $\boldsymbol{E}=(E,0,0)$, 静磁場 $\boldsymbol{B}=(0,0,B)$ の下での運動方程式

$$m\dot{\boldsymbol{v}} = q\left(\boldsymbol{E} + \boldsymbol{v}\times\boldsymbol{B}\right)$$

を解け．ただし，初期条件は $\boldsymbol{v}(0)=0$ (静止状態) とする．

解 $\boldsymbol{v}=(u,v,w)$ として，運動方程式を成分で書くと

$$m\dot{u} = qE + qBv, \quad m\dot{v} = -qBu, \quad m\dot{w} = 0 \tag{3.72}$$

である．複素変数 $\xi = u + iv$ の微分方程式に直して解けば

$$m\dot{\xi} = -iqB\xi + qE \implies \xi(t) = \frac{iE}{B}\left(e^{-i\omega t} - 1\right), \quad \omega = \frac{qB}{m}$$

を得る．よって，実部・虚部を比較して以下を得る．

$$u(t) = \frac{E}{B}\sin(\omega t), \quad v(t) = \frac{E}{B}(\cos(\omega t) - 1), \quad w(t) = 0 \tag{3.73}$$

速度 (u,v) から時間 t を消去すれば

$$u^2 + (v+E/B)^2 = (E/B)^2 \tag{3.74}$$

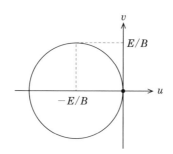

図 3.3　静電磁場中の荷電粒子の運動

となって円を描く (図 3.3).ここで,磁場の大きさ B で決まる $\omega = qB/m$ を**サイクロトロン角振動数**という. □

注意　よく似たものに「ラーマー角振動数」($\omega_L = \gamma B$) というものがあり,係数の磁気回転比 γ は多くの場合に $\gamma = q/2m$ なので $\omega_L = qB/2m$ となる.因子「2」違うだけなので紛らわしいが,後者は磁気能率 (スピン) の歳差運動の角振動数であるのに対して,前者は荷電粒子の軌道運動の角振動数であるから,二つの現象はまったく異なっている.磁気能率を「電荷の回転 = 円電流」とみることもできるが,スピンとはそういうものではない.このあたりの歴史的経緯は朝永振一郎『スピンはめぐる』(中央公論社,1974,みすず書房,2008) におもしろく描かれている.

　演 習 問 題

問 3.1　時間に依存した外力 $f(t)$ を受けた単振動の運動方程式 (質量 $m = 1$ とする)

$$\dot{x} = p, \quad \dot{p} = -\omega^2 x + f(t) \tag{3.75}$$

を例題 3.2 に倣って変数 $\xi = p + i\omega x$ に対する方程式に直して解け.

問 3.2　角振動数 Ω で振動する外力 F を受けた調和振動子 (単振動) の運動方程式は

$$m\ddot{x} + m\omega^2 x = F\cos(\Omega t) = \mathrm{Re}\left(Fe^{i\Omega t}\right)$$

で与えられる (Re は実部を取ることを意味する).

(1) $x(t) = \mathrm{Re}(Ce^{i\Omega t})$ を代入して，係数 C (一般に複素数) を決めることによって，特別解を求めよ．

(2) 一般解は特別解と斉次解 (右辺 $= 0$ のときの解) の和で表される．一般解を求めよ．

(3) 速度に比例した抵抗力も加わった場合の運動方程式は

$$m\ddot{x} + 2m\gamma\dot{x} + m\omega^2 x = F\cos(\Omega t) = \mathrm{Re}\left(Fe^{i\Omega t}\right)$$

で与えられる．(1) と同様にして，特別解を求めよ．

(4) 係数 C を $C = |C|e^{i\delta}$ の形に表し，振幅 $|C|$ と位相差 δ の Ω 依存性を調べよ．

問 3.3 （球面振り子） 半径 ℓ の球面上に拘束された物体の重力の下での運動を記述するラグランジアンは，下方 (南極側) から方位角度 θ を測った極座標 $\boldsymbol{r} = \ell(\sin\theta\cos\phi,\ \sin\theta\sin\phi,\ -\cos\theta)$ を用いて

$$L = \frac{m\ell^2}{2}\left(\dot{\theta}^2 + \dot{\phi}^2\sin^2\theta\right) + mg\ell\cos\theta \tag{3.76}$$

で与えられることを示せ．

これからオイラー–ラグランジュの運動方程式が

$$\frac{d}{dt}\left(m\ell^2\dot{\theta}\right) = m\ell^2\dot{\phi}^2\sin\theta\cos\theta - mg\ell\sin\theta \implies \ddot{\theta} = \dot{\phi}^2\sin\theta\cos\theta - \frac{g}{\ell}\sin\theta, \tag{3.77}$$

$$\frac{d}{dt}\left(m\ell^2\dot{\phi}\sin^2\theta\right) = 0 \implies m\ell^2\dot{\phi}\sin^2\theta = \text{一定} \equiv mh \tag{3.78}$$

となるから，変数 θ のしたがう微分方程式は

$$\ddot{\theta} - \frac{h^2}{\ell^4}\cdot\frac{\cos\theta}{\sin^3\theta} + \frac{g}{\ell}\sin\theta = 0$$

となる．ここで，変数 θ, ϕ の角速度の次元は，それぞれ $\omega = \sqrt{g/\ell},\ \Omega = h/\ell^2$ で特徴付けられることに注意して，時間変数を $\tau = \omega t$ と無次元化し，さらに角速度の比 $\Omega/\omega = \alpha$ を導入すれば，上記の微分方程式は

$$\frac{d^2\theta}{d\tau^2} - \alpha^2\cdot\frac{\cos\theta}{\sin^3\theta} + \sin\theta = 0 \tag{3.79}$$

と無次元化される．このとき，エネルギー保存則に相当する

$$\frac{1}{2}\left(\frac{d\theta}{d\tau}\right)^2 + \frac{\alpha^2}{2\sin^2\theta} - \cos\theta = 一定 \equiv \frac{\beta}{2} \tag{3.80}$$

の成立を示せ．

問 3.4 第 1 章に挙げたベクトル解析の公式 (p.19) の (6) 番目

$$\nabla(\boldsymbol{a}\cdot\boldsymbol{b}) = (\boldsymbol{a}\cdot\nabla)\boldsymbol{b} + (\boldsymbol{b}\cdot\nabla)\boldsymbol{a} + \boldsymbol{a}\times(\nabla\times\boldsymbol{b}) + \boldsymbol{b}\times(\nabla\times\boldsymbol{a}) \tag{3.81}$$

を証明せよ．

問 3.5 例題 3.8 の結果を再度積分して，荷電粒子の位置 $\boldsymbol{r}(t)$ を求め，どんな軌道を描くかを調べよ．ただし，簡単のため初期位置を原点とする（$\boldsymbol{r}(0)=0$）．

問 3.6 地球には「宇宙線」と総称される高エネルギーの粒子が降り注いでいる．質量 m，電荷 q の粒子の地球磁場下における運動を調べよう．ただし簡単のために，赤道面内の運動に限り，また粒子の運動は非相対論的に取り扱ってよいものとする．

(1) 地球の中心を原点に取り，その磁気能率 (μ) の向きを z 軸に選ぶ．このとき赤道面内の運動は 2 次元極座標 $x=r\cos\phi$, $y=r\sin\phi$ によって記述され，そのラグランジアンは (cgs-Gauss 単位系では)

$$L = \frac{m}{2}\left(\dot{r}^2 + r^2\dot{\phi}^2\right) + \frac{q\mu}{c}\frac{\dot{\phi}}{r} \tag{3.82}$$

で与えられる (重力は無視できるとする)．座標 r, ϕ に共役な運動量 p_r, p_ϕ を求めよ．

(2) オイラー–ラグランジュの方程式を書き下し，p_ϕ が保存することを示せ．これによって逆に $d\phi/dt$ を p_ϕ を用いて表せ．

(3) ハミルトニアンは $H = p_r\dot{r} + p_\phi\dot{\phi} - L$ によって定義される．(1) の結果を用いて，

$$H = \frac{1}{2m}\left(p_r^2 + \frac{1}{r^2}\left(p_\phi - \frac{q\mu}{cr}\right)^2\right) \tag{3.83}$$

となることを示し，ハミルトンの運動方程式が (2) の結果と同じであることを確かめよ．

(4) エネルギー保存則

$$\frac{m}{2}\left(\frac{dr}{dt}\right)^2 + \frac{1}{2mr^2}\left(p_\phi - \frac{q\mu}{cr}\right)^2 = E \tag{3.84}$$

から $\mathrm{d}r/\mathrm{d}t$ を求めよ．以下では簡単のために $p_\phi = 0$ の場合を考えることにする．
(2) の結果とあわせて時間変数 t を消去すれば

$$\frac{\mathrm{d}r}{\mathrm{d}\phi} = \pm \frac{c}{q\mu} r^3 \sqrt{2m\left(E - \frac{(q\mu)^2}{2mc^2 r^4}\right)} \tag{3.85}$$

(符号は $\phi < 0$ のとき $-$, $\phi > 0$ のとき $+$ とする) を得ることを示せ．

(5) 上の軌道方程式は

$$\frac{\mathrm{d}r}{\mathrm{d}\phi} = \pm A r \sqrt{r^4 - r_0^4} \tag{3.86}$$

の形に書き直される．定数 A, r_0 を求めよ．この微分方程式を，初期条件 $\phi = 0$ のとき $r = r_0$ の下で解け (変数変換 $r_0^2/r^2 = u$ を用いるとよい)．粒子は無限遠から飛来し，$r = r_0$ で地球に最接近し，また無限遠へ飛び去っていくことがわかる．このときの角度変化 $\Delta\phi$ はいくらであるか．

第4章
基礎方程式の変分法による導出

　ここまでオイラー–ラグランジュ方程式やハミルトンの変分原理によって古典力学 (ニュートンの運動方程式) を議論してきた．本章では物理学におけるその他の基礎方程式についても同様に，適切なラグランジアンやハミルトニアンを採用すれば，それらを導出できることをみていこう[1]．

4.1 電磁気学の基礎方程式

ポアソン方程式

　はじめに静電気学における「ポアソン方程式」を変分原理によって導出しよう．静電ポテンシャルを ϕ，電荷密度を ρ とする．このとき，汎関数

$$S = \int \left(\frac{1}{2}(\nabla\phi)^2 - \rho\phi \right) \mathrm{d}^3 \boldsymbol{r} \tag{4.1}$$

を考える．変分 $\phi \to \phi + \delta\phi$ に対する変分原理 $\delta S = 0$ から

$$\delta S = \int (\nabla\phi \cdot \nabla\delta\phi - \rho\,\delta\phi)\,\mathrm{d}^3\boldsymbol{r} = \int \delta\phi\left(-\nabla^2\phi - \rho\right)\mathrm{d}^3\boldsymbol{r}$$
$$\implies \quad \nabla^2\phi = -\rho \tag{4.2}$$

が得られる．ここで部分積分の際の境界条件 $\delta\phi$(境界)$= 0$ を仮定した．式 (4.2) がポアソン方程式である．なお，以上では簡単のため真空の誘電率 $\varepsilon_0 = 1$ としたが，真空の誘電率を復活させるには

---

[1] それが「適切な」ラグランジアンであるとどうしてわかるのか，という疑問が湧くかもしれない．もっともな疑問である．適切かどうかは，結果をみて実験と一致するかどうかで判断するのである．

$$S = \int \left(\frac{\varepsilon_0}{2} (\nabla \phi)^2 - \rho \phi \right) \mathrm{d}^3 \boldsymbol{r}$$

とすればよい.

マクスウェル方程式

時間と空間に依存する電場 $\boldsymbol{E}$ と磁束密度 $\boldsymbol{B}$ に対する電磁気学の基礎方程式は「マクスウェル方程式」

$$(1)\ \nabla \times \boldsymbol{B} - \frac{\partial \boldsymbol{E}}{\partial t} = \boldsymbol{j}, \quad \nabla \cdot \boldsymbol{E} = \rho \tag{4.3}$$

$$(2)\ \nabla \times \boldsymbol{E} + \frac{\partial \boldsymbol{B}}{\partial t} = 0, \quad \nabla \cdot \boldsymbol{B} = 0 \tag{4.4}$$

である.ここで $\boldsymbol{j}$ は電流密度を表す.なお,ここでも簡単のため真空の誘電率と透磁率を $\varepsilon_0 = 1$, $\mu_0 = 1$ としてある.したがって光速度も $c = 1$ である.これらを含むように書き直すのは簡単なのでやってみるとよい.

通常 (1) を「マクスウェル方程式の第 1 の組」といい,(2) を「マクスウェル方程式の第 2 の組」という.スカラー・ポテンシャル ϕ とベクトル・ポテンシャル $\boldsymbol{A}$ を導入して

$$\boldsymbol{E} = -\nabla \phi - \frac{\partial \boldsymbol{A}}{\partial t}, \quad \boldsymbol{B} = \nabla \times \boldsymbol{A} \tag{4.5}$$

とすると,マクスウェル方程式の第 2 の組が自動的に満たされることに注意しよう.実際

$$\nabla \times \boldsymbol{E} + \frac{\partial \boldsymbol{B}}{\partial t} = \nabla \times \left(\boldsymbol{E} + \frac{\partial \boldsymbol{A}}{\partial t} \right) = -\nabla \times (\nabla \phi) = 0,$$

$$\nabla \cdot \boldsymbol{B} = \nabla \cdot (\nabla \times \boldsymbol{A}) = 0$$

となる.

例題 4.1 上記の恒等式 (第 1 章のベクトル解析公式 (p.19) の (7) と (8) である)

$$\nabla \times (\nabla \phi) = 0, \quad \nabla \cdot (\nabla \times \boldsymbol{A}) = 0 \tag{4.6}$$

を示せ.

解 前者について $\nabla \phi = \operatorname{grad} \phi = (\partial \phi / \partial x, \partial \phi / \partial y, \partial \phi / \partial z)$ である.よって,

左辺 $\nabla \times (\nabla \phi) = \mathrm{rot}\,(\mathrm{grad}\,\phi)$ ベクトルの x 成分を求めると

$$\frac{\partial}{\partial y}\left(\frac{\partial \phi}{\partial z}\right) - \frac{\partial}{\partial z}\left(\frac{\partial \phi}{\partial y}\right) = \frac{\partial^2 \phi}{\partial y \partial z} - \frac{\partial^2 \phi}{\partial z \partial y} = 0$$

となる．他の成分も同様である．後者の $\nabla \times \boldsymbol{A} = \mathrm{rot}\,\boldsymbol{A}$ は

$$\nabla \times \boldsymbol{A} = \left(\frac{\partial A_z}{\partial y} - \frac{\partial A_y}{\partial z}, \frac{\partial A_x}{\partial z} - \frac{\partial A_z}{\partial x}, \frac{\partial A_y}{\partial x} - \frac{\partial A_x}{\partial y}\right) \tag{4.7}$$

であるから，後者の左辺 $\nabla \cdot (\nabla \times \boldsymbol{A}) = \mathrm{div}\,(\mathrm{rot}\,\boldsymbol{A})$ は

$$\frac{\partial}{\partial x}\left(\frac{\partial A_z}{\partial y} - \frac{\partial A_y}{\partial z}\right) + \frac{\partial}{\partial y}\left(\frac{\partial A_x}{\partial z} - \frac{\partial A_z}{\partial x}\right) + \frac{\partial}{\partial z}\left(\frac{\partial A_y}{\partial x} - \frac{\partial A_x}{\partial y}\right) = 0 \tag{4.8}$$

となる．どちらも「2 階偏微分において微分変数の順番を換えても結果は変わらない」という性質からの帰結である． □

さて，電磁場に対するラグランジアン密度 (ラグランジアン $L_0 = \int \mathcal{L}_0\,d^3\boldsymbol{r}$) を

$$\mathcal{L}_0 = -\frac{1}{2}(\boldsymbol{E}^2 - \boldsymbol{B}^2) - \boldsymbol{E} \cdot (\nabla \phi + \dot{\boldsymbol{A}}) - \boldsymbol{B} \cdot (\nabla \times \boldsymbol{A}) \tag{4.9}$$

とする．ここで $\dot{\boldsymbol{A}} = \partial \boldsymbol{A}/\partial t$ の意味である ($\mathrm{d}\boldsymbol{A}/\mathrm{d}t$ ではなく)．また，電磁場と物質 (電荷密度 ρ と電流密度 $\boldsymbol{j}$) との相互作用を表すラグランジアン密度を

$$\mathcal{L}_1 = -\rho\phi + \boldsymbol{j} \cdot \boldsymbol{A} \tag{4.10}$$

として，両者の和 $\mathcal{L} = \mathcal{L}_0 + \mathcal{L}_1$ を全ラグランジアン密度として持つ汎関数

$$S = \int \mathrm{d}^4 x\,(\mathcal{L}_0 + \mathcal{L}_1) \tag{4.11}$$

を作用とする．ここで $\mathrm{d}^4 x = \mathrm{d}t\,\mathrm{d}^3\boldsymbol{r}$ である．このとき，力学変数である「場の変数」は $\boldsymbol{E}, \boldsymbol{B}$ および $\phi, \boldsymbol{A}$ の四つと考える．

この汎関数 S に対して，変分 $\boldsymbol{E} \to \boldsymbol{E} + \delta \boldsymbol{E}$, $\boldsymbol{B} \to \boldsymbol{B} + \delta \boldsymbol{B}$ および $\phi \to \phi + \delta\phi$, $\boldsymbol{A} \to \boldsymbol{A} + \delta \boldsymbol{A}$ をおこなえば

$$\delta S = \int \mathrm{d}^4 x\,\bigl[\delta \boldsymbol{E} \cdot \bigl(-\boldsymbol{E} - (\nabla \phi + \dot{\boldsymbol{A}})\bigr) + \delta \boldsymbol{B} \cdot (\boldsymbol{B} - \nabla \times \boldsymbol{A})$$
$$+ \delta \phi\,(\nabla \cdot \boldsymbol{E} - \rho) + \delta \boldsymbol{A} \cdot \bigl(\dot{\boldsymbol{E}} - \nabla \times \boldsymbol{B} + \boldsymbol{j}\bigr)\bigr]$$

となる (部分積分と変分 $\delta\phi, \delta\boldsymbol{A}$ の境界値ゼロを使った)．よって，停留条件 $\delta S = 0$ から

$$E = -\nabla \phi - \frac{\partial A}{\partial t}, \quad B = \nabla \times A,$$
$$\nabla \cdot E = \rho, \quad \nabla \times B - \frac{\partial E}{\partial t} = j$$

を得る．これらは式 (4.5) およびマクスウェル方程式の第 1 の組である．前者からマクスウェル方程式の第 2 の組が導かれることはすでに示した．以上で**変分原理によるマクスウェル方程式の導出**が完了した．

注意 ラグランジアンを用いてマクスウェル方程式が導出されたが，これをハミルトンの正準形式に直そうとすると問題が生じる．たとえば，変数 ϕ に共役な運動量 π_ϕ をつくろうとすると，$\mathcal{L}$ に $\dot{\phi}$ が含まれていないので $\pi_\phi = \partial \mathcal{L}/\partial \dot{\phi} = 0$ となる．このように共役な運動量がない力学系は「特異」(singular) とよばれる．電磁場は (一般の非可換ゲージ場も) 特異力学系なのである．

例題 4.2 式 (4.5) の ϕ, A を用いた E, B の表式には**ゲージ変換の自由度** (任意性) がある．すなわち任意関数 χ を使った変換 (これをゲージ変換という)

$$\tilde{\phi} = \phi - \frac{\partial \chi}{\partial t}, \quad \tilde{A} = A + \nabla \chi \tag{4.12}$$

によって E, B が変わらないこと (**ゲージ不変性**という) を示せ．

解 ゲージ変換によって

$$\tilde{E} = -\nabla \left(\phi - \frac{\partial \chi}{\partial t} \right) - \frac{\partial}{\partial t} (A + \nabla \chi) = -\nabla \phi - \frac{\partial A}{\partial t} = E,$$
$$\tilde{B} = \nabla \times (A + \nabla \chi) = \nabla \times A = B$$

のように E, B は変わらない．ここで例題 4.1 の性質を用いた．以上を言い換えると，ϕ, A と E, B の対応は「多対1」すなわち「同じ電磁場を与えるポテンシャルが無数に存在する」のである． □

例題 4.3 上記の任意性を取り除くゲージ固定条件のひとつである**ローレンツ条件**

$$\frac{\partial \phi}{\partial t} + \nabla \cdot A = 0 \tag{4.13}$$

のもとで，マクスウェル方程式から **非斉次形の波動方程式**

$$\frac{\partial^2 \phi}{\partial t^2} - \nabla^2 \phi = \rho, \quad \frac{\partial^2 \boldsymbol{A}}{\partial t^2} - \nabla^2 \boldsymbol{A} = \boldsymbol{j} \tag{4.14}$$

を導け．

解　マクスウェル方程式の第1の組を $\phi, \boldsymbol{A}$ で表した

$$\rho = \nabla \cdot \boldsymbol{E} = -\nabla^2 \phi - \nabla \cdot \dot{\boldsymbol{A}}$$

の右辺にローレンツ条件 $\nabla \cdot \boldsymbol{A} = -\partial \phi / \partial t$ を代入すると

$$\rho = \frac{\partial^2 \phi}{\partial t^2} - \nabla^2 \phi$$

を得る．同様にして

$$\begin{aligned}
\boldsymbol{j} &= \nabla \times \boldsymbol{B} - \frac{\partial \boldsymbol{E}}{\partial t} = \nabla \times (\nabla \times \boldsymbol{A}) + \nabla \dot{\phi} + \ddot{\boldsymbol{A}} \\
&= \nabla(\nabla \cdot \boldsymbol{A}) - \nabla^2 \boldsymbol{A} + \nabla \dot{\phi} + \ddot{\boldsymbol{A}} \\
&= \frac{\partial^2 \boldsymbol{A}}{\partial t^2} - \nabla^2 \boldsymbol{A}
\end{aligned}$$

を得る．ここで，第1章で挙げたベクトル解析公式 (p.19) の (9) $\nabla \times (\nabla \times \boldsymbol{A}) = \nabla(\nabla \cdot \boldsymbol{A}) - \nabla^2 \boldsymbol{A}$ およびローレンツ条件を用いた．

非斉次形の波動方程式 (4.14) の物理的意味は

> 電荷密度と電流密度の変動により，電磁波が生成される

ということである．　　□

注意　非斉次の波動方程式 (4.14) の解はグリーン関数を用いて表すことができる．たとえば

$$\phi(\boldsymbol{r}, t) = \int \frac{\rho(\boldsymbol{r}', t - R)}{4\pi R} \mathrm{d}^3 \boldsymbol{r}' \quad (R = |\boldsymbol{r} - \boldsymbol{r}'|) \tag{4.15}$$

ここで，光速度 c を復活させれば $t - R \to t - R/c$ であるから，少し前の時刻 $t' = t - R/c$ の電荷密度が現在 (時刻 t) のポテンシャルを決めていることがわかる．これを因果律という．上式は電荷密度が定常な場合，ポアソン方程式の解としてのクーロン法則に他ならない．詳しくは，電磁気学の教科書であれば「電磁波の生成」の章で，物理数学の教科書であれば「偏微分方程式」の章で議論されている．

4.2 量子力学の基礎方程式

量子力学の教科書にはあまり書かれていないが，シュレーディンガー方程式も変分原理から導出される．

シュレーディンガー方程式

量子力学的ハミルトニアン

$$H = -\frac{\hbar^2}{2m}\nabla^2 + U(\boldsymbol{r}) \tag{4.16}$$

にしたがう「時間に依存するシュレーディンガー方程式」は

$$i\hbar\frac{\partial \psi}{\partial t} = H\psi \tag{4.17}$$

で与えられる．これを変分原理から導出しよう．ψ^* を ψ の複素共役な関数として，汎関数

$$S = \int \mathrm{d}^4 \boldsymbol{x} \left[\frac{i\hbar}{2}\left(\psi^*\frac{\partial \psi}{\partial t} - \frac{\partial \psi^*}{\partial t}\psi\right) - \frac{\hbar^2}{2m}(\nabla\psi^*)\cdot(\nabla\psi) - \psi^* U \psi \right] \tag{4.18}$$

を考える．すると，変分 $\psi \to \psi + \delta\psi$, $\psi^* \to \psi^* + \delta\psi^*$ に対する変分原理 $\delta S = 0$ から

$$\delta S = \int \mathrm{d}^4 \boldsymbol{x} \left[\delta\psi^*\left(i\hbar\frac{\partial \psi}{\partial t} - H\psi\right) - \delta\psi\left(i\hbar\frac{\partial \psi^*}{\partial t} + H\psi^*\right) \right]$$
$$\implies \quad i\hbar\frac{\partial \psi}{\partial t} = H\psi, \quad i\hbar\frac{\partial \psi^*}{\partial t} = -H\psi^* \tag{4.19}$$

が得られる．ここで，いつものように部分積分と変分の境界値ゼロを用いた．こうして変分原理によるシュレーディンガー方程式の導出が完了した．

定常シュレーディンガー方程式

定常状態のシュレーディンガー方程式

$$H\psi = E\psi, \quad H\psi^* = E\psi^*, \quad H = -\frac{\hbar^2}{2m}\nabla^2 + U(\boldsymbol{r}) \tag{4.20}$$

に対する汎関数は

$$S = \int \mathrm{d}^3 \boldsymbol{r} \left[\psi^* E \psi - \frac{\hbar^2}{2m} (\nabla \psi^*) \cdot (\nabla \psi) - \psi^* U \psi \right] \tag{4.21}$$

で与えられる．実際このとき

$$\delta S = \int \mathrm{d}^3 \boldsymbol{r} \left[\delta \psi^* \left(E\psi + \frac{\hbar^2}{2m} \nabla^2 \psi - U\psi \right) + \delta \psi \left(E\psi^* + \frac{\hbar^2}{2m} \nabla^2 \psi^* - U\psi^* \right) \right]$$
$$= \int \mathrm{d}^3 \boldsymbol{r} \left[\delta \psi^* (E\psi - H\psi) + \delta \psi (E\psi^* - H\psi^*) \right]$$

ゆえ，式 (4.20) が導出される．

注意 汎関数 (4.21) の右辺の初項は (4.18) において $\psi = e^{-iEt/\hbar}\psi(\boldsymbol{r})$, $\psi^* = e^{+iEt/\hbar}\psi^*(\boldsymbol{r})$ の置き換えからも得られる．これは定常シュレーディンガー方程式をつくる通常の手続きでもある．あるいは，エネルギー E を波動関数の規格化条件 $\int \psi^*\psi \mathrm{d}^3 \boldsymbol{r} = 1$ に対するラグランジュの未定乗数とみることもできる．

例題 4.4 あるパラメータ λ に依存するハミルトニアンを考え，それを $H(\lambda)$ と書く．このハミルトニアンに対する任意の規格化された固有状態を $|\lambda\rangle$ とすれば

$$E(\lambda) = \langle \lambda | H(\lambda) | \lambda \rangle, \quad \langle \lambda | \lambda \rangle = 1 \tag{4.22}$$

となる．このときヘルマン–ファインマンの定理

$$\frac{\mathrm{d}E(\lambda)}{\mathrm{d}\lambda} = \langle \lambda | \frac{\partial H(\lambda)}{\partial \lambda} | \lambda \rangle \tag{4.23}$$

が成り立つことを示せ．

解 等式 (4.22) の両辺を λ 微分すると (積の微分)

$$\frac{\mathrm{d}E(\lambda)}{\mathrm{d}\lambda} = \left(\frac{\mathrm{d}\langle \lambda |}{\mathrm{d}\lambda} \right) H(\lambda) | \lambda \rangle + \langle \lambda | \frac{\partial H(\lambda)}{\partial \lambda} | \lambda \rangle + \langle \lambda | H(\lambda) \left(\frac{\mathrm{d}|\lambda \rangle}{\mathrm{d}\lambda} \right)$$
$$= \langle \lambda | \frac{\partial H(\lambda)}{\partial \lambda} | \lambda \rangle + E(\lambda) \frac{\mathrm{d}}{\mathrm{d}\lambda} \langle \lambda | \lambda \rangle = \langle \lambda | \frac{\partial H(\lambda)}{\partial \lambda} | \lambda \rangle$$

となる．ここで $|\lambda\rangle$, $\langle \lambda |$ が $H(\lambda)$ の固有状態であること，および規格化条件 $\langle \lambda | \lambda \rangle = 1$ を用いた． □

注意 規格化された固有状態はたくさんあるから $|\lambda\rangle$ ではなく，たとえば $|n, \lambda\rangle$ ($n =$

$0, 1, 2, \cdots$) とでも書くべきであるが，ここでは λ 依存性だけに関心があるので簡単のために n を省略した．

　得られた等式は厳密ではあるがきわめて形式的な結果にすぎない．しかしながら，これが活躍するいろいろな応用例が実際にある．諸君もそのうちどれかに遭遇すると思うが，大抵の本では $E(\lambda) = \langle H(\lambda) \rangle$ などと書かれるので $\partial E/\partial \lambda = \langle \partial H/\partial \lambda \rangle$ という自明な等式だと思ってしまうかもしれない．

4.3　場の理論の基礎方程式

クライン–ゴルドン方程式

　質量 m を持つ相対論的で自由な実関数の場 ϕ のしたがう方程式を変分原理から導こう．次の汎関数を採用すれば，その変分原理から

$$S = \int d^4 x \left[\frac{1}{2} \left(\left(\frac{\partial \phi}{\partial t} \right)^2 - (\nabla \phi)^2 \right) - \frac{m^2}{2} \phi^2 \right]$$

$$\implies \delta S = \int d^4 x \, \delta \phi \left(\nabla^2 \phi - \frac{\partial^2 \phi}{\partial t^2} - m^2 \phi \right)$$

$$\implies \nabla^2 \phi - \frac{\partial^2 \phi}{\partial t^2} = m^2 \phi \tag{4.24}$$

が得られる．これを「クライン–ゴルドン方程式」(Klein-Gordon equation) という．ただし $c = 1$, $\hbar = 1$ の自然単位を採用している．

例題 4.5　この線形偏微分方程式 (4.24) の基本解を求めよ．

解　平面波 $\phi = A \, e^{i(\mathbf{k} \cdot \mathbf{r} - \omega t)}$ の形を仮定すると ω と $\mathbf{k}$ のあいだに

$$\left(-\mathbf{k}^2 + \omega^2 \right) \phi = m^2 \phi \implies \omega^2 = \mathbf{k}^2 + m^2 \tag{4.25}$$

の関係を得る．これは「アインシュタインの関係式」である．　　□

注意　定数 c, $\hbar$ を復活させれば，アインシュタインの関係式は

$$(\hbar \omega)^2 = (\hbar c \mathbf{k})^2 + (mc^2)^2 \implies (\omega/c)^2 = \mathbf{k}^2 + (mc/\hbar)^2$$

となる.左側の各項はエネルギーの 2 乗の次元をもっている.また,右側の右辺にある $mc/\hbar$ は「ド・ブローイ長」の逆数という意味を持つ.

ディラック方程式

つぎにディラック方程式を変分原理から導出するのであるが,その前にディラック方程式とはどんなものか,定式化のためのディラック行列の準備などをやっておこう.

ディラックはシュレーディンガー方程式に代わる「電子に対する相対論的な波動方程式」を探すに際して,量子力学的な解釈のためには,クライン–ゴルドン方程式のような時間について 2 階の方程式ではなく,**1 階の方程式**から探さねばならないと考えた.すなわち,$\varepsilon = p_0,\ \boldsymbol{p} = (p_1, p_2, p_3)$ と書くとき,アインシュタインの関係式

$$p_0^2 = (p_1^2 + p_2^2 + p_3^2) + m^2 \tag{4.26}$$

の「平方根」が線形結合

$$p_0 = \alpha_1 p_1 + \alpha_2 p_2 + \alpha_3 p_3 + \beta m \equiv \boldsymbol{\alpha} \cdot \boldsymbol{p} + \beta m \tag{4.27}$$

の形に書けたとするとき「係数 $\boldsymbol{\alpha} = (\alpha_1, \alpha_2, \alpha_3)$,$\beta$ の満たすべき条件を求めよ」という設問を立て,その解答として p_0^2 の計算結果から

$$\begin{aligned}
&\alpha_1^2 = \alpha_2^2 = \alpha_3^2 = \beta^2 = 1, \quad \alpha_j \alpha_k + \alpha_k \alpha_j = 0 \quad (j \neq k), \\
&\alpha_j \beta + \beta \alpha_j = 0 \quad (j, k = 1, 2, 3)
\end{aligned} \tag{4.28}$$

という関係式を得た.すなわち,$(\boldsymbol{\alpha}, \beta)$ はただの数ではなく**非可換な行列**になることを発見したのである.これらを**ディラック行列**という.実際,たとえば

$$\alpha_1 = \begin{pmatrix} 0 & 0 & 0 & 1 \\ 0 & 0 & 1 & 0 \\ 0 & 1 & 0 & 0 \\ 1 & 0 & 0 & 0 \end{pmatrix},\quad \alpha_2 = \begin{pmatrix} 0 & 0 & 0 & -i \\ 0 & 0 & i & 0 \\ 0 & -i & 0 & 0 \\ i & 0 & 0 & 0 \end{pmatrix},\quad \alpha_3 = \begin{pmatrix} 0 & 0 & 1 & 0 \\ 0 & 0 & 0 & -1 \\ 1 & 0 & 0 & 0 \\ 0 & -1 & 0 & 0 \end{pmatrix} \tag{4.29}$$

および

$$\beta = \begin{pmatrix} 1 & 0 & 0 & 0 \\ 0 & 1 & 0 & 0 \\ 0 & 0 & -1 & 0 \\ 0 & 0 & 0 & -1 \end{pmatrix} \tag{4.30}$$

はこれらの性質を持っている．これはディラック行列の**標準表示** (あるいはパウリ表現) とよばれている．これ以外にも同じ関係式 (4.28) を満たす別の表示の組 $(\boldsymbol{\alpha}', \beta')$ がたくさん存在するが，それらはすべて対応する行列 S を用いて

$$\boldsymbol{\alpha}' = S\boldsymbol{\alpha}S^{-1}, \quad \beta' = S\beta S^{-1} \tag{4.31}$$

の関係でつながっており，基本的には「同じもの」といえる．

例題 4.6 2×2 行列

$$\sigma_1 = \begin{pmatrix} 0 & 1 \\ 1 & 0 \end{pmatrix}, \quad \sigma_2 = \begin{pmatrix} 0 & -i \\ i & 0 \end{pmatrix}, \quad \sigma_3 = \begin{pmatrix} 1 & 0 \\ 0 & -1 \end{pmatrix} \tag{4.32}$$

を**パウリ行列**という．以下の性質を確かめよ．

$$\sigma_1^2 = \sigma_2^2 = \sigma_3^2 = 1, \quad \sigma_j \sigma_k = i\,\varepsilon_{jk\ell}\,\sigma_\ell \quad \text{したがって} \quad \sigma_j \sigma_k + \sigma_k \sigma_j = 2\delta_{jk} \tag{4.33}$$

ここで $\varepsilon_{jk\ell}$ は以前 (p.19) にも登場した 3 次元完全反対称テンソル記号である．

解 直接に行列計算すればよい．なお，簡単のため単位行列も単に「1」と書いている．ひとつだけ実際にやってみよう．

$$\sigma_1 \sigma_2 = \begin{pmatrix} 0 & 1 \\ 1 & 0 \end{pmatrix} \begin{pmatrix} 0 & -i \\ i & 0 \end{pmatrix} = \begin{pmatrix} i & 0 \\ 0 & -i \end{pmatrix} = i \begin{pmatrix} 1 & 0 \\ 0 & -1 \end{pmatrix} = i\,\sigma_3$$

である ($\varepsilon_{123} = 1$). 同様にして $\sigma_2\sigma_1 = -i\sigma_3$ ($\varepsilon_{213} = -1$) を得るから $\sigma_1\sigma_2 + \sigma_2\sigma_1 = 0$ となる．

なお，パウリ行列 $\boldsymbol{\sigma}$ は

$$[\sigma_j, \sigma_k] = 2i\,\varepsilon_{jk\ell}\,\sigma_\ell \quad \text{あるいは} \quad [S_j, S_k] = i\,\varepsilon_{jk\ell}\,S_\ell, \quad \boldsymbol{S} \equiv \frac{1}{2}\boldsymbol{\sigma} \tag{4.34}$$

を満たす．次の章で登場する「ポアソン括弧と交換子積の類似」に着目すると，$\boldsymbol{S}$ は大きさ $1/2$ のスピン角運動量であることがわかる．

また，パウリ行列を使えば (4.29) (4.30) は

$$\beta = \begin{pmatrix} 1 & 0 \\ 0 & -1 \end{pmatrix}, \quad \boldsymbol{\alpha} = \begin{pmatrix} 0 & \boldsymbol{\sigma} \\ \boldsymbol{\sigma} & 0 \end{pmatrix} \tag{4.35}$$

と書ける.ここで 2×2 の単位行列とゼロ行列を単に 1, 0 と表している.

さて,4 成分の列ベクトル波動関数 ψ を用いた

$$p_0 \psi = (\boldsymbol{\alpha} \cdot \boldsymbol{p} + \beta m)\psi \tag{4.36}$$

において $p_0 = i\partial/\partial t$, $\boldsymbol{p} = -i\partial/\partial \boldsymbol{r} = -i\nabla$ の置き換えをした ($c = 1$, $\hbar = 1$ の単位系)

$$i\frac{\partial \psi}{\partial t} + i\boldsymbol{\alpha} \cdot \frac{\partial \psi}{\partial \boldsymbol{r}} = \beta m \psi \quad \text{あるいは} \quad \frac{\partial \psi}{\partial t} + (\boldsymbol{\alpha} \cdot \nabla)\psi + i\beta m \psi = 0 \tag{4.37}$$

をディラック方程式という.あるいは,

$$\beta \equiv \gamma_0, \quad \beta\boldsymbol{\alpha} \equiv \boldsymbol{\gamma} \tag{4.38}$$

によって $(\gamma_0, \boldsymbol{\gamma})$ を導入すれば

$$\gamma_0^2 = \beta^2 = 1, \quad \gamma_1^2 = \beta\alpha_1\beta\alpha_1 = -1, \quad \gamma_2^2 = \beta\alpha_2\beta\alpha_2 = -1, \quad \gamma_3^2 = \beta\alpha_3\beta\alpha_3 = -1$$

である ($\beta\alpha_j + \alpha_j\beta = 0$ および $\beta^2 = 1$, $\alpha_j^2 = 1$ を用いた).これらは反交換でもあるから

$$\gamma_\mu \gamma_\nu + \gamma_\nu \gamma_\mu = 2g_{\mu\nu}, \quad g_{\mu\nu} = \text{diag}(1, -1, -1, -1) \quad (\mu, \nu = 0, 1, 2, 3) \tag{4.39}$$

とまとめられる.これらをディラックの**ガンマ行列**という.標準表示におけるガンマ行列の具体形を書いておこう.これを使えば,上記の関係を具体的に確かめることもできる.

$$\gamma_0 = \begin{pmatrix} 1 & 0 \\ 0 & -1 \end{pmatrix}, \quad \boldsymbol{\gamma} = \begin{pmatrix} 0 & \boldsymbol{\sigma} \\ -\boldsymbol{\sigma} & 0 \end{pmatrix} \tag{4.40}$$

ガンマ行列を用いて書き表した (式 (4.37) に左から $\beta = \gamma_0$ を掛けて得られる)

$$i\gamma_0 \frac{\partial \psi}{\partial t} + i\boldsymbol{\gamma} \cdot \frac{\partial \psi}{\partial \boldsymbol{r}} = m\psi \tag{4.41}$$

もディラック方程式という.左辺の ψ に掛かる演算子は $\gamma \cdot p = \gamma_0 p_0 - \boldsymbol{\gamma} \cdot \boldsymbol{p}$ とミンコフスキー内積の形に書かれることに注意せよ.これにより,ディラック方程式のローレンツ共変性が容易にみてとれる. □

ディラック方程式と変分原理

ディラック方程式を変分原理から導こう．それにはシュレーディンガー方程式の場合における「ψ の複素共役」である ψ^* にあたるものが必要である．そのためエルミート共役の概念とその記号「$\dagger$」(ダガーと読む) を導入する．はじめに「行列のエルミート共役」とは，「行列の転置」と「複素共役」を同時にとることを意味する．

$$M^\dagger \equiv \left(M^{\mathrm{T}}\right)^* \tag{4.42}$$

これによれば

$$\gamma_0^\dagger = \gamma_0, \quad \boldsymbol{\gamma}^\dagger = -\boldsymbol{\gamma} \tag{4.43}$$

となっていることを式 (4.40) によって確かめよ．一般に，$M^\dagger = M$ となっている行列を「エルミート行列」というが，これは「対称行列」($M^{\mathrm{T}} = M$) の複素化にあたる．$\boldsymbol{\alpha}, \beta = \gamma_0$ はエルミート，$\boldsymbol{\gamma}$ は反エルミートなのである．また，ベクトルに対するエルミート共役も，同様に「転置と複素共役」として定義するから，列ベクトルは行ベクトルに，行ベクトルは列ベクトルになる．たとえば，4 次元列ベクトルである ψ のエルミート共役 $\psi^\dagger$ は

$$\psi = \begin{pmatrix} \psi_1 \\ \psi_2 \\ \psi_3 \\ \psi_4 \end{pmatrix} \iff \psi^\dagger = (\psi_1^*, \ \psi_2^*, \ \psi_3^*, \ \psi_4^*) \tag{4.44}$$

となる．そこで ψ のエルミート共役と γ_0 の積を用いた

$$\overline{\psi} \equiv \psi^\dagger \gamma_0 \tag{4.45}$$

を定義して，プサイ・バーと読む．よって，標準表示では

$$\overline{\psi} = (\psi_1^*, \ \psi_2^*, \ -\psi_3^*, \ -\psi_4^*)$$

となっているが，以下では表示の具体形に依らないで議論を進めることができる．この $\overline{\psi}$ がシュレーディンガー方程式の変分原理における ψ^* に相当するものである．

以上の準備のもとで，ディラック方程式のための作用積分は

$$S = \int d^4 x \, \overline{\psi} \left(i\gamma_0 \frac{\partial}{\partial t} + i\boldsymbol{\gamma} \cdot \nabla - m \right) \psi \tag{4.46}$$

で与えられる．実際，変分 δS を $\overline{\psi} \to \overline{\psi} + \delta\overline{\psi}$, $\psi \to \psi + \delta\psi$ により計算すれば

$$\delta S = \int d^4 x \left[\delta\overline{\psi} \left(i\gamma_0 \frac{\partial \psi}{\partial t} + i(\boldsymbol{\gamma} \cdot \nabla)\psi - m\psi \right) - \left(i\frac{\partial \overline{\psi}}{\partial t}\gamma_0 + i(\nabla\overline{\psi} \cdot \boldsymbol{\gamma}) + m\overline{\psi} \right) \delta\psi \right] \tag{4.47}$$

となるから，$\delta\overline{\psi}$, $\delta\psi$ の係数 $= 0$ から

$$i\gamma_0 \frac{\partial \psi}{\partial t} + i\boldsymbol{\gamma} \cdot \frac{\partial \psi}{\partial \boldsymbol{r}} = m\psi, \quad i\frac{\partial \overline{\psi}}{\partial t}\gamma_0 + i\frac{\partial \overline{\psi}}{\partial \boldsymbol{r}} \cdot \boldsymbol{\gamma} = -m\overline{\psi} \tag{4.48}$$

を得る．ここで，これまで同様に部分積分を用いて「境界における変分 $= 0$」を仮定している．以上により，ディラック方程式が変分原理から導出された．なお，外部電磁場を含めた場合や量子化などの発展した話題については「相対論的場の量子論」の本で勉強してほしい．

4.4 散逸系の基礎方程式

拡散方程式

拡散方程式は

$$\frac{\partial u}{\partial t} = D\nabla^2 u \tag{4.49}$$

で与えられ，時間反転 $t \to -t$ に対して非対称な方程式である．この種の**散逸系の方程式**は一般にラグランジアンやハミルトニアンでは記述できないとされる．

しかしながらいまの場合，偏微分方程式 (4.49) とシュレーディンガー方程式 (4.17) との類似 (どちらも時間について 1 階，空間について 2 階の偏微分方程式) に着目すれば，汎関数

$$S = \int d^4 x \left[\frac{1}{2} \left(\tilde{u} \frac{\partial u}{\partial t} - \frac{\partial \tilde{u}}{\partial t} u \right) + D(\nabla \tilde{u}) \cdot (\nabla u) \right] \tag{4.50}$$

が思い浮かぶ．実際，変分 $u \to u + \delta u$, $\tilde{u} \to \tilde{u} + \delta\tilde{u}$ によって

$$\delta S = \int d^4 x \left[\left(\delta\tilde{u} \frac{\partial u}{\partial t} - \frac{\partial \tilde{u}}{\partial t} \delta u \right) + D \left(\nabla\delta\tilde{u} \cdot \nabla u + \nabla\tilde{u} \cdot \nabla\delta u \right) \right]$$

$$= \int d^4 \boldsymbol{x} \left[\delta \tilde{u} \left(\frac{\partial u}{\partial t} - D\nabla^2 u \right) - \delta u \left(\frac{\partial \tilde{u}}{\partial t} + D\nabla^2 \tilde{u} \right) \right] \tag{4.51}$$

であるから ($\nabla \delta \phi \cdot \nabla \chi$ の形の部分積分計算は章末の問 4.1), 変分原理 $\delta S = 0$ から

$$\frac{\partial u}{\partial t} = D\nabla^2 u, \quad \frac{\partial \tilde{u}}{\partial t} = -D\nabla^2 \tilde{u} \tag{4.52}$$

を得る. 補助的関数 $\tilde{u}$ は「時間反転した拡散方程式」にしたがうことがわかる. この性質はシュレーディンガー方程式の場合の補助的関数 ψ^* も同様であった.

フォッカー–プランク方程式

例題 4.7 運動量 p を持つ粒子の確率密度関数 $F(p,t)$ に対する方程式

$$\frac{\partial F}{\partial t} = \Gamma F, \quad \Gamma = \gamma \frac{\partial}{\partial p} \left(p + mk_B T \frac{\partial}{\partial p} \right) \tag{4.53}$$

は非平衡統計力学における基礎方程式で, フォッカー–プランク方程式とよばれている. これが変分原理から導かれるような汎関数を求めよ.

解 このフォッカー–プランク方程式の特徴は, 定常解として平衡状態であるマクスウェル–ボルツマン分布の解

$$F_{\text{eq}}(p) = e^{-p^2/2mk_B T} / \sqrt{2\pi m k_B T} \tag{4.54}$$

を持つことである. 以下, このままでは Γ が自己共役な演算子でないので ($\Gamma^\dagger \neq \Gamma$), 次の変換をする. すなわち, $F(p,t) = F_{\text{eq}}^{1/2}(p) \cdot f(p,t)$ により従属変数の変換 $F \to f$ とともに, あわせて変換 $\Gamma \to \Omega$

$$\Omega \equiv F_{\text{eq}}^{-1/2} \, \Gamma \, F_{\text{eq}}^{1/2} = \gamma \, e^{p^2/4mk_B T} \frac{\partial}{\partial p} \left(p + mk_B T \frac{\partial}{\partial p} \right) e^{-p^2/4mk_B T} \tag{4.55}$$

を行う. この右辺は, 注意深い計算 (章末の問 4.6 とする) ののちに

$$\Omega = \gamma \left[mk_B T \frac{\partial^2}{\partial p^2} - \frac{1}{2k_B T} \left(\frac{p^2}{2m} - k_B T \right) \right] \tag{4.56}$$

となるが, これは明らかに自己共役な演算子 ($\Omega^\dagger = \Omega$, 変数 p を座標とみなすと, 調和振動子の量子力学的ハミルトニアンに類似) である.

これにより $f(p,t)$ に対する方程式は

$$\frac{\partial f}{\partial t} = \Omega f \tag{4.57}$$

に変換される．そして，これは前述の拡散方程式と類似形なので，それに似せて変分原理として定式化できる．

$$S = \int dt\, dp\, \mathcal{L},$$

$$\mathcal{L} = \frac{1}{2}\left(\tilde{f}\frac{\partial f}{\partial t} - \frac{\partial \tilde{f}}{\partial t}f\right) + \gamma\left[mk_BT\frac{\partial \tilde{f}}{\partial p}\frac{\partial f}{\partial p} + \tilde{f}\,\frac{p^2/2m - k_BT}{2k_BT}\,f\right] \tag{4.58}$$

よって，これをもとの分布関数 F に戻せば求める汎関数が得られる．ただし，その表式は p 微分の項を少し変えるだけなのでここでは省略する． □

注意 因子 $F_{\text{eq}}^{1/2}$ は奇妙であるが，これは確率密度関数の空間で「内積」が

$$\langle F_1, F_2 \rangle \equiv \int dp\, F_{\text{eq}}^{-1}\, F_1\, F_2 \tag{4.59}$$

で定義されることに起因する．こうすれば $\langle F_{\text{eq}}, F_{\text{eq}} \rangle = 1$ となることに注意せよ．このとき，演算子 A の行列要素は

$$\langle F_1, AF_2 \rangle = \int dp\, F_{\text{eq}}^{-1}\, F_1 AF_2 = \int dp\, f_1\left(F_{\text{eq}}^{-1/2} A F_{\text{eq}}^{1/2}\right)f_2$$

となり，変換 $\Omega = F_{\text{eq}}^{-1/2}\, \Gamma\, F_{\text{eq}}^{1/2}$ が正当化される．なお，位置変数 x も含む確率密度関数 $F(x,p,t)$ に対するフォッカー–プランク型方程式 (クラマース方程式とよばれる) の場合も，同様にして変分法による定式化が可能である．

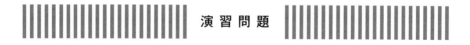

演習問題

問 4.1 スカラー場 ϕ とベクトル場 $\boldsymbol{A}$ の変分を含む部分積分の公式

(A) $\quad \displaystyle\int d^3\boldsymbol{r}\, (\nabla\delta\phi)\cdot(\nabla\chi) = \int d^3\boldsymbol{r}\, \delta\phi\,(-\nabla^2\chi) \tag{4.60}$

(B) $\quad \displaystyle\int d^3\boldsymbol{r}\, (\nabla\cdot\delta\boldsymbol{A})(\nabla\cdot\boldsymbol{B}) = \int d^3\boldsymbol{r}\, \delta\boldsymbol{A}\cdot(-\nabla(\nabla\cdot\boldsymbol{B})) \tag{4.61}$

(C) $\quad \displaystyle\int d^3\boldsymbol{r}\, (\nabla\times\delta\boldsymbol{A})\cdot(\nabla\times\boldsymbol{B}) = \int d^3\boldsymbol{r}\, \delta\boldsymbol{A}\cdot(\nabla\times(\nabla\times\boldsymbol{B})) \tag{4.62}$

を確かめよ．ただし，変分 $\delta\phi, \delta\boldsymbol{A}$ の境界値はゼロとする．

問 4.2 第 1 章に挙げたベクトル解析公式 (p.19) の (4) 番目

$$\nabla \cdot (\boldsymbol{A} \times \boldsymbol{B}) = \boldsymbol{B} \cdot (\nabla \times \boldsymbol{A}) - \boldsymbol{A} \cdot (\nabla \times \boldsymbol{B}) \tag{4.63}$$

を証明せよ．また，真空のマクスウェル方程式

$$\nabla \times \boldsymbol{B} - \frac{\partial \boldsymbol{E}}{\partial t} = 0, \quad \nabla \times \boldsymbol{E} + \frac{\partial \boldsymbol{B}}{\partial t} = 0$$

と上記の公式とを用いて

$$\frac{\partial}{\partial t}\left[\frac{1}{2}\left(E^2 + B^2\right)\right] + \nabla \cdot (\boldsymbol{E} \times \boldsymbol{B}) = 0 \tag{4.64}$$

を示せ．ここに現れた

$$\mathcal{E} = \frac{1}{2}\left(E^2 + B^2\right), \quad \boldsymbol{S} = \boldsymbol{E} \times \boldsymbol{B} \tag{4.65}$$

は，それぞれ電磁場のエネルギー密度と運動量密度という意味を持ち

$$\frac{\partial \mathcal{E}}{\partial t} + \nabla \cdot \boldsymbol{S} = 0$$

は電磁場のエネルギー保存に関する「連続の式」に他ならない．ベクトル $\boldsymbol{S} = \boldsymbol{E} \times \boldsymbol{B}$ は，特に「ポインティング・ベクトル」ともよばれる．

問 4.3 電荷密度 ρ と電流密度 $\boldsymbol{j}$ に対して

$$\rho = -\nabla \cdot \boldsymbol{p}, \quad \boldsymbol{j} = \frac{\partial \boldsymbol{p}}{\partial t} \tag{4.66}$$

となるような $\boldsymbol{p}$ を選べば，連続の式 (電荷の保存則)

$$\frac{\partial \rho}{\partial t} + \nabla \cdot \boldsymbol{j} = 0 \tag{4.67}$$

が自動的に成り立つことを確かめよ．この $\boldsymbol{p}$ を分極ベクトルという．同様にしてヘルツ・ベクトルとよばれるベクトル場 $\boldsymbol{Z}(\boldsymbol{r},t)$ を

$$\phi = -\nabla \cdot \boldsymbol{Z}, \quad \boldsymbol{A} = \frac{\partial \boldsymbol{Z}}{\partial t} \tag{4.68}$$

となるように定めれば，ローレンツ条件 $\partial \phi/\partial t + \nabla \cdot \boldsymbol{A} = 0$ が自動的に満たされることを確かめよ．最後に，これらを用いれば ϕ と $\boldsymbol{A}$ に対する波動方程式 (成分にして 4 個) がただひとつの方程式 (成分にして 3 個)

$$\nabla^2 \boldsymbol{Z} - \frac{\partial^2 \boldsymbol{Z}}{\partial t^2} = -\boldsymbol{p} \tag{4.69}$$

にまとめられることを確かめよ．

問 4.4 ハミルトニアン $H = H_0 + H_1$ において $H_1 \equiv \lambda V$ と書くとき，相互作用の強さを表すパラメータ λ について「ヘルマン–ファインマンの定理」(4.23) を適用すれば，固有エネルギー $E_n(\lambda)$ が

$$E_n(\lambda) = E_n(0) + \int_0^\lambda \frac{d\lambda}{\lambda} \langle n, \lambda | H_1 | n, \lambda \rangle \tag{4.70}$$

と書けることを確かめよ．ここで $E_n(\lambda) = \langle n, \lambda | H | n, \lambda \rangle$，$\langle n, \lambda | n, \lambda \rangle = 1$ である．

問 4.5 球面上の拡散方程式

$$\frac{\partial u}{\partial t} = D \left[\frac{1}{\sin\theta} \frac{\partial}{\partial \theta} \left(\sin\theta \frac{\partial u}{\partial \theta} \right) + \frac{1}{\sin^2\theta} \frac{\partial^2 u}{\partial \phi^2} \right] \tag{4.71}$$

を導くような変分汎関数を求めよ．また，初期条件 $u(\theta, \phi, 0) = \sin^2\theta$ を満たす解を求めよ．

問 4.6 フォッカー–プランク方程式の議論に登場した式 (4.56) の演算子 Ω の表式を導け．

第5章
正準形式の理論

ハミルトンの変分原理の発展形すなわち「正準形式」の理論について，対称性と保存則の関係，ポアソン括弧などの話題を紹介する．これらは応用的にもたいへん重要なテーマである．

5.1 正準形式と正準変換

互いに共役な変数の組 (x,p) の変数変換 $(x,p) \to (X,P)$ によって，ハミルトニアンも変換 $H(x,p) \to H'(X,P)$ を受けるが (ダッシュ記号は微分ではなく「別の関数」という意味)，このとき新しい変数についても

$$\dot{X} = \frac{\partial H'}{\partial P}, \quad \dot{P} = -\frac{\partial H'}{\partial X} \tag{5.1}$$

が成り立つような変換を，**正準変換** (canonical transformation) という．つまり，正準運動方程式が形式的に変わらないものを，正準変換というのである．

正準変換を構成するには，**母関数** (generating function) を用いるのが便利である．これは，

> ラグランジアンに時間の全微分を加えても，作用 S の変分 (したがって運動方程式) は変わらない

という性質を利用するものである．

$$L = p\dot{x} - H(x,p) = P\dot{X} - H'(X,P) + \frac{dW}{dt} \tag{5.2}$$

となるとき，W を (正準変換の) 母関数という．実際，このとき

$$S = \int_{t_0}^{t_1} \mathrm{d}t\, (p\dot{x} - H(x,p)) = \int_{t_0}^{t_1} \mathrm{d}t \left(P\dot{X} - H'(X,P) + \frac{\mathrm{d}W}{\mathrm{d}t} \right)$$

$$= \int_{t_0}^{t_1} \mathrm{d}t \left(P\dot{X} - H'(X,P) \right) + W(t_1) - W(t_0) \tag{5.3}$$

であるから，変分 δS の結果は同じである (両端固定の境界条件なので)．

たとえば，$W(x,P,t)$ とするとき，

$$\frac{\mathrm{d}W}{\mathrm{d}t} = \frac{\partial W}{\partial t} + \frac{\partial W}{\partial x}\dot{x} + \frac{\partial W}{\partial P}\dot{P}$$

を式 (5.2) に代入すると，

$$p\dot{x} - H = P\dot{X} - H' + \frac{\partial W}{\partial t} + \frac{\partial W}{\partial x}\dot{x} + \frac{\partial W}{\partial P}\dot{P}$$

となるが，$\dot{X}P = \frac{\mathrm{d}}{\mathrm{d}t}(XP) - X\dot{P}$ に注意して，両辺を比較すれば

$$p = \frac{\partial W}{\partial x}, \quad X = \frac{\partial W}{\partial P}, \quad H' = H + \frac{\partial W}{\partial t} \tag{5.4}$$

を得る．ここで，時間の全微分 $\left(\frac{\mathrm{d}}{\mathrm{d}t}(XP) \text{ の項}\right)$ は無視できることを用いた．

例題 5.1 （回転座標系） 座標系 (x,y) を，角速度 Ω で回転する回転座標系 (X,Y) に移す変換は

$$X = x\cos(\Omega t) + y\sin(\Omega t), \quad Y = -x\sin(\Omega t) + y\cos(\Omega t) \tag{5.5}$$

である．これを導くような母関数 W を見つけ，変換後の新しいハミルトニアンを求めよ．

解 求める母関数 $W(x,y,P_X,P_Y,t)$ は

$$W = P_X\left(x\cos(\Omega t) + y\sin(\Omega t)\right) + P_Y\left(-x\sin(\Omega t) + y\cos(\Omega t)\right) \tag{5.6}$$

である．実際，このとき式 (5.4) から

$$X = \frac{\partial W}{\partial P_X} = x\cos(\Omega t) + y\sin(\Omega t), \quad Y = \frac{\partial W}{\partial P_Y} = -x\sin(\Omega t) + y\cos(\Omega t), \tag{5.7}$$

$$p_x = \frac{\partial W}{\partial x} = P_X \cos(\Omega t) - P_Y \sin(\Omega t), \quad p_y = \frac{\partial W}{\partial y} = P_X \sin(\Omega t) + P_Y \cos(\Omega t) \tag{5.8}$$

となっている．このとき，新しいハミルトニアンは，式 (5.4) によって $\partial W/\partial t$ を計算して

$$H' = H - \Omega(XP_Y - YP_X) \tag{5.9}$$

となる．ただし，右辺の H には式 (5.7), (5.8) を用いて新しい変数に変換するものとする．右辺第 2 項は角運動量の Z 成分 $L_Z = XP_Y - YP_X$ を用いて，$-\Omega L_Z$ と書けることに注意せよ．　□

例題 5.2　（フーコーの振り子）　地球の自転 (角振動数 Ω) が振り子の運動に及ぼす影響を調べよう．地球の回転とともに運動する座標系に移るには，例題 5.1 の正準変換を施せばよい．このとき，ハミルトニアン

$$H(x, y, p_x, p_y) = \frac{1}{2m}\left(p_x^2 + p_y^2\right) + \frac{m\omega^2}{2}\left(x^2 + y^2\right)$$

は，どう変換されるか？　また，新しい変数 X, Y に対する運動方程式をつくって，それを解け．

解　例題 5.1 の結果を適用すればよい．新しいハミルトニアンは

$$H' = \frac{1}{2m}\left(P_X^2 + P_Y^2\right) + \frac{m\omega^2}{2}\left(X^2 + Y^2\right) - \Omega(XP_Y - YP_X) \tag{5.10}$$

となる．よって，運動方程式は

$$\dot{X} = \frac{P_X}{m} + \Omega Y, \quad \dot{P}_X = -m\omega^2 X + \Omega P_Y,$$
$$\dot{Y} = \frac{P_Y}{m} - \Omega X, \quad \dot{P}_Y = -m\omega^2 Y - \Omega P_X \tag{5.11}$$

である．P_X, P_Y を消去すれば

$$\ddot{X} = -(\omega^2 - \Omega^2)X + 2\Omega\dot{Y}, \quad \ddot{Y} = -(\omega^2 - \Omega^2)Y - 2\Omega\dot{X} \tag{5.12}$$

となる．後者の両辺に i を掛けて，前者との辺々の和をとれば，複素変数 $\xi = X + iY$ に対する方程式

$$\ddot{\xi} = -(\omega^2 - \Omega^2)\xi - 2i\Omega\dot{\xi} \tag{5.13}$$

を得る．これを解けば，一般解 $\xi(t) = e^{-i\Omega t}\left(Ae^{-i\omega t} + Be^{i\omega t}\right)$ を得る．よって，両辺の実部・虚部を比較すれば，$X(t), Y(t)$ が求まる．角振動数 ω で揺れる振り子の振動面が，ゆっくりと角振動数 Ω で回転するのである．これを，フーコーの振り子という． □

注意 上記の解析は北極での実験を想定している．数値を与えると，地球の自転角速度は $\Omega = 7.3 \times 10^{-5}$ s^{-1}(周期 24 h)，長さ 4 m の振り子の角速度は地表で $\omega = 1.6$ s^{-1} (周期 4.0 s) である．近所にあるフーコーの振り子を見に行くとよい．

5.2 無限小変換と保存則

前節でみたように，正準変換 $(x,p) \to (X,P)$ は，母関数 $W(x,P,t)$ によって生成される．とくに，

$$W = xP \quad \text{のときは} \quad X = \frac{\partial W}{\partial P} = x, \quad p = \frac{\partial W}{\partial x} = P \tag{5.14}$$

であるから，母関数 $W = xP$ は**恒等変換**を生成することがわかる．

そこで，ε を微小パラメータとして，恒等変換と少しだけ違う正準変換

$$W = xP + \varepsilon G(x, P) \tag{5.15}$$

を考える．このような G を**無限小変換の生成子** (generator) という．一般には，G の引数は ε の 0 次をとって，$G(x,p)$ と書くのが普通であるが，論理を明確にするため，しばらくのあいだ P を用いる．

式 (5.4) によって，このとき

$$X = x + \varepsilon \frac{\partial G}{\partial P}, \quad p = P + \varepsilon \frac{\partial G}{\partial x}$$

となる．したがって，G による無限小の変数変換

$$X = x + \varepsilon \frac{\partial G}{\partial p}, \quad P = p - \varepsilon \frac{\partial G}{\partial x} \tag{5.16}$$

を得る．ここで，先ほど述べた理由で G の P 微分を小文字の p 微分に置き換えたことに注意してほしい．

無限小変換の典型的な例をいくつかあげておこう．

空間並進

空間並進 $x \to X = x + \varepsilon$ を生成する母関数は，$W = xP + \varepsilon P$ である．実際，このとき

$$X = \frac{\partial W}{\partial P} = x + \varepsilon, \quad p = \frac{\partial W}{\partial x} = P \tag{5.17}$$

となる．したがって，**空間並進の生成子は運動量である**．

空間回転

空間回転の無限小変換は $\Omega \equiv \varepsilon$ を小さいとして，式 (5.9) から $x \to X = x - \varepsilon y, y \to Y = y + \varepsilon x$ であるが，$G = xP_Y - yP_X$，すなわち $W = xP_X + yP_Y + \varepsilon(xP_Y - yP_X)$ とすれば

$$X = \frac{\partial W}{\partial P_X} = x - \varepsilon y, \quad Y = \frac{\partial W}{\partial P_Y} = y + \varepsilon x, \tag{5.18}$$

$$p_x = \frac{\partial W}{\partial x} = P_X + \varepsilon P_Y, \quad p_y = \frac{\partial W}{\partial y} = P_Y - \varepsilon P_X \tag{5.19}$$

と再現できる．ε の 0 次をとって，$G = xp_y - yp_x = L_z$ すなわち，**空間回転の生成子は角運動量である**．

時間並進

時間並進 $t \to T = t + \varepsilon$ を生成する母関数は

$$x(t+\varepsilon) - x(t) = \varepsilon \dot{x} = \varepsilon \frac{\partial H}{\partial p}, \quad p(t+\varepsilon) - p(t) = \varepsilon \dot{p} = -\varepsilon \frac{\partial H}{\partial x} \tag{5.20}$$

であるから，**時間並進の生成子はハミルトニアンである**．

保存則とネーターの定理

のちに式 (5.34) で示すように，

> ハミルトニアンが無限小変換 G で不変ならば，G は保存する

という定理 (ネーターの定理) が成り立つ．したがって，上にあげた例から

(1) 空間並進対称 (空間が一様) ならば，運動量が保存する，
(2) 空間回転対称 (空間が等方的) ならば，角運動量が保存する，
(3) 時間並進対称 (時間が一様) ならば，エネルギーが保存する，

が成り立つことがわかる．

5.3 ポアソン括弧とその応用

正準変数を x, p とする．このとき x, p の任意関数 $A(x,p), B(x,p)$ に対して，

$$\{A, B\} = \frac{\partial A}{\partial x}\frac{\partial B}{\partial p} - \frac{\partial A}{\partial p}\frac{\partial B}{\partial x} \tag{5.21}$$

を，**ポアソン括弧** (Poisson bracket) という．

正準変数が $x_1, x_2, \cdots, x_N, p_1, p_2, \cdots, p_N$ のように多自由度の場合には，

$$\{A, B\} = \sum_{j=1}^{N} \left(\frac{\partial A}{\partial x_j}\frac{\partial B}{\partial p_j} - \frac{\partial A}{\partial p_j}\frac{\partial B}{\partial x_j} \right) \tag{5.22}$$

とすればよい．同じ添え字の (互いに正準共役な) 変数の組について微分するのである．

次の結果は定義からすぐに出てくる．

$$\{x, x\} = 0, \quad \{x, p\} = 1, \quad \{p, x\} = -1, \quad \{p, p\} = 0 \tag{5.23}$$

同様にして，多自由度の場合は

$$\{x_j, x_k\} = 0, \quad \{x_j, p_k\} = \delta_{jk}, \quad \{p_j, x_k\} = -\delta_{jk}, \quad \{p_j, p_k\} = 0 \tag{5.24}$$

である．

例題 5.3 「ポアソン括弧は正準変換で変わらない」ことを示せ．

解 無限小変換の生成子を G とすると，式 (5.16) から

$$X = x + \varepsilon \frac{\partial G}{\partial p}, \quad P = p - \varepsilon \frac{\partial G}{\partial x} \tag{5.25}$$

であるから，

$$\frac{\partial}{\partial x} = \frac{\partial X}{\partial x}\frac{\partial}{\partial X} + \frac{\partial P}{\partial x}\frac{\partial}{\partial P} = \left(1 + \varepsilon\frac{\partial^2 G}{\partial x \partial p}\right)\frac{\partial}{\partial X} - \varepsilon\frac{\partial^2 G}{\partial x^2}\frac{\partial}{\partial P},$$

$$\frac{\partial}{\partial p} = \frac{\partial X}{\partial p}\frac{\partial}{\partial X} + \frac{\partial P}{\partial p}\frac{\partial}{\partial P} = \varepsilon\frac{\partial^2 G}{\partial p^2}\frac{\partial}{\partial X} + \left(1 - \varepsilon\frac{\partial^2 G}{\partial x \partial p}\right)\frac{\partial}{\partial P}$$

を用いて,

$$\frac{\partial A}{\partial x}\frac{\partial B}{\partial p} - \frac{\partial A}{\partial p}\frac{\partial B}{\partial x}$$

$$= \left(\left(1 + \varepsilon\frac{\partial^2 G}{\partial x \partial p}\right)\frac{\partial A}{\partial X} - \varepsilon\frac{\partial^2 G}{\partial x^2}\frac{\partial A}{\partial P}\right) \cdot \left(\varepsilon\frac{\partial^2 G}{\partial p^2}\frac{\partial B}{\partial X} + \left(1 - \varepsilon\frac{\partial^2 G}{\partial x \partial p}\right)\frac{\partial B}{\partial P}\right)$$

$$- \left(\varepsilon\frac{\partial^2 G}{\partial p^2}\frac{\partial A}{\partial X} + \left(1 - \varepsilon\frac{\partial^2 G}{\partial x \partial p}\right)\frac{\partial A}{\partial P}\right) \cdot \left(\left(1 + \varepsilon\frac{\partial^2 G}{\partial x \partial p}\right)\frac{\partial B}{\partial X} - \varepsilon\frac{\partial^2 G}{\partial x^2}\frac{\partial B}{\partial P}\right)$$

$$= \frac{\partial A}{\partial X}\frac{\partial B}{\partial P} - \frac{\partial A}{\partial P}\frac{\partial B}{\partial X} + O(\varepsilon^2) \tag{5.26}$$

を得る. ここで ε の 1 次の項が打ち消し合う点が重要である. 無限小変換を考えているから ε^2 の項は無視してよく, ポアソン括弧は不変であることが示された.

□

ポアソン括弧の諸性質

ポアソン括弧は以下の性質を持つ.

(1) $\{A, B\} = -\{B, A\}$
(2) $\{AB, C\} = \{A, C\}B + A\{B, C\}$
(3) $\{A, \{B, C\}\} + \{B, \{C, A\}\} + \{C, \{A, B\}\} = 0$

たとえば, (1) の性質 (反交換則) は次のように示される.

$$\{A, B\} = \frac{\partial A}{\partial x}\frac{\partial B}{\partial p} - \frac{\partial A}{\partial p}\frac{\partial B}{\partial x} = -\left(\frac{\partial B}{\partial x}\frac{\partial A}{\partial p} - \frac{\partial B}{\partial p}\frac{\partial A}{\partial x}\right) = -\{B, A\}$$

例題 5.4 (2) の性質 (分配則) を示せ.

解 定義にしたがって積の微分を実行すればよい.

$$\{AB, C\} = \frac{\partial(AB)}{\partial x}\frac{\partial C}{\partial p} - \frac{\partial(AB)}{\partial p}\frac{\partial C}{\partial x}$$

$$= \left(\frac{\partial A}{\partial x}B + A\frac{\partial B}{\partial x}\right)\frac{\partial C}{\partial p} - \left(\frac{\partial A}{\partial p}B + A\frac{\partial B}{\partial p}\right)\frac{\partial C}{\partial x}$$
$$= \{A,C\}B + A\{B,C\} \qquad \square$$

注意 ポアソン括弧の外に出ている B や A を書く場所は，括弧の前後どちらでもよいのだが，ポアソン括弧に対応する量子力学的交換子積の場合はこの順序でなくてはならないので，それに合わせた順序で書いた．

(1) と (2) の性質を合わせれば，後ろのほうの分配則

$$\{A, BC\} = \{A, B\}C + B\{A, C\}$$

も成り立つ．これらの性質を使えば，定義まで遡らずにポアソン括弧が「代数的に」計算される．たとえば，

$$\{x^2, p\} = \{x, p\}x + x\{x, p\} = 2x, \text{ 一般に } \{x^m, p\} = mx^{m-1},$$
$$\{x, p^2\} = \{x, p\}p + p\{x, p\} = 2p, \text{ 一般に } \{x, p^n\} = np^{n-1},$$
$$\{x^2, p^2\} = \{x, p^2\}x + x\{x, p^2\} = 4px$$

などとなる．一般の場合は数学的帰納法を使えばよい．もっともこのたぐいの計算なら定義どおり

$$\{x^m, p^n\} = \frac{\partial x^m}{\partial x}\frac{\partial p^n}{\partial p} - \frac{\partial x^m}{\partial p}\frac{\partial p^n}{\partial x} = mnx^{m-1}p^{n-1} \tag{5.27}$$

とするほうがはやい．

(3) の性質は**ヤコビの恒等式**とよばれている．直接に積の微分を実行して示すのは，項の数が膨大になってたいへんである．レポート課題にしたことがあるが，学生諸君には気の毒をした（式が 1 ページに収まらないのである）．もう少し「式の構造」をふまえた証明法を章末の問 5.1 に示した．

時間発展

正準変数 x, p の任意関数 $A(x,p,t)$ の時間発展は

$$\frac{\mathrm{d}}{\mathrm{d}t}A(x,p,t) = \frac{\partial A}{\partial t} + \frac{\partial A}{\partial x}\dot{x} + \frac{\partial A}{\partial p}\dot{p}$$
$$= \frac{\partial A}{\partial t} + \frac{\partial A}{\partial x}\frac{\partial H}{\partial p} - \frac{\partial A}{\partial p}\frac{\partial H}{\partial x}$$
$$= \frac{\partial A}{\partial t} + \{A, H\} \tag{5.28}$$

と，ポアソン括弧を用いて表すことができる．ここで，正準運動方程式を用いた．とくに，A が時間にあらわに (explicitly) 依存しない場合には，$\partial A/\partial t = 0$ ゆえ

$$\frac{\mathrm{d}A}{\mathrm{d}t} = \{A, H\} \tag{5.29}$$

と，簡単に表される．

注意 式 (5.28) の左側の等式は，関数 $A(x, p, t)$ の全微分の式

$$\mathrm{d}A = \frac{\partial A}{\partial t}\mathrm{d}t + \frac{\partial A}{\partial x}\mathrm{d}x + \frac{\partial A}{\partial p}\mathrm{d}p \tag{5.30}$$

の両辺を $\mathrm{d}t$ で割ったことになっている．

正準変換とポアソン括弧

例題 5.5 正準変換 $(x, p) \to (X, P)$ の無限小変換生成子を G とすると

$$X = x + \varepsilon \frac{\partial G}{\partial p}, \quad P = p - \varepsilon \frac{\partial G}{\partial x} \tag{5.31}$$

である．このとき，任意の物理量 $A(x, p)$ に対して以下が成り立つことを示せ．

$$A(X, P) = A(x, p) + \varepsilon \{A, G\} \tag{5.32}$$

解 $X = x + \varepsilon \partial G/\partial p,\ P = p - \varepsilon \partial G/\partial x$ を代入して，

$$A(X, P) = A\left(x + \varepsilon \frac{\partial G}{\partial p},\ p - \varepsilon \frac{\partial G}{\partial x}\right)$$

$$= A(x, p) + \varepsilon \left(\frac{\partial A}{\partial x}\frac{\partial G}{\partial p} - \frac{\partial A}{\partial p}\frac{\partial G}{\partial x}\right)$$

$$= A(x, p) + \varepsilon \{A, G\}$$

を得る．ここで，ε は小さいとしてテイラー展開の 1 次までとった．また，最後の等式にポアソン括弧の定義を用いた． □

この結果を $A(X, P) = A(x, p) - \varepsilon\, \delta A$ と書いて $\delta A = \{G, A\}$ と表す．すなわち

> 無限小正準変換による A の変化 δA は，その生成子 G と A のポアソン括弧 $\delta A = \{G, A\}$ で書ける

のである．

注意 「$A(X,P) = A(x,p) - \varepsilon\,\delta A$ の右辺第 2 項の符号は逆ではないか」と考えるひとも多いかと想像するが，じつはこれで正しいのである．ポイントは 2 点．(1) 一般に $A(x,p)$ に変換 $(x,p) \to (X,P)$ を施した結果は $A'(X,P)$ のように関数形も変わる．(2) しかるに，もともと同じ物理量であるから $A(x,p) = A'(X,P)$ である．そこで，無限小変換の場合に $A'(X,P)$ ともとの関数形に変換後の (X,P) を代入した $A(X,P)$ との差を $\varepsilon\delta A$ と定義するのである．よって，$A(x,p) = A'(X,P) = A(X,P) + \varepsilon\delta A$ から $A(X,P) = A(x,p) - \varepsilon\,\delta A$ を得る．

たとえば，x 方向の並進（生成子 $G = p$ ）による位置変化は $\delta x = \{p,x\} = -1$ ゆえ $X = x - \varepsilon\delta x = x + \varepsilon$ である．なお，この命題は量子力学的な場合にも成立し，そのときはポアソン括弧を交換子積に変えればよい．

$$\delta A = \{G, A\} \quad \Longleftrightarrow \quad i\hbar\,\delta A = [G, A] \tag{5.33}$$

高橋 康先生によれば，これが「**一般化されたウォード–高橋の関係式**」の本質であるという (高橋 康，雑誌『科学』1988, May p.296)．

ネーターの定理

例題 5.5 で，A として特に $A = H$（ハミルトニアン）とすれば，

$$H(X,P) = H(x,p) - \varepsilon\{G, H\} = H(x,p) - \varepsilon\frac{\mathrm{d}G}{\mathrm{d}t} \tag{5.34}$$

が成り立つ（式 (5.29) を用いた）．よって，

> 無限小正準変換の生成子 G がハミルトニアンを変えないならば，G は保存量である．

これが**ネーターの定理** (Noether's theorem) である．たとえば，中心力ポテンシャルのハミルトニアンは，空間回転について不変であるから，その無限小変換生成子である「角運動量」は保存量になるのである．

注意 ネーターはヒルベルトの薫陶を受けたドイツの女性数学者で，この定理はヒルベルトによる一般相対論の変分原理化（アインシュタインを先んじたという）に関連した彼女の論文中に登場する．

ポアソン括弧は正準変換で不変である

正準変換 (5.31) によって，ポアソン括弧が変わらないことを示そう．

$$\begin{aligned}
\{X, P\} &= \{x + \varepsilon G_p, p - \varepsilon G_x\} \\
&= \frac{\partial}{\partial x}(x + \varepsilon G_p) \cdot \frac{\partial}{\partial p}(p - \varepsilon G_x) - \frac{\partial}{\partial p}(x + \varepsilon G_p) \cdot \frac{\partial}{\partial x}(p - \varepsilon G_x) \\
&= (1 + \varepsilon G_{px})(1 - \varepsilon G_{xp}) + \varepsilon G_{pp} \cdot \varepsilon G_{xx} \\
&= 1 + \varepsilon^2 \left(G_{xx} G_{pp} - G_{xp}^2\right)
\end{aligned} \tag{5.35}$$

である (偏微分を添え字で表した)．無限小変換では ε^2 項を無視してよいから，$\{X, P\} = 1$ を得る．同様にして $\{X, X\} = 0$，$\{P, P\} = 0$ も示される．

注意 逆に，ポアソン括弧を変えないような変換を正準変換ということもできる．先ほどの記法で書けば

$$\delta\{A, B\} = \{G, \{A, B\}\} = 0$$

というわけである．

ポアソン括弧の応用

ポアソン括弧を用いると議論が簡単になる場合がある．典型的な応用例をいくつかみておこう．

例題 5.6 質量 $m = 1$ の単振動のハミルトニアンは

$$H = \frac{1}{2}\left(p^2 + \omega^2 x^2\right) \tag{5.36}$$

で与えられる．ここで

$$a = \frac{1}{\sqrt{2\omega}}(\omega x + ip), \quad a^* = \frac{1}{\sqrt{2\omega}}(\omega x - ip) \tag{5.37}$$

とおくとき，これらの間のポアソン括弧を計算せよ．

解 定義にしたがって

$$\{a, a^*\} = \frac{1}{2\omega}\{\omega x + ip, \omega x - ip\} = \frac{1}{2\omega}\left(-i\omega\{x,p\} + i\omega\{p,x\}\right) = -i,$$
$$\{a, a\} = 0, \quad \{a^*, a^*\} = 0$$

となる．さらに，ハミルトニアンは

$$H = \omega a^* a \tag{5.38}$$

と表されるので，a, a^* の運動方程式は

$$\begin{aligned}\frac{\mathrm{d}a}{\mathrm{d}t} &= \{a, H\} = \omega\{a, a^*a\} = -i\omega a, \\ \frac{\mathrm{d}a^*}{\mathrm{d}t} &= \{a^*, H\} = \omega\{a^*, a^*a\} = i\omega a^*\end{aligned} \tag{5.39}$$

となり，その解は容易に求まる．

$$a(t) = a(0)\, e^{-i\omega t}, \quad a^*(t) = a^*(0)\, e^{i\omega t} \tag{5.40}$$

この式の実部・虚部を比較すれば，解が求まる． □

注意 変数 a^*, a は調和振動子の量子力学における生成消滅演算子にあたる．対応は

$$\{a, a^*\} = -i \iff [a, a^*] = 1 \tag{5.41}$$

ただし，量子力学では非可換性のため $H = \omega(a^*a + 1/2)$ となる（$\hbar = 1$ 単位系）．

例題 5.7（角運動量のポアソン括弧） 角運動量 $\boldsymbol{L} = (L_x, L_y, L_z)$ は，$\boldsymbol{L} = \boldsymbol{r} \times \boldsymbol{p}$ より

$$L_x = yp_z - zp_y, \quad L_y = zp_x - xp_z, \quad L_z = xp_y - yp_x \tag{5.42}$$

で定義される．これらの間のポアソン括弧を計算せよ．

解 微分ではなく，分配則を用いて代数的に計算してみよう．

$$\begin{aligned}\{L_x, L_y\} &= \{yp_z - zp_y, zp_x - xp_z\} \\ &= y\{p_z, z\}p_x + x\{z, p_z\}p_y = xp_y - yp_x = L_z, \\ \{L_y, L_z\} &= \{zp_x - xp_z, xp_y - yp_x\} \\ &= z\{p_x, x\}p_y + y\{x, p_x\}p_z = yp_z - zp_y = L_x, \\ \{L_z, L_x\} &= \{xp_y - yp_x, yp_z - zp_y\}\end{aligned} \tag{5.43}$$

$$= x\{p_y, y\}p_z + z\{y, p_y\}p_x = zp_x - xp_z = L_y$$

を得る．添え字がサイクリック (循環的) になっている点に注意してほしい．この性質は記憶する際に便利である．成分 x, y, z を数字 $1, 2, 3$ で表すことにすると，これらの関係式は 3 次元完全反対称テンソル ε_{ijk} を用いて

$$\{L_i, L_j\} = \varepsilon_{ijk} L_k \tag{5.44}$$

とまとめて表すことができる．この関係式を「**角運動量の代数**」(数学的には SU(2) のリー代数) という．角運動量の代数は次のように変形することもできる．　□

例題 5.8　（角運動量の代数）　$L_\pm = L_x \pm i L_y$, $\boldsymbol{L}^2 = L_x^2 + L_y^2 + L_z^2$ とおくとき，

$$\begin{aligned}\{L_\pm, L_z\} = \pm i L_\pm, \quad \{L_+, L_-\} = -2i L_z, \\ \{\boldsymbol{L}^2, L_x\} = \{\boldsymbol{L}^2, L_y\} = \{\boldsymbol{L}^2, L_z\} = 0\end{aligned} \tag{5.45}$$

を示せ．

解　定義から

$$\begin{aligned}\{L_+, L_z\} &= \{L_x + i L_y, L_z\} = -L_y + i L_x = i(L_x + i L_y) = i L_+, \\ \{L_-, L_z\} &= \{L_x - i L_y, L_z\} = -L_y - i L_x = -i(L_x - i L_y) = -i L_-, \\ \{L_+, L_-\} &= \{L_x + i L_y, L_x - i L_y\} = -2i L_z\end{aligned}$$

となる．同様にして，

$$\begin{aligned}\{\boldsymbol{L}^2, L_x\} &= \{L_x^2 + L_y^2 + L_z^2, L_x\} \\ &= 2L_y\{L_y, L_x\} + 2L_z\{L_z, L_x\} = -2L_y L_z + 2L_z L_y = 0\end{aligned}$$

を得る．他の成分も同様である．

量子力学の場合，$L_\pm$ は角運動量 $\boldsymbol{L}$ の大きさは変えず，L_z の固有状態を上げ下げする昇降演算子に相当する．すなわち，対応 ($\hbar = 1$ 単位系)

古典力学のポアソン括弧 $\{A, B\} = -i[A, B]$　　量子力学の交換子積

により

$$[L_\pm, L_z] = \mp L_\pm, \quad [L_+, L_-] = 2L_z,$$
$$[\boldsymbol{L}^2, L_x] = [\boldsymbol{L}^2, L_y] = [\boldsymbol{L}^2, L_z] = 0 \tag{5.46}$$

となる．この代数を使って角運動量の表現が構成できる．詳しくは量子力学の教科書を参照してほしい． □

注意 なお，ハイゼンベルクの運動方程式も

$$\text{古典力学} \quad \frac{\mathrm{d}A}{\mathrm{d}t} = \{A, H\} \quad \Longleftrightarrow \quad i\frac{\mathrm{d}A}{\mathrm{d}t} = [A, H] \quad \text{量子力学} \qquad (\hbar = 1 \text{ 単位系})$$

のようにポアソン括弧で書いた古典力学的運動方程式に対応している．これらの対応に気づいたディラックは「量子力学の変換理論」を構築した．

5.4 ハミルトン–ヤコビの方程式

ハミルトン–ヤコビの方程式

ドイツの数学者ヤコビはイギリスのハミルトンの仕事を受けて，変分汎関数 S を次のように読み替えた．すなわち，積分の上限 $t_1 = t$ とそのときの位置 $x(t_1) = x$ を「変数」と考え，S をそれらの関数と考えたのである．

$$S(x, t) = \int_{t_0}^{t} (p\dot{x} - H)\,\mathrm{d}t \tag{5.47}$$

両辺を t で微分すると，

$$\frac{\mathrm{d}S}{\mathrm{d}t} = p\frac{\mathrm{d}x}{\mathrm{d}t} - H$$

あるいは分母の $\mathrm{d}t$ を払って

$$\mathrm{d}S = p\,\mathrm{d}x - H\,\mathrm{d}t \tag{5.48}$$

を得る．これは関数 S についての全微分の関係式と解釈できて

$$p = \frac{\partial S}{\partial x}, \quad H = -\frac{\partial S}{\partial t} \tag{5.49}$$

の関係にあることがわかる．すなわち S は，ハミルトニアン $H(x, p)$ が与えられたとき

$$\frac{\partial S}{\partial t} + H\left(x, \frac{\partial S}{\partial x}\right) = 0 \tag{5.50}$$

を満たすことがわかる．これをハミルトン–ヤコビの方程式という．なお，一般には H が時間 t にあらわに依存する場合を含めて

$$\frac{\partial S}{\partial t} + H\left(x, \frac{\partial S}{\partial x}, t\right) = 0 \tag{5.51}$$

も「ハミルトン–ヤコビの方程式」ということがある．

なお，座標が 3 次元であったり複数粒子からなるような，一般に自由度が N の場合には，ハミルトン–ヤコビの方程式は

$$\frac{\partial S}{\partial t} + H\left(x_1, \cdots, x_N, \frac{\partial S}{\partial x_1}, \cdots, \frac{\partial S}{\partial x_N},\ t\right) = 0 \tag{5.52}$$

と拡張される．

ハミルトン–ヤコビ方程式の解法

1 階の偏微分方程式であるハミルトン–ヤコビ方程式 (5.52) を解くことを考えよう．未知関数 S は座標と時間の関数であるが，解 S が変数の数と同じ数 (すなわち $N+1$) 個の任意定数 $\alpha_0, \alpha_1, \cdots, \alpha_N$ を含む解を「完全解」といい，それを求めることが物理的に重要である．方程式には S の偏微分しか登場しないから，あきらかに完全解は

$$S = W(x_1, \cdots, x_N, t; \alpha_1, \cdots, \alpha_N) + \alpha_0 \tag{5.53}$$

の形をしている．そこで，この W を母関数とし $\alpha_1, \cdots, \alpha_N$ を「新しい運動量」とするような正準変換を考え，「運動量」$\alpha_1, \cdots, \alpha_N$ に共役な「座標」を $\beta_1, \cdots, \beta_N$ とする．このとき，式 (5.4) によって

$$p_j = \frac{\partial W}{\partial x_j}, \quad \beta_j = \frac{\partial W}{\partial \alpha_j}, \quad H' = H + \frac{\partial W}{\partial t} \tag{5.54}$$

の関係が成り立つ．ここで W はハミルトン–ヤコビ方程式 (5.52) を満たすから

$$H' = H + \frac{\partial W}{\partial t} = 0 \tag{5.55}$$

である．よって，新しい変数 α, β の正準運動方程式は $\dot{\alpha}_j = 0, \dot{\beta}_j = 0$ となる．すなわち $\alpha_j =$ 定数, $\beta_j =$ 定数 である．一方で，N 個の関係式

$$\frac{\partial W}{\partial \alpha_j} = \beta_j \qquad (j = 1, \cdots, N) \tag{5.56}$$

を $x_1, \cdots, x_N$ について解くことができれば，x たちが時間 t と $2N$ 個の定数 (α_j, β_j) の関数として求まる．

形式的な議論が続いたが，以上をまとめると，解法は
(1) 完全解 W を求める
(2) N 個の方程式 (5.56) を x たちについて解く

という手順になる．最後に，運動量 p_j は $p_j = \partial W/\partial x_j$ から求まる．

なお，ハミルトニアン H が時間 t にあらわに依存しない場合，作用は

$$S = S_0(x_1, \cdots, x_N) - Et \tag{5.57}$$

の形をしており，ハミルトン–ヤコビ方程式は「簡約された作用 S_0」を用いて

$$H\left(x_1, \cdots, x_N, \frac{\partial S_0}{\partial x_1}, \cdots, \frac{\partial S_0}{\partial x_N}\right) = E \tag{5.58}$$

と書かれる．

例題 5.9 簡単な単振動の問題をこの流儀で解いてみよう．ハミルトニアンは

$$H = \frac{p^2}{2m} + \frac{m\omega^2}{2}x^2$$

だから，簡約された作用 S_0 を用いて，ハミルトン–ヤコビ方程式は

$$\frac{1}{2m}\left(\frac{\mathrm{d}S_0}{\mathrm{d}x}\right)^2 + \frac{m\omega^2}{2}x^2 = E \tag{5.59}$$

となる．これを解け．

解 方程式は求積法で解けて

$$\left(\frac{\mathrm{d}S_0}{\mathrm{d}x}\right)^2 = 2m\left(E - \frac{m\omega^2}{2}x^2\right)$$

$$\implies S_0(x, E, \alpha) = \int_\alpha^x \mathrm{d}x\sqrt{2m\left(E - \frac{m\omega^2}{2}x^2\right)} \tag{5.60}$$

が解である．任意定数 α を積分の下限として入れた．この積分結果の具体形は不

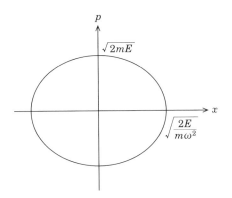

図 5.1 単振動の相空間の軌道

要なので省略する[1]. よって

$$\frac{\partial S_0}{\partial \alpha} = -\sqrt{2m\left(E - \frac{m\omega^2}{2}\alpha^2\right)} = \beta \implies E = \frac{\beta^2}{2m} + \frac{m\omega^2}{2}\alpha^2 \quad (5.61)$$

α, β は座標と運動量の初期条件にあたる. 以下, $\alpha = a$, $\beta = 0$ を初期条件としよう. 最後に, エネルギー E による偏微分を実行して

$$t = \frac{\partial S_0}{\partial E} = \sqrt{\frac{m}{2}} \int_a^x \frac{\mathrm{d}x}{\sqrt{(E - m\omega^2 x^2/2)}} = \frac{1}{\omega} \int_a^x \frac{\mathrm{d}x}{\sqrt{a^2 - x^2}}$$

$$\implies \omega t = \sin^{-1}\left(\frac{x}{a}\right) - \frac{\pi}{2} \implies x(t) = a\cos(\omega t) \quad (5.62)$$

と運動が決まる. □

注意 なんとも回りくどい解法である.「牛刀割鶏」の諺もあるように, それを使うにふさわしい問題でないと切れ味の良さはわからない, ともいえる.

変数分離

ハミルトン–ヤコビ方程式の完全解は, 多くの重要な場合に「変数分離」によって求めることができる. そして 1 変数の $S_0(x, E)$ が決まれば

1] たとえば『岩波数学公式 I』(岩波書店) p.115 にある.

$$t = \frac{\partial S_0}{\partial E} \tag{5.63}$$

を逆に解いて $x(t)$ が求まることになる．そして，変数分離のためには**座標の適切な選択**が重要となる．例を挙げて説明しよう．

例題 5.10 2 次元調和振動子のハミルトニアンは，直角座標と極座標でそれぞれ

$$H = \frac{1}{2m}(p_x^2 + p_y^2) + \frac{m\omega^2}{2}(x^2 + y^2), \quad H = \frac{1}{2m}\left(p_r^2 + \frac{p_\phi^2}{r^2}\right) + \frac{m\omega^2}{2}r^2 \tag{5.64}$$

である．直角座標を使う場合，x, y それぞれに例題 5.9 の結果を適用することになる．それでもよいが，できれば一度にまとめて解いてしまいたい．極座標の場合にハミルトン–ヤコビ方程式をつくり，それを解いてみよ．

解 ハミルトニアンに座標 ϕ が現れない (**循環座標**という) から，その共役運動量 p_ϕ は一定で

$$S = -Et + p_\phi \phi + S_0(r) \tag{5.65}$$

と書ける．ここで，S_0 は簡約されたハミルトン–ヤコビ方程式

$$\frac{1}{2m}\left[\left(\frac{dS_0}{dr}\right)^2 + \frac{p_\phi^2}{r^2}\right] + \frac{m\omega^2}{2}r^2 = E \tag{5.66}$$

を満たす．この微分方程式は求積法で解けて

$$\left(\frac{dS_0}{dr}\right)^2 = 2m\left(E - \frac{m\omega^2}{2}r^2\right) - \frac{p_\phi^2}{r^2}$$

$$\implies S_0(r) = \int^r dr \sqrt{2mE - m^2\omega^2 r^2 - \frac{p_\phi^2}{r^2}} \tag{5.67}$$

となる (不定積分)．よって

$$t = \frac{\partial S_0}{\partial E} = \frac{1}{\omega}\int^r \frac{r\, dr}{\sqrt{(r^2 - r_1^2)(r_2^2 - r^2)}} \qquad (r_1 < r_2) \tag{5.68}$$

を得る．ここで r_1, r_2 は近日点と遠日点に相当し (図 5.2)，係数比較によって

$$r_1^2 + r_2^2 = \frac{2E}{m\omega^2}, \quad r_1^2 r_2^2 = \frac{p_\phi^2}{m^2\omega^2} \tag{5.69}$$

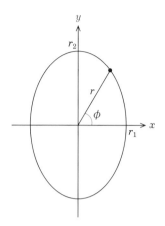

図 5.2　2 次元調和振動子

で与えられる．この積分は $u = r^2$ の変数変換で例題 2.5 の積分と類似になる (ただしこちらは不定積分)：

$$2\omega t = \int^u \frac{\mathrm{d}u}{\sqrt{(u-u_1)(u_2-u)}}$$
$$= \cos^{-1}\left(\frac{2u - u_1 - u_2}{u_2 - u_1}\right) - \alpha \tag{5.70}$$

ここに α は積分定数で，以下では $\alpha = \pi$ としよう．以上から，運動は

$$r^2(t) = \frac{r_2^2 + r_1^2}{2} + \frac{r_2^2 - r_1^2}{2}\cos(2\omega t + \pi)$$
$$= r_1^2 \cos^2(\omega t) + r_2^2 \sin^2(\omega t) \tag{5.71}$$

と求まる．設定 $\alpha = \pi$ は近日点からスタートする初期条件にあたる．

動径 $r = r(t)$ が決まれば，ϕ のほうは $\dot{\phi} = p_\phi/mr^2$ から

$$\phi = \frac{p_\phi}{m} \int_0^t \frac{\mathrm{d}t}{r_1^2 \cos^2(\omega t) + r_2^2 \sin^2(\omega t)}$$
$$= \frac{2p_\phi}{m(r_1^2 + r_2^2)} \int_0^t \frac{\mathrm{d}t}{1 - \varepsilon \cos(2\omega t)} \tag{5.72}$$

により決定され，軌道は原点を中心とする「楕円」であることがわかる．

$$\tan\phi = \sqrt{\frac{1+\varepsilon}{1-\varepsilon}}\tan(\omega t), \quad \text{離心率} \quad \varepsilon = \frac{r_2^2 - r_1^2}{r_2^2 + r_1^2} \tag{5.73}$$

ここで，積分公式

$$\int_0^\theta \frac{d\theta}{1-\varepsilon\cos(2\theta)} = \frac{1}{\sqrt{1-\varepsilon^2}}\tan^{-1}\left(\sqrt{\frac{1+\varepsilon}{1-\varepsilon}}\tan\theta\right) \tag{5.74}$$

を用いた．この公式の導出は，両辺の θ 微分を比べてもよいが，置換積分 $\tan\theta = u\sqrt{(1-\varepsilon)/(1+\varepsilon)}$ でもよい．最後に，等式 $2p_\phi/m\omega(r_1^2+r_2^2)\sqrt{1-\varepsilon^2} = 1$ を使うことになるが，これを確かめてみてほしい． □

注意 これらの結果は問 2.5 のケプラー運動の結果とたいへん類似している．すなわち，そこでのケプラー–レビチビタ変数 ξ は $\xi = 2\omega t$ の関係になっている．このような「異なる二つの力学系のあいだに成立する不思議な関係」を双対性 (duality) という．詳しくは著者の『数理科学』2009, June p.7 や V.I. アーノルド『数理解析のパイオニアたち』(シュプリンガー東京, 1999) を読んでほしい．

なお，この不定積分 (5.70) は『岩波数学公式 I』(岩波書店) p.106 にある．式 (5.71) は例題 2.5 の解答に用いた変数変換であるから，その経験があれば自力でも求まるであろう．

演習問題

問 5.1 ヤコビの恒等式

$$\{A, \{B, C\}\} + \{B, \{C, A\}\} + \{C, \{A, B\}\} = 0 \tag{5.75}$$

の中には，たとえば A について 1 階微分と 2 階微分の項 (x 微分か p 微分かは問わない) が混じっている．そのうち第 1 項には A の 1 階微分しか現れないので，2 階微分が含まれるのは第 2 項と第 3 項である．そこで

$$\{B, A\} = \frac{\partial B}{\partial x}\frac{\partial A}{\partial p} - \frac{\partial B}{\partial p}\frac{\partial A}{\partial x} \equiv \mathcal{D}_B A, \quad \mathcal{D}_B = \frac{\partial B}{\partial x}\frac{\partial}{\partial p} - \frac{\partial B}{\partial p}\frac{\partial}{\partial x} \tag{5.76}$$

のように，与えられた B で決まる 1 階の微分演算子 $\mathcal{D}_B$ を導入しよう．このとき，第 2 項 + 第 3 項は

$$\{B, \{C, A\}\} - \{C, \{B, A\}\} = \mathcal{D}_B\left(\mathcal{D}_C\, A\right) - \mathcal{D}_C\left(\mathcal{D}_B\, A\right)$$
$$= \left(\mathcal{D}_B \mathcal{D}_C - \mathcal{D}_C \mathcal{D}_B\right) A \tag{5.77}$$

と書ける．右辺の $\mathcal{D}_B \mathcal{D}_C - \mathcal{D}_C \mathcal{D}_B$ からは A に対する 2 階微分の項は出ないことを示せ．

問 5.2 ハミルトニアンが運動エネルギー項 (すなわち p^2 に比例する項) のない

$$H(x, p) = xp - x^2 \tag{5.78}$$

で与えられるとき，ハミルトンの運動方程式を書き下し，それを解いてみよ．

問 5.3 質量 $m = 1$ とした 2 次元自由粒子のラグランジアン

$$L = \frac{1}{2}\left(\dot{x}^2 + \dot{y}^2\right) \tag{5.79}$$

のハミルトニアンとポアソン括弧は

$$H = \frac{1}{2}\left(p_x^2 + p_y^2\right), \quad \{x, p_x\} = 1, \quad \{y, p_y\} = 1 \quad (p_x = \dot{x},\ p_y = \dot{y}) \tag{5.80}$$

である．これを極座標 (r, ϕ) に変えたとき ($x = r\cos\phi, y = r\sin\phi$)，互いに共役な変数の組 (r, p_r) と (ϕ, p_ϕ) のあいだのポアソン括弧はどうなるか調べよ．

問 5.4 自由度 4 の互いに共役な座標と運動量の組 (x_j, p_j) を考える．

$$\{x_j, p_k\} = \delta_{jk}, \quad \{x_j, x_k\} = 0, \quad \{p_j, p_k\} = 0 \quad (j, k = 1, 2, 3, 4) \tag{5.81}$$

このとき「角運動量」の類似物を想定して

$$L_{jk} = x_j p_k - x_k p_j \quad (j, k = 1, 2, 3, 4) \tag{5.82}$$

とする．L_{jk} は (j, k) の交換について反対称であるから ($L_{jk} = -L_{kj}$)，独立なものは全部で $\binom{4}{2}=6$ 個ある．それらを $L_{12} = M_3$, $L_{23} = M_1$, $L_{31} = M_2$, $L_{41} = N_1$, $L_{42} = N_2$, $L_{43} = N_3$ と書く．このとき，これらのあいだのポアソン括弧が

$$\{M_1, M_2\} = M_3, \quad \{M_2, M_3\} = M_1, \quad \{M_3, M_1\} = M_2, \tag{5.83}$$
$$\{M_1, N_2\} = N_3, \quad \{M_2, N_3\} = N_1, \quad \{M_3, N_1\} = N_2, \tag{5.84}$$
$$\{N_1, N_2\} = M_3, \quad \{N_2, N_3\} = M_1, \quad \{N_3, N_1\} = M_2 \tag{5.85}$$

となることを確かめよ．

問 5.5 らせん ($x = \cos\phi,\ y = \sin\phi,\ z = K\phi,\ K =$ 定数) 上を拘束されて運動する粒子を考える．この運動の持つ対称性とその生成子を調べて保存則を議論せよ．

問 5.6 マグネトロン (magnetron, 磁電管) 中の電子の運動を記述するモデル方程式は

$$m\frac{\mathrm{d}^2\boldsymbol{r}}{\mathrm{d}t^2} = -e\frac{\mathrm{d}\boldsymbol{r}}{\mathrm{d}t} \times \boldsymbol{B} + e\nabla\phi, \quad \phi = U_a \cdot \frac{r^2}{a^2} \tag{5.86}$$

で与えられる．マグネトロンは真空管の一種で，円筒形状の z 軸を熱陰極 (電位ゼロ) とし半径 a の外周を陽極 (電位 U_a) としたものに，軸方向の静磁場 $\boldsymbol{B}=(0,0,B)$ を掛けたものである．さらに陽極 (外周) を偶数個に分割して交互に逆位相の振動電圧 $\pm U\cos(\omega t)$ を加えると，適当な条件のもとに発振が起きるのである．これを「分割陽極型磁電管」という．ここでは簡単のため振動電圧のない (発振もない) 場合の方程式を書いた．

上記の静電ポテンシャル ϕ の形は 2 次元ポアソン方程式に代入すれば $\nabla^2\phi = 4U_a/a^2 \equiv -\rho/\varepsilon_0$ ゆえ，一様な電子分布の場合のそれになっている．実際は電子集団の運動の結果として密度 ρ が決まるのだから，上記の ϕ は一種の「分子場」と解釈できる．以下の問いに答えよ．

(1) 2 次元平面運動 $\boldsymbol{r}=(x,y,z_0)$ の運動方程式として，上記の微分方程式を解いてその一般解を求めよ．

(2) 2 次元極座標 (r,θ), $x=r\cos\theta$, $y=r\sin\theta$ とその共役な運動量 (p_r,p_θ) を用いると，ハミルトニアン

$$H = \frac{1}{2m}\left(p_r^2 + \frac{p_\theta^2}{r^2}\right) + \omega_H p_\theta + \frac{m}{2}(\omega_H^2 - \omega_c^2)r^2,$$
$$\omega_H = \frac{eB}{2m}, \quad \omega_C = \sqrt{\frac{2eU_a}{ma^2}} \tag{5.87}$$

が上記の運動方程式を導くことを確かめよ．

(3) 上記のハミルトニアンを用いて，ハミルトン–ヤコビの方程式をつくり，それを解け．

第6章
相空間の幾何学

本章では正準形式の理論の幾何学的側面について紹介する．リウヴィルの定理は統計力学にとって，断熱不変量は量子力学にとって，それぞれ重要な歴史的役割を演じてきたテーマである．また，拘束系とディラック括弧について簡単な紹介をする．

6.1 相空間

相空間

一般化された座標 $(x_1, x_2, \cdots, x_N)$ とそれらに共役な一般化された運動量 $(p_1, p_2, \cdots, p_N)$ の組でできた空間 $(x_1, \cdots, x_N, p_1, \cdots, p_N)$ を，自由度 N の**相空間** (phase space) という．したがって，自由度 N の相空間の次元は $2N$ (偶数) 次元である．

相空間内の1点を指定すると，力学変数すべての値が決定される．よって，力学変数の運動によって相空間内を点が移動し「軌道」が描かれるという幾何学的な描像が得られる．

例 6.1　単振動のハミルトニアンは

$$H = \frac{p^2}{2m} + \frac{m\omega^2}{2}x^2 \tag{6.1}$$

である．この場合 $(N=1)$ の相空間は2次元で，軌道はエネルギー保存則

$$\frac{p^2}{2m} + \frac{m\omega^2}{2}x^2 = E \qquad (6.2)$$

により，相空間 (x,p) 内の楕円を描く．

例 6.2 2 体相互作用ポテンシャル $U(r)$ を持つ N 粒子系のハミルトニアン

$$H(\boldsymbol{r}_1,\cdots,\boldsymbol{r}_N,\boldsymbol{p}_1,\ldots,\boldsymbol{p}_N) = \frac{1}{2m}\sum_{j=1}^{N}\boldsymbol{p}_j^2 + \sum_{j<k}U(r_{jk}) \qquad (r_{jk}=|\boldsymbol{r}_j-\boldsymbol{r}_k|) \qquad (6.3)$$

のエネルギー保存則は

$$H(\boldsymbol{r}_1,\cdots,\boldsymbol{r}_N,\boldsymbol{p}_1,\ldots,\boldsymbol{p}_N) = E \qquad (6.4)$$

である．系の自由度は $3N$ で，この正準力学系の**等エネルギー面**は，$6N$ 次元の相空間内の $6N-1$ 次元の超曲面で，系の状態点はこの超曲面上を運動する．

シンプレクティック空間

互いに正準共役な力学変数の組からなる「相空間」を一般化したものを**シンプレクティック空間**という．シンプレクティック (symplectic) とは，変数のあいだにポアソン括弧の構造があることをいう．あまりに長いので (私の知人でつい「シンプレティック」といってしまうひとが数人いる)，以下ではシンプレクティック空間をたんに相空間ということにするが，概念的にはシンプレクティック空間のほうがより一般的であることを覚えておいてほしい．

たとえば，変数 $(x_1,\cdots,x_N,p_1,\cdots,p_N)$ からなる自由度 N の $2N$ 次元相空間は，ポアソン括弧

$$\{x_j,p_k\} = \delta_{jk}, \quad \{x_j,x_k\} = 0, \quad \{p_j,p_k\} = 0 \qquad (6.5)$$

の構造を持つ．このことを，相空間が 2 次微分形式

$$\omega = \sum_{j=1}^{N} dx_j \wedge dp_j \qquad (6.6)$$

を持つ，と表す．同じ添え字を持つ変数がペアで現れることが「正準共役」を意味し，その係数が 1 であることがポアソン括弧の値を表している．関係 $\{p_j,x_j\} = -1$ は $dp_j \wedge dx_j = -dx_j \wedge dp_j$ の反交換則に相当している．

このとき，相空間上の任意関数 F, G のあいだのポアソン括弧を，次のように「内積」として表すことができる．まず，相空間内の二つのベクトル $\boldsymbol{u}, \boldsymbol{v}$ ($2N$ 次元ベクトル) のあいだの内積 $\omega(\boldsymbol{u}, \boldsymbol{v})$ を

$$\omega(\boldsymbol{u}, \boldsymbol{v}) = (\boldsymbol{u}, J\boldsymbol{v}), \quad J = \begin{pmatrix} O & E \\ -E & O \end{pmatrix} \tag{6.7}$$

で定義する．ここで，行列 J は $2N \times 2N$ の行列で，O, E はそれぞれ $N \times N$ のゼロ行列と単位行列を表す．よって，この内積を成分 $\boldsymbol{u} = (u_1, \cdots, u_N, u_{N+1}, \cdots, u_{2N})$ で書けば

$$\omega(\boldsymbol{u}, \boldsymbol{v}) = (\boldsymbol{u}, J\boldsymbol{v}) = \sum_{j=1}^{N} (u_j v_{N+j} - u_{N+j} v_j) \tag{6.8}$$

となる．この記法を使えば，ポアソン括弧 $\{F, G\}$ は

$$\begin{aligned} \{F, G\} &= \omega(\nabla F, \nabla G) = (\nabla F, J\nabla G) \\ &= \sum_{j=1}^{N} \left(\frac{\partial F}{\partial x_j} \frac{\partial G}{\partial p_j} - \frac{\partial F}{\partial p_j} \frac{\partial G}{\partial x_j} \right) \end{aligned} \tag{6.9}$$

と書ける．ここで，勾配 ∇F は相空間の全微分

$$\mathrm{d}F = \frac{\partial F}{\partial x_1} \mathrm{d}x_1 + \cdots + \frac{\partial F}{\partial x_N} \mathrm{d}x_N + \frac{\partial F}{\partial p_1} \mathrm{d}p_1 + \cdots + \frac{\partial F}{\partial p_N} \mathrm{d}p_N \tag{6.10}$$

から係数を取り出したベクトル

$$\nabla F = \left(\frac{\partial F}{\partial x_1}, \cdots, \frac{\partial F}{\partial x_N}, \frac{\partial F}{\partial p_1}, \cdots, \frac{\partial F}{\partial p_N} \right) \tag{6.11}$$

により定義している．3次元空間におけるナブラ微分と同じ記号 ∇ を使うが，混同はしないであろう．

注意 空間に内積が定義されるとは，「幾何構造」があることを意味するので，このような空間を対象とする数学を「シンプレクティック幾何学」という．なお，群論には「シンプレクティック行列」とか「シンプレクティック群」とよばれるものがあるが，そこにも同じ行列 J が登場する．こちらのほうが先に生まれたのだが，これらは互いに関連する「家族」なのである．

例題 6.3 簡単な $N = 1$ の場合に，ポアソン括弧 $\{F, G\}$ が式 (6.9) で定義されていることを確かめよ．

解 このとき

$$dF = \frac{\partial F}{\partial x}dx + \frac{\partial F}{\partial p}dp \implies \nabla F = \left(\frac{\partial F}{\partial x}, \frac{\partial F}{\partial p}\right)$$

および

$$J = \begin{pmatrix} 0 & 1 \\ -1 & 0 \end{pmatrix}$$

であるから

$$\begin{aligned}
\omega(\nabla F, \nabla G) &= (\nabla F, J\nabla G) \\
&= (\partial F/\partial x, \partial F/\partial p)\begin{pmatrix} 0 & 1 \\ -1 & 0 \end{pmatrix}\begin{pmatrix} \partial G/\partial x \\ \partial G/\partial p \end{pmatrix} \\
&= \frac{\partial F}{\partial x}\frac{\partial G}{\partial p} - \frac{\partial F}{\partial p}\frac{\partial G}{\partial x} = \{F, G\}
\end{aligned}$$

となる．一般の N の場合でも同様である． □

例題 6.4 2次元の直角座標と極座標のあいだには

$$x = r\cos\phi, \quad y = r\sin\phi, \tag{6.12}$$

$$p_x = p_r\cos\phi - \frac{p_\phi}{r}\sin\phi, \quad p_y = p_r\sin\phi + \frac{p_\phi}{r}\cos\phi \tag{6.13}$$

の関係がある．このとき，2次微分形式のあいだの等式

$$\omega = dx \wedge dp_x + dy \wedge dp_y = dr \wedge dp_r + d\phi \wedge dp_\phi \tag{6.14}$$

を導け．この結果は $\{r, p_r\} = 1$, $\{\phi, p_\phi\} = 1$ などを意味する．

解 まず関係式 (6.13) が

$$p_x = p_r\cos\phi - p_\phi\sin\phi, \quad p_y = p_r\sin\phi + p_\phi\cos\phi$$

ではないことに注意してほしい．以前に指摘したように，p_ϕ の次元は「質量 × 速度」ではなく，p_r の次元とは異なるのである．上記の正しい関係式は，前章末の問 5.3 の解答 (p.204) にある

$$p_r = \frac{xp_x + yp_y}{\sqrt{x^2 + y^2}} = p_x\cos\phi + p_y\sin\phi, \quad p_\phi = xp_y - yp_x = r(p_y\cos\phi - p_x\sin\phi) \tag{6.15}$$

を逆に解けば得られる．

これらの関係から，全微分のあいだの関係式
$$\mathrm{d}x = \cos\phi\,\mathrm{d}r - r\sin\phi\,\mathrm{d}\phi, \quad \mathrm{d}y = \sin\phi\,\mathrm{d}r + r\cos\phi\,\mathrm{d}\phi$$
および
$$\mathrm{d}p_x = \cos\phi\,\mathrm{d}p_r - \frac{\sin\phi}{r}\,\mathrm{d}p_\phi + \frac{\sin\phi}{r^2}p_\phi\,\mathrm{d}r - \left(p_r\sin\phi + \frac{p_\phi}{r}\cos\phi\right)\mathrm{d}\phi, \qquad (6.16)$$
$$\mathrm{d}p_y = \sin\phi\,\mathrm{d}p_r + \frac{\cos\phi}{r}\,\mathrm{d}p_\phi - \frac{\cos\phi}{r^2}p_\phi\,\mathrm{d}r + \left(p_r\cos\phi - \frac{p_\phi}{r}\sin\phi\right)\mathrm{d}\phi \qquad (6.17)$$
を得る．後者は式 (6.13) の全微分である．$\mathrm{d}r, \mathrm{d}\phi$ の項もあることに注意せよ．これらを使って外積を計算すれば（あまりに長くなるので $\cos\phi = c$, $\sin\phi = s$ と書く）

$$\begin{aligned}
\mathrm{d}x \wedge \mathrm{d}p_x &= (c\,\mathrm{d}r - sr\,\mathrm{d}\phi) \wedge \left(c\,\mathrm{d}p_r - \frac{s}{r}\,\mathrm{d}p_\phi + \frac{s}{r^2}p_\phi\,\mathrm{d}r - \left(sp_r + \frac{c}{r}p_\phi\right)\mathrm{d}\phi\right) \\
&= c^2\phi\,\mathrm{d}r \wedge \mathrm{d}p_r + s^2\,\mathrm{d}\phi \wedge \mathrm{d}p_\phi - \frac{sc}{r}\,\mathrm{d}r \wedge \mathrm{d}\phi - scr\,\mathrm{d}\phi \wedge \mathrm{d}p_r \\
&\quad - \left(sc\,p_r + \frac{c^2 - s^2}{r}p_\phi\right)\mathrm{d}r \wedge \mathrm{d}\phi \\
\mathrm{d}y \wedge \mathrm{d}p_y &= (s\,\mathrm{d}r + cr\,\mathrm{d}\phi) \wedge \left(s\,\mathrm{d}p_r + \frac{c}{r}\,\mathrm{d}p_\phi - \frac{c}{r^2}p_\phi\,\mathrm{d}r + \left(cp_r - \frac{s}{r}p_\phi\right)\mathrm{d}\phi\right) \\
&= s^2\,\mathrm{d}r \wedge \mathrm{d}p_r + c^2\,\mathrm{d}\phi \wedge \mathrm{d}p_\phi + \frac{sc}{r}\,\mathrm{d}r \wedge \mathrm{d}\phi + scr\,\mathrm{d}\phi \wedge \mathrm{d}p_r \\
&\quad + \left(sc\,p_r + \frac{c^2 - s^2}{r}p_\phi\right)\mathrm{d}r \wedge \mathrm{d}\phi
\end{aligned}$$

であるから，たくさんの相殺が起きて
$$\omega = \mathrm{d}x \wedge \mathrm{d}p_x + \mathrm{d}y \wedge \mathrm{d}p_y = \mathrm{d}r \wedge \mathrm{d}p_r + \mathrm{d}\phi \wedge \mathrm{d}p_\phi$$
を得る． □

注意 以上の計算は問 5.3 の別解とみることができる．同じポアソン括弧の関係式を得る方法とはいえ，両者でずいぶんと印象が異なってみえる．

6.2 リウヴィルの定理

正準変換とポアソン括弧

前章で述べた「正準変換がポアソン括弧を変えない」(例題 5.3, p.92) ことを，微分形式の言葉で表してみよう．

例題 6.5 いま，相空間 (シンプレクティック空間) に 2 次微分形式が付随していて，

$$\omega = \mathrm{d}x \wedge \mathrm{d}p \iff \{x,p\}=1, \quad \{x,x\}=0, \quad \{p,p\}=0 \tag{6.18}$$

となっているとし，正準変換された新しい変数 (X,P) で同じ ω を書いたときも

$$\omega = \mathrm{d}X \wedge \mathrm{d}P \tag{6.19}$$

となっていると仮定する．このとき古い変数 (x,p) で計算されたポアソン括弧 $\{X,P\}=1$ を示せ．

解 変数変換の関係

$$\mathrm{d}X = \frac{\partial X}{\partial x}\mathrm{d}x + \frac{\partial X}{\partial p}\mathrm{d}p, \quad \mathrm{d}P = \frac{\partial P}{\partial x}\mathrm{d}x + \frac{\partial P}{\partial p}\mathrm{d}p \tag{6.20}$$

を代入すると

$$\begin{aligned}\omega = \mathrm{d}X \wedge \mathrm{d}P &= \left(\frac{\partial X}{\partial x}\mathrm{d}x + \frac{\partial X}{\partial p}\mathrm{d}p\right) \wedge \left(\frac{\partial P}{\partial x}\mathrm{d}x + \frac{\partial P}{\partial p}\mathrm{d}p\right) \\ &= \left(\frac{\partial X}{\partial x}\frac{\partial P}{\partial p} - \frac{\partial X}{\partial p}\frac{\partial P}{\partial x}\right)\mathrm{d}x \wedge \mathrm{d}p = \{X,P\}\mathrm{d}x \wedge \mathrm{d}p \\ &\implies \{X,P\} = 1\end{aligned} \tag{6.21}$$

となる．ここで外積 $\wedge$ の性質:

$$\mathrm{d}p \wedge \mathrm{d}x = -\mathrm{d}x \wedge \mathrm{d}p, \quad \mathrm{d}x \wedge \mathrm{d}x = 0, \quad \mathrm{d}p \wedge \mathrm{d}p = 0$$

を使った． □

注意 シンプレクティック空間の言葉を使えば「正準変換は内積を変えない」のである．つまり，シンプレクティック空間における正準変換は，ユークリッド空間 (普通の内積を持つ) にお

ける直交変換の類似物なのである．つまり，直交変換はユークリッド空間の内積を変えない．この意味で，シンプレクティックを「斜交」と訳し，斜交行列（シンプレクティック行列）や斜交群（シンプレクティック群）などと書いた本もある．短くてよいのだが，斜交幾何学という言葉はまだ一般的ではないようだ．

正準変換とリウヴィルの定理

前項と同じ内容ではあるが，違ったふうに述べてみよう．

例題 6.6 力学変数 (x, p) の正準変換 $(x, p) \to (X, P)$ によって，相空間の体積要素は変わらない．

$$dX\, dP = dx\, dp \quad \text{すなわち} \quad \frac{\partial(X, P)}{\partial(x, p)} = 1 \tag{6.22}$$

これを示せ．

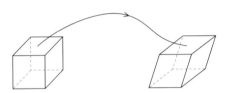

図 6.1　正準変換で領域の体積は変わらない

解　正準変換を生成する無限小変換を G とすると，式 (5.16) から

$$X = x + \varepsilon \frac{\partial G}{\partial p}, \quad P = p - \varepsilon \frac{\partial G}{\partial x} \tag{6.23}$$

であるから，ヤコビアンの計算により

$$\frac{\partial(X, P)}{\partial(x, p)} = \begin{vmatrix} \dfrac{\partial X}{\partial x} & \dfrac{\partial X}{\partial p} \\ \dfrac{\partial P}{\partial x} & \dfrac{\partial P}{\partial p} \end{vmatrix} = \begin{vmatrix} 1 + \varepsilon \dfrac{\partial^2 G}{\partial x \partial p} & \varepsilon \dfrac{\partial^2 G}{\partial p^2} \\ -\varepsilon \dfrac{\partial^2 G}{\partial x^2} & 1 - \varepsilon \dfrac{\partial^2 G}{\partial p \partial x} \end{vmatrix}$$

$$= 1 + \varepsilon \left(\frac{\partial^2 G}{\partial x \partial p} - \frac{\partial^2 G}{\partial p \partial x} \right) + O(\varepsilon^2)$$

$$= 1 + O(\varepsilon^2) \tag{6.24}$$

が成り立つ．無限小変換では ε^2 の項は無視してよいから，以上で示された．□

注意 例題 6.5 の結果 $\mathrm{d}X \wedge \mathrm{d}P = \mathrm{d}x \wedge \mathrm{d}p$ から外積記号 $\wedge$ を除けば本問の結果になる．

とくに，(x,p) の時間発展 はハミルトニアンによる正準変換に他ならないから，例題 6.6 で $G = H$ とした場合の結果から，任意の時間並進 τ に対して

$$\mathrm{d}x(t+\tau)\mathrm{d}p(t+\tau) = \mathrm{d}x(t)\mathrm{d}p(t) \tag{6.25}$$

が成り立つ．すなわち，

相空間の体積は時間発展で変わらない．

これをリウヴィルの定理という．なお，自由度が $f = 3N$ の場合でも，この定理は成り立つ．

$$\prod_{j=1}^{N} \mathrm{d}^3 \boldsymbol{r}_j(t+\tau)\, \mathrm{d}^3 \boldsymbol{p}_j(t+\tau) = \prod_{j=1}^{N} \mathrm{d}^3 \boldsymbol{r}_j(t)\, \mathrm{d}^3 \boldsymbol{p}_j(t) \tag{6.26}$$

これは統計力学を基礎づける重要な定理のひとつ (相空間の体積は不変測度) である．

注意 相空間内のある領域を考える (たとえば立方体)．領域内の各点は時間発展とともに空間内を移動してゆくので，領域は変形するであろう．リウヴィルの定理は，このとき領域の体積は (変形にもかかわらず) 変わらない，ことを主張している．たとえていうなら非圧縮性流体の運動のようなものである．

6.3　断熱不変量と作用変数

断熱不変量

前項のリウヴィルの定理以外にも，相空間はさまざまな不変性をもっている．外部パラメータ λ に依存し，周期 $T = T(\lambda)$ で周期運動する系を考える．ハミルトニアンは $H(x,p,\lambda)$ という関数になる．

いま，λ がゆっくり時間変化する (断熱変化) としよう．「ゆっくり」とは

$$T \cdot \frac{\mathrm{d}\lambda}{\mathrm{d}t} \ll \lambda \iff \frac{\mathrm{d}\lambda}{\lambda} \ll \frac{\mathrm{d}t}{T} \tag{6.27}$$

という意味である．このとき，エネルギーは $E(t) = H(x, p, \lambda(t))$ によって変化し

$$\frac{\mathrm{d}E}{\mathrm{d}t} = \frac{\partial H}{\partial t} + \frac{\partial H}{\partial x}\frac{\mathrm{d}x}{\mathrm{d}t} + \frac{\partial H}{\partial p}\frac{\mathrm{d}p}{\mathrm{d}t} + \frac{\partial H}{\partial \lambda}\frac{\mathrm{d}\lambda}{\mathrm{d}t} = \frac{\partial H}{\partial \lambda}\frac{\mathrm{d}\lambda}{\mathrm{d}t} \tag{6.28}$$

となる．ここで $\partial H/\partial t = 0$ を使った (H は t にあらわに依存しない)．また第 2 項と第 3 項はハミルトンの運動方程式により打ち消し合う．エネルギー変化は λ を通して起きるのである．エネルギー変化はゆっくりであるから，左辺を 1 周期 T にわたって平均しよう．

$$\overline{\frac{\mathrm{d}E}{\mathrm{d}t}} \equiv \frac{1}{T}\int_0^T \frac{\mathrm{d}E}{\mathrm{d}t}\mathrm{d}t = \frac{1}{T}\int_0^T \frac{\partial H}{\partial \lambda}\frac{\mathrm{d}\lambda}{\mathrm{d}t}\mathrm{d}t$$

ここで $\mathrm{d}\lambda/\mathrm{d}t$ は 1 周期のあいだは定数とみなせるから，積分の外に出してよい．

$$\overline{\frac{\mathrm{d}E}{\mathrm{d}t}} = \frac{\mathrm{d}\lambda}{\mathrm{d}t} \cdot \frac{1}{T}\int_0^T \frac{\partial H}{\partial \lambda}\mathrm{d}t \tag{6.29}$$

さて，この式の分母分子の書き換えをおこなおう．まず分母について

$$T = \int_0^T \mathrm{d}t = \oint \frac{\mathrm{d}x}{\mathrm{d}x/\mathrm{d}t} = \oint \frac{\mathrm{d}x}{\partial H/\partial p} \tag{6.30}$$

に注意する．積分は座標 x についての周回積分となる．周回積分とは相空間 (x, p) 内の周期軌道に沿った積分 (面積) である．

つぎに分子についても同様に

$$\int_0^T \frac{\partial H}{\partial \lambda}\mathrm{d}t = \oint \frac{\partial H}{\partial \lambda} \cdot \frac{\mathrm{d}x}{\partial H/\partial p} = \oint \frac{\partial H/\partial \lambda}{\partial H/\partial p}\mathrm{d}x \tag{6.31}$$

と書ける．

ここで，運動量 p は $H(x, p, \lambda) = E$ を解いて $p = p(x, E, \lambda)$ と表されたものと考えよう．このとき，E と λ は互いに独立な変数と考えることに注意せよ．したがって

$$0 = \frac{\mathrm{d}E}{\mathrm{d}\lambda} = \frac{\partial H}{\partial \lambda} + \frac{\partial H}{\partial p}\frac{\partial p}{\partial \lambda} \implies \frac{\partial H/\partial \lambda}{\partial H/\partial p} = -\frac{\partial p}{\partial \lambda} \tag{6.32}$$

の置き換えを分子に使えることがわかる．以上を用いて

$$\overline{\frac{\mathrm{d}E}{\mathrm{d}t}} = -\frac{\mathrm{d}\lambda}{\mathrm{d}t} \cdot \frac{\oint (\partial p/\partial \lambda)\,\mathrm{d}x}{\oint (\partial p/\partial E)\,\mathrm{d}x} \tag{6.33}$$

を得る．ここで同じく $p = p(x, E, \lambda)$ として，分母に $1/(\partial H/\partial p) = \partial p/\partial E$ を用いた．上式右辺の分母を払うと

$$\oint \left(\frac{\partial p}{\partial E}\overline{\frac{\mathrm{d}E}{\mathrm{d}t}} + \frac{\partial p}{\partial \lambda}\frac{\mathrm{d}\lambda}{\mathrm{d}t} \right)\mathrm{d}x = 0 \implies \overline{\frac{\mathrm{d}}{\mathrm{d}t}\left(\oint p(x,E,\lambda)\,\mathrm{d}x \right)} = 0 \tag{6.34}$$

となる．ここで，$p = p(x, E, \lambda)$ について

$$\mathrm{d}p = \frac{\partial p}{\partial E}\mathrm{d}E + \frac{\partial p}{\partial \lambda}\mathrm{d}\lambda$$

を用いた．この式 (6.34) は

$$J \equiv \oint p(x, E, \lambda)\,\mathrm{d}x \tag{6.35}$$

が λ の変化に対して近似的に定数にとどまることを意味している．これを**断熱不変量** (adiabatic invariant) という．この断熱不変量 J は「相空間内で周期軌道が囲む図形の面積」という幾何学的意味をもっている．

注意 複雑な式変形が続いたが，もしも「約分」してよいと考えるなら，式 (6.30) は $1/(\partial H/\partial p) = \partial p/\partial H = \partial p/\partial E$ となってよさそうだ．しかし，式 (6.32) を $(\partial H/\partial \lambda)/(\partial H/\partial p) = \partial p/\partial \lambda$ としたのでは，符号が異なり間違いとなる．常微分の場合と異なり偏微分の場合は「約分」には注意が必要なのである．けれども，発見法的に利用するのは許されるであろう．こうして予想される関係式を見つけておいてから，正しい証明に取り掛かるのである．

例題 6.7 重力加速度 g の下での質量 m の振り子の運動 (ひもの長さ ℓ) を考える (図 6.2)．振幅 A が微小であれば，これは角振動数が $\omega = \sqrt{g/\ell}$ の単振動と等価である．ここで，ひもをゆっくりと引いてその長さを変化させる ($\ell \to \ell + \delta\ell$) と，角振動数 ω や振幅 A もそれに応じてゆっくりと変化するであろう (**断熱変化**)．このとき，エネルギー保存則はもはや成立していない ($\delta E \neq 0$)．それぞれの変化率，$\delta\omega/\omega$, $\delta A/A$, $\delta E/E$ を $\delta\ell$ の 1 次まで求めよ．その結果から，$\delta(E/\omega) = 0$ を示せ．これによって E/ω は時間的に不変に保たれることがわかる．これは**断熱不変量**である．

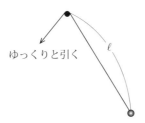

図 6.2　振り子の断熱変化

解　運動方程式を

$$m\ell\ddot{\phi} = -mg\sin\phi \sim -mg\phi \tag{6.36}$$

とすれば，解は $\phi(t) = A\sin(\omega t)$ で与えられる $(\omega = \sqrt{g/\ell})$．この振り子のエネルギーは $E = \frac{1}{2}mg\ell A^2$ である．$\ell \to \ell + \delta\ell$ のときのエネルギー変化 δE は

$$\delta E = W_{重}(重力のした仕事) + W_{手}(手のした仕事) \tag{6.37}$$

から成っている．いま $\delta\ell < 0$ とすると，$W_{重} = mg\delta\ell$ で，$W_{手} =$ 張力 × 変位において，張力 $= m\ell\dot{\phi}^2 + mg\cos\phi$ が時間変化するので，1 周期平均をとることにすれば，$T = 2\pi/\omega$ として

$$張力 = \frac{1}{T}\int_0^T \left(m\ell\dot{\phi}^2 + mg\left(1 - \frac{\phi^2}{2}\right)\right)dt = mg + \frac{1}{4}mgA^2 \tag{6.38}$$

となる．ここで $\cos\phi \sim 1 - \phi^2/2$ とし $\phi(t) = A\cos(\omega t)$ を代入して計算した．よって

$$\delta E = mg\delta\ell + (mg + \frac{1}{4}mgA^2) \cdot (-\delta\ell) = -\frac{1}{4}mgA^2\delta\ell \tag{6.39}$$

を得る．したがって $E = \frac{1}{2}mg\ell A^2$ および $\omega = \sqrt{g/\ell}$ を用いて

$$\frac{\delta E}{E} = -\frac{1}{2}\frac{\delta\ell}{\ell}, \quad \frac{\delta\omega}{\omega} = -\frac{1}{2}\frac{\delta\ell}{\ell} \tag{6.40}$$

となる．以上から

$$\delta\left(\frac{E}{\omega}\right) = \frac{\omega\delta E - E\delta\omega}{\omega^2} = \frac{E}{\omega}\left(-\frac{1}{2}\frac{\delta\ell}{\ell} + \frac{1}{2}\frac{\delta\ell}{\ell}\right) = 0 \tag{6.41}$$

を得る．念のため δA も計算すれば，$E = \frac{1}{2}mg\ell A^2$ から

$$\frac{\delta E}{E} = \frac{\delta \ell}{\ell} + 2\frac{\delta A}{A} \quad \to \quad \frac{\delta A}{A} = -\frac{3}{4}\frac{\delta \ell}{\ell} \tag{6.42}$$

である. □

注意 最後の計算は，対数微分 $\delta \log F = \delta F/F$ の関係を使うとよい．すなわち「$\log E = \log \ell + 2\log A + $ 定数」の両辺について δ をとるのである．

作用変数

上に登場した断熱不変量 J は，外部パラメータ λ がなくても意味を持つ量で**作用変数** (action variable) とよばれる (教科書によっては $I \equiv J/2\pi$ を作用変数とする)．作用変数 J はエネルギーの関数 $J = J(E)$ であり，たとえば

$$\frac{\partial J}{\partial E} = \oint \frac{\partial p}{\partial E}\,\mathrm{d}x = T(E), \quad p = p(x, E) \tag{6.43}$$

は周期 T を与える (式 (6.30) をみよ)．作用変数の概念が果たした重要な歴史的貢献は，それが断熱不変量でもあることから「量子化条件 $J = h \times$ (整数)」として用いられたことである．確かに「整数」はゆっくり変化することができない．

例題 6.8 単振動は周期運動であるが，そのエネルギー保存則は

$$\frac{p^2}{2m} + \frac{m\omega^2}{2}x^2 = E \tag{6.44}$$

で与えられる．このときの作用変数 J を計算せよ．

解 この場合の作用変数

$$J = \oint p(x, E)\,\mathrm{d}x, \quad p(x, E) = \sqrt{2m\left(E - \frac{m\omega^2}{2}x^2\right)} \tag{6.45}$$

は楕円の面積に等しく $J = \pi \cdot \sqrt{2mE} \cdot \sqrt{2E/m\omega^2} = 2\pi E/\omega$ となる．□

注意 前期量子論において，この量 J が作用の次元を持つ**プランク定数** h の整数倍 (正確には，整数 $+1/2$ 倍) の値を取る，というボーアの量子化条件が重要な役割を果たした．

$$2\pi \frac{E}{\omega} = \left(n + \frac{1}{2}\right)h \quad \Longrightarrow \quad E_n = \left(n + \frac{1}{2}\right)\hbar\omega \quad (\hbar \equiv h/2\pi) \tag{6.46}$$

これは，調和振動子の量子力学的エネルギー準位として有名な式である．なお，もともとのボーアによる水素原子の準位に対する計算は章末の問 6.5 にあるので試みてほしい．

例題 6.9 前問と同様にして問 2.3 のポテンシャル $U(x) = K|x|^\alpha$ のもとでの周期運動の場合に作用変数 J を計算せよ．

解 エネルギー保存則から
$$\frac{p^2}{2m} + K|x|^\alpha = E \implies p(x, E) = \sqrt{2m(E - K|x|^\alpha)} \tag{6.47}$$
であるから，作用変数は
$$J = \oint p(x, E)\,\mathrm{d}x = 4\sqrt{2mK} \int_0^{x_0} \sqrt{x_0^\alpha - x^\alpha}\,\mathrm{d}x, \quad x_0 = (E/K)^{1/\alpha} \tag{6.48}$$
の定積分に帰着する．変数変換 $x = x_0 \cdot u^{1/\alpha}$ により，これはオイラーのベータ関数で書ける (巻末の数学的付録 A (p.160) を参照)．等式 $\mathrm{d}x = x_0 \alpha^{-1} u^{1/\alpha - 1}\,\mathrm{d}u$ を使って
$$J = 4\sqrt{2mK}\, x_0^{1+\alpha/2} \alpha^{-1} \int_0^1 u^{1/\alpha - 1} (1-u)^{1/2}\,\mathrm{d}u$$
$$= 4\sqrt{2mK} \left(\frac{E}{K}\right)^{\frac{1}{2}+\frac{1}{\alpha}} \cdot \frac{1}{\alpha} B\left(\frac{1}{\alpha}, \frac{3}{2}\right) \tag{6.49}$$
となる．よって $J \propto E^{(\alpha+2)/2\alpha}$ を得る． $\square$

注意 ボーアの量子化条件 $J = (n+\gamma)h$ を信じれば，$E_n \propto (n+\gamma)^{2\alpha/(2+\alpha)}$ を得る．量子数 n が大きいとき，量子論は古典論に近づくという対応原理によれば，この結果は n が大きいとき漸近的に正しいから，$\alpha > 2$ のとき準位間隔はだんだん拡がっていくことになる．なお，この γ はポテンシャルごとに決まるパラメータで「マスロフ指数」とよばれている．

6.4 拘束系とディラック括弧

本節では，拘束条件にしたがう力学系 (拘束系という) を正準形式で扱う方法について紹介する．はじめに拘束系 (constrained system) の例をひとつ挙げよう．

ノイマン系

自由度 N の「ノイマン系」とは，ハミルトニアンが

$$H_0 = \frac{1}{2}\sum_{j=1}^{N}\left(p_j^2 + a_j x_j^2\right) \qquad (0 < a_1 < a_2 < \cdots < a_N) \tag{6.50}$$

で与えられる「独立な N 個の調和振動子」が，拘束条件

$$\sum_{j=1}^{N} x_j^2 = 1, \quad \sum_{j=1}^{N} x_j p_j = 0 \tag{6.51}$$

により束縛され，互いに相関を持って運動する力学系である．このときの運動方程式は，以下で与えられる (導出は例題 6.12 で行う)．

$$\frac{dx_j}{dt} = p_j, \quad \frac{dp_j}{dt} = -a_j x_j - \left(\sum_{k=1}^{N}(p_k^2 - a_k x_k^2)\right)x_j \tag{6.52}$$

注意 この系は完全積分可能系であり，ノイマン (C. Neumann) が 1859 年に $N=3$ の場合を厳密に解いたので，この名前が付いた．この問題は見方を変えれば，N 次元の球面上に拘束された運動であり，式 (6.52) の第 2 式の右辺第 2 項は，拘束のために生じた球面に垂直な抗力による寄与を表す．

例題 6.10 ノイマン系が完全積分可能系であるとは，自由度の数と同じ N 個の保存量

$$A_j = x_j^2 + \sum_{k \neq j}^{N} \frac{(x_k p_j - x_j p_k)^2}{a_j - a_k} \qquad (j = 1, \cdots, N) \tag{6.53}$$

があることをいう．上記の A_j が保存することを確かめよ．

解 実際

$$\frac{dA_j}{dt} = 2x_j \dot{x}_j + 2\sum_{k \neq j}\frac{(x_k p_j - x_j p_k)}{a_j - a_k}(x_k \dot{p}_j - x_j \dot{p}_k) \qquad \text{(右辺に式 (6.52) を使う)}$$

$$= 2x_j p_j + 2\sum_{k \neq j}\frac{(x_k p_j - x_j p_k)}{a_j - a_k}(-a_j x_k x_j + a_k x_j x_k)$$

$$= 2x_j p_j - 2\sum_{k \neq j}\left(x_k^2 x_j p_j - x_j^2 x_k p_k\right)$$

$$= 2x_j p_j - 2 \sum_{k=1}^{N} \left(x_k^2 x_j p_j - x_j^2 x_k p_k \right)$$
$$= 2x_j p_j - 2x_j p_j = 0$$

が示される (拘束条件 $\sum_k x_k^2 = 1$, $\sum_k x_k p_k = 0$ を用いた) ので，確かにこれらは保存量である． □

拘束条件付き正準力学系とディラック括弧

ディラックにしたがって，拘束条件付きの正準力学系に対する一般的な定式化をやっておこう．

互いに共役な座標と運動量の組 (x_j, p_j) $(j = 1, \cdots, N)$ により記述されるハミルトニアン $H_0(x,p)$ に対して (まとめて (x,p) と書く), $2n$ 個 $(n < N)$ の拘束条件

$$\phi_1(x,p) = 0, \cdots, \phi_{2n}(x,p) = 0 \tag{6.54}$$

が課されているとする．拘束条件があるため，運動方程式は H_0 に関する通常のハミルトンの正準方程式で与えられるものとは異なるであろう．この場合の正準運動方程式は，どのように変更されるのだろうか．

すでにみてきたように，拘束条件なしの正準力学系は，$2N$ 次元の相空間上の 2 次微分形式

$$\omega = \sum_{j=1}^{N} \mathrm{d}x_j \wedge \mathrm{d}p_j \tag{6.55}$$

で特徴づけられる．この場合，正準変数間のポアソン括弧は，式 (6.55) から

$$\{x_j, p_k\} = \delta_{jk}, \quad \{x_j, x_k\} = 0, \quad \{p_j, p_k\} = 0 \tag{6.56}$$

となることが読み取れる．このように，互いに共役な座標と運動量が存在するとき (すなわち特異でないとき)，微分形式 ω は非退化 (non-degenerate) であるという．

拘束条件 (6.54) が課される場合，系の運動は相空間 (x,p) の部分空間 X に制限される:

$$X = \{(x,p); \phi_1(x,p) = 0, \cdots, \phi_{2n}(x,p) = 0\} \tag{6.57}$$

このとき，微分形式 ω の部分空間 X への制限 (restriction) ω_X によって，内積すなわちポアソン括弧がどのように変更されるかについて調べよう．求めたいのは，空間 X へ制限されたときのポアソン括弧 $\{F,G\}_X$ を，拘束なしの場合のポアソン括弧 $\{F,G\}$ を用いて表す「公式」である．

結論を先に書くと，それはディラック括弧 (Dirac bracket)

$$\{F,G\}_X = \{F,G\} - \{F,\phi_j\}C_{jk}^{-1}\{\phi_k,G\} \tag{6.58}$$

で与えられる (二つ繰り返す添え字は和を表す：アインシュタイン規約)．ここで，$2n \times 2n$ 行列 C は，拘束条件 (6.54) 相互のポアソン括弧で定まる行列

$$C = (C_{jk}), \quad C_{jk} \equiv \{\phi_j, \phi_k\} \tag{6.59}$$

で，C^{-1} はその逆行列を表す．ただし，C が X 上で正則行列 (逆行列が存在) となることを仮定している．

注意 行列 C は 交代行列 (転置をとると符号が変わる行列 $C^\mathrm{T} = -C$, 反対称行列ともいう) である．

議論の要点は，部分空間 X において $\phi_i = 0$ であるから，ポアソン括弧を X へ制限した場合，たとえば $\{\phi_i, G\}_X = 0$ などとなるべきだ，ということである．ディラック括弧を認めれば

$$\begin{aligned}\{\phi_i, G\}_X &= \{\phi_i, G\} - \{\phi_i, \phi_j\}C_{jk}^{-1}\{\phi_k, G\} \\ &= \{\phi_i, G\} - C_{ij}C_{jk}^{-1}\{\phi_k, G\} = \{\phi_i, G\} - \delta_{ik}\{\phi_k, G\} \\ &= \{\phi_i, G\} - \{\phi_i, G\} = 0\end{aligned}$$

のように，首尾良くゼロとなる．

一般に，拘束されている部分空間 X 上にある任意の微分可能関数 F は，ポアソン括弧中では

$$F^X = F + \alpha_j^F \phi_j \quad \text{(文字の繰り返しは和：アインシュタイン規約)} \tag{6.60}$$

と変更される．ここで，係数 α_j^F は，要請 (X 上で $\phi_k = 0$ だから)

$$0 = \{F, \phi_k\}_X = \{F^X, \phi_k\} = \{F + \alpha_j^F \phi_j, \phi_k\}$$

$$= \{F, \phi_k\} + \alpha_j^F \{\phi_j, \phi_k\} = \{F, \phi_k\} + \alpha_j^F C_{jk}$$

より

$$\alpha_j^F = C_{jk}^{-1} \{F, \phi_k\} \tag{6.61}$$

と求まる (ここで C が交代行列であることを用いている).

よって,部分空間 X 上に制限されたポアソン括弧は

$$\begin{aligned}
\{F, G\}_X &= \{F + C_{ij}^{-1}\{F, \phi_j\}\phi_i, G + C_{k\ell}^{-1}\{G, \phi_\ell\}\phi_k\} \\
&= \{F, G\} + C_{k\ell}^{-1}\{G, \phi_\ell\}\{F, \phi_k\} + C_{ij}^{-1}\{F, \phi_j\}\{\phi_i, G\} \\
&\quad + C_{ij}^{-1}C_{k\ell}^{-1}\{F, \phi_j\}\{G, \phi_\ell\}\{\phi_i, \phi_k\} \\
&= \{F, G\} - \{F, \phi_k\}C_{k\ell}^{-1}\{\phi_\ell, G\} - \{F, \phi_j\}C_{ji}^{-1}\{\phi_i, G\} \\
&\quad + \{F, \phi_j\}C_{ji}^{-1}\{\phi_i, G\} \\
&= \{F, G\} - \{F, \phi_j\}C_{jk}^{-1}\{\phi_k, G\}
\end{aligned}$$

と計算される (等式 $C_{ik}C_{k\ell}^{-1} = \delta_{i\ell}$ を用いた). これはディラック括弧の規則 (6.58) に他ならない.

拘束系の正準運動方程式は,このディラック括弧を用いて,たとえば

$$\frac{dx_j}{dt} = \{x_j, H\}_X = \{x_j, H^X\}, \quad \frac{dp_j}{dt} = \{p_j, H\}_X = \{p_j, H^X\} \tag{6.62}$$

として求めればよいのである.

注意 ディラックは「重力場の量子論」を目標に,まず古典論の処方としてこれを考案したのだが,量子重力理論としては成功しなかった.

ノイマン系の場合

ノイマン系の場合のハミルトニアン H_0 と拘束条件 ϕ_1, ϕ_2 は

$$H_0 = \frac{1}{2}\sum_{j=1}^N (p_j^2 + a_j x_j^2), \quad \phi_1 = \sum_{j=1}^N x_j^2 - 1, \quad \phi_2 = \sum_{j=1}^N x_j p_j \tag{6.63}$$

であったから

$$C_{12} = \{\phi_1, \phi_2\} = 2\sum_{j=1}^N x_j^2 = 2 \quad (X上で) \tag{6.64}$$

となる．よって，行列 C およびその逆行列 C^{-1} は

$$C = \begin{pmatrix} 0 & 2 \\ -2 & 0 \end{pmatrix} \implies C^{-1} = \begin{pmatrix} 0 & -1/2 \\ 1/2 & 0 \end{pmatrix} \tag{6.65}$$

である．ゆえに，ハミルトニアンの変更 $(H_0 \to H^X \equiv H)$ は

$$\begin{aligned} H &= H_0 + C_{12}^{-1}\{H_0,\phi_2\}\phi_1 + C_{21}^{-1}\{H_0,\phi_1\}\phi_2 \\ &= \frac{1}{2}\sum_{j=1}^{N}\left(p_j^2 + a_j x_j^2\right) + \frac{1}{2}\left(\sum_{j=1}^{N}(p_j^2 - a_j x_j^2)\right)\left(\sum_{k=1}^{N}x_k^2 - 1\right) \end{aligned} \tag{6.66}$$

となる．

例題 6.11 式 (6.64) と (6.66) を確かめよ．

解 定義にしたがって計算するだけである．式 (6.64) は

$$C_{12} = \{\phi_1,\phi_2\} = \sum_j \sum_k \{x_j^2, x_k p_k\} = 2\sum_j \sum_k x_j x_k \delta_{jk} = 2\sum_j x_j^2 = 2$$

また，式 (6.66) は

$$\{H_0,\phi_1\} = \frac{1}{2}\sum_j \sum_k \{p_j^2, x_k^2\} = -2\sum_j \sum_k p_j x_k \delta_{jk} = -2\sum_j x_j p_j = 0, \tag{6.67}$$

$$\begin{aligned} \{H_0,\phi_2\} &= \frac{1}{2}\sum_j \sum_k \left(\{p_j^2, x_k p_k\} + a_j\{x_j^2, x_k p_k\}\right) \\ &= \sum_j \sum_k (-p_j p_k \delta_{jk} + a_j x_j x_k \delta_{jk}) = \sum_j \left(a_j x_j^2 - p_j^2\right) \end{aligned} \tag{6.68}$$

であるから

$$\begin{aligned} H &= H_0 - \frac{1}{2}\sum_j \left(a_j x_j^2 - p_j^2\right)\phi_1 \\ &= \frac{1}{2}\sum_{j=1}^{N}\left(p_j^2 + a_j x_j^2\right) + \frac{1}{2}\left(\sum_{j=1}^{N}(p_j^2 - a_j x_j^2)\right)\left(\sum_{k=1}^{N}x_k^2 - 1\right) \end{aligned}$$

となる． □

例題 6.12 以上を用いて，ノイマン系の運動方程式 (6.52) を導け．

解 ディラック括弧を計算する．まず

$$\frac{dx_j}{dt} = \{x_j, H_0\}_X = \{x_j, H\}$$
$$= \{x_j, H_0\} + \frac{1}{2}\left\{x_j, \left(\sum_k (p_k^2 - a_k x_k^2)\right)\right\}(\sum_\ell x_\ell^2 - 1) = p_j$$

である．最後の項に $\sum_\ell x_\ell^2 = 1$ を使った．つぎに

$$\frac{dp_j}{dt} = \{p_j, H_0\}_X = \{p_j, H\}$$
$$= \{p_j, H_0\} + \frac{1}{2}\sum_k (p_k^2 - a_k x_k^2)\{p_j, \sum_\ell x_\ell^2\}$$
$$= -a_j x_j - \left(\sum_{k=1}^N (p_k^2 - a_k x_k^2)\right) x_j$$

となる．これらは運動方程式 (6.52) である． □

以上，ディラック括弧が有効に機能する実例としてノイマン系の場合を紹介した．

演習問題

問 6.1 運動方程式

$$\frac{dx}{dt} = p, \quad \frac{dp}{dt} = -U'(x) \tag{6.69}$$

の差分近似

$$\begin{aligned}
p_{n+1/2} &= p_n - \frac{h}{2} U'(x_n), \\
x_{n+1} &= x_n + h p_{n+1/2}, \\
p_{n+1} &= p_{n+1/2} - \frac{h}{2} U'(x_{n+1})
\end{aligned} \tag{6.70}$$

をリープ・フロッグ法 (leap frog method) あるいはシュテルマー–ヴェルレ法 (Störmer-Verlet method) という．この変換 $(x_n, p_n) \to (x_{n+1}, p_{n+1})$ がポアソン括弧を保つこと: $\{x_{n+1}, p_{n+1}\} = \{x_n, p_n\}$ を示せ．これを「ポアソン括弧の推移性」という．

問 6.2 質量 $m=1$ の粒子の，以下のようなハミルトニアン

$$H = \frac{1}{2}p^2 - \frac{\alpha}{2}\left(x^2 - x_0^2\right)^2 \qquad (\alpha > 0,\, x_0 > 0)$$

にしたがう 1 次元的な運動で，$x(t=-\infty) = -x_0,\ x(t=+\infty) = +x_0$ を満たすエネルギー $E=0$ の解を求めよ．これをインスタントン (instanton, 瞬間子) 解という．

問 6.3 こんどは，ポテンシャルが 3 次式のハミルトニアン

$$H = \frac{1}{2}p^2 + \frac{1}{2}x^2(x-a) \qquad (a > 0) \tag{6.71}$$

にしたがう 1 次元的な運動で $x(t=\pm\infty) = 0,\ x(t=t_0) = a$ を満たすエネルギー $E=0$ の解を求めよ．この種の解は「スファラロン」(sphaleron) とよばれている．

問 6.4 一様静磁場中の荷電粒子の運動 (例題 3.8) を相対論的な場合に考えよう．運動方程式は (3.67)

$$\frac{d\boldsymbol{p}}{dt} = q\boldsymbol{v} \times \boldsymbol{B}, \quad \boldsymbol{p} = \frac{m\boldsymbol{v}}{\sqrt{1-\boldsymbol{v}^2}} \tag{6.72}$$

である (光速度 $c=1$ 単位系)．係数 $K = m/\sqrt{1-\boldsymbol{v}^2}$ は静止エネルギー m を含めた「運動エネルギー」とみることができる．等式 $K^2 = \boldsymbol{p}^2 + m^2$ の両辺を時間微分すれば

$$K\frac{dK}{dt} = \boldsymbol{p}\cdot\frac{d\boldsymbol{p}}{dt} \implies \frac{dK}{dt} = \boldsymbol{v}\cdot\frac{d\boldsymbol{p}}{dt} = 0 \tag{6.73}$$

であるから (式 (6.72) を用いた)，電場 $\boldsymbol{E}$ がない限り K は保存量である．よって式 (6.72) は

$$\frac{d\boldsymbol{v}}{dt} = \frac{q}{K}\boldsymbol{v}\times\boldsymbol{B} \tag{6.74}$$

となり例題 3.8 で $m \to K$ の置き換えをするだけで，やはり xy 面内を円運動することがわかる (以下 $v_z = 0$ を仮定する)．

さて，外場 $\boldsymbol{B}$ がゆっくり時間変化するとしよう．このときの断熱不変量

$$J = \oint \boldsymbol{p}\cdot d\boldsymbol{r}, \quad \boldsymbol{p} = K\boldsymbol{v} + q\boldsymbol{A} \tag{6.75}$$

を計算せよ．後者の正準共役運動量の表式は，式 (3.63) にある．

問 6.5 水素原子のハミルトニアンは

$$H = \frac{1}{2m}\left(p_r^2 + \frac{p_\phi^2}{r^2}\right) - \frac{e^2}{4\pi\varepsilon_0 r} \tag{6.76}$$

で与えられる．このハミルトニアンはケプラー問題のそれと形式的にはまったく同じで，$GMm \to e^2/4\pi\varepsilon_0$ の読み替えをすればよいだけである．このとき，作用変数の整数条件

$$J_r = \oint p_r\,\mathrm{d}r = n_r h, \quad J_\phi = \oint p_\phi\,\mathrm{d}\phi = n_\phi h \quad (n_r, n_\phi = 整数) \tag{6.77}$$

をボーア–ゾンマーフェルトの量子化条件という．これらを計算し，エネルギー準位を n_r, n_ϕ で表せ．これはボーアのエネルギー準位式 ((1.8) 式) に現れた整数 n の出所を，より明確にするものである．

問 6.6 $N=2$ のノイマン系は「振り子の問題」と等価であることを示せ．

第7章
離散時間の力学系

時間を離散化した場合にも変分原理は有効である．本章ではおもに「完全積分可能系」(ソリトン系ともいう) を例にして，離散時間の方程式系の導出法やその性質および解法などを紹介する．

7.1 離散時間の変分原理

離散時間 n の力学変数 x_n に対する**作用汎関数** S として，作用積分における時間による積分を和に変えたもの (それゆえ「**作用和**」とよぶべきか) で与えて

$$S = \sum_n L(x_{n+1}, x_n) \tag{7.1}$$

と書く．このとき，変分 δS は

$$\begin{aligned}
\delta S &= \sum_n \left(L(x_{n+1} + \delta x_{n+1}, x_n + \delta x_n) - L(x_{n+1}, x_n) \right) \\
&= \sum_n \left(\frac{\partial L(x_{n+1}, x_n)}{\partial x_{n+1}} \delta x_{n+1} + \frac{\partial L(x_{n+1}, x_n)}{\partial x_n} \delta x_n \right) \\
&= \sum_n \delta x_n \left(\frac{\partial L(x_n, x_{n-1})}{\partial x_n} + \frac{\partial L(x_{n+1}, x_n)}{\partial x_n} \right)
\end{aligned} \tag{7.2}$$

となるから，停留条件 $\delta S = 0$ より

$$\frac{\partial L(x_n, x_{n-1})}{\partial x_n} + \frac{\partial L(x_{n+1}, x_n)}{\partial x_n} = 0 \tag{7.3}$$

となる．これが「離散版のオイラー–ラグランジュ方程式」に相当する．これは (x_{n-1}, x_n, x_{n+1}) の3項関係を与える2階の差分方程式 (2階常微分方程式の差分

版) である.

注意 この方法はモーザー–ベセロフによる: J. Moser and A.P. Veselov, *Commun. Math. Phys.* **139** (1991) 217.

例題 7.1 離散時間版の調和振動子のラグランジアンとして
$$L(x_{n+1}, x_n) = \frac{1}{2}(x_{n+1} - x_n)^2 - \frac{K}{2}(x_{n+1} + x_n)^2 \tag{7.4}$$
を採用する．このときのオイラー–ラグランジュ方程式を求めよ．

解 変分 δS を計算すると
$$\delta S = \sum_n \delta x_n \left[2(1-K)x_n - (1+K)(x_{n+1} + x_{n-1}) \right] = 0$$
$$\implies \quad x_{n+1} + x_{n-1} = 2\,\frac{1-K}{1+K}\,x_n \tag{7.5}$$
である．これは式 (7.3) から導かれるものと同じである．なお，
$$\frac{1-K}{1+K} = \cos(\omega h) \tag{7.6}$$
とおけば，差分方程式 (7.5) の一般解は
$$x_n = A\cos(n\omega h) + B\sin(n\omega h) \qquad (A, B \text{ は積分定数}) \tag{7.7}$$
で与えられる． □

注意 パラメータ h は離散時間の刻み幅に相当し，連続極限は $t = nh$ として $x(t) = A\cos(\omega t) + B\sin(\omega t)$ となる．確かに調和振動子である．

このときの「離散版の正準形式」をつくろう．共役な運動量を
$$p_n = -\frac{\partial L(x_{n+1}, x_n)}{\partial x_n}, \quad p_{n+1} = +\frac{\partial L(x_{n+1}, x_n)}{\partial x_{n+1}} \tag{7.8}$$
によって定義する．これら二つの式が両立するための条件は，後者で $n \to n-1$ の置き換えにより
$$p_n = -\frac{\partial L(x_{n+1}, x_n)}{\partial x_n} = +\frac{\partial L(x_n, x_{n-1})}{\partial x_n}$$

となる.これは離散版のオイラー–ラグランジュ方程式 (7.3) に他ならない.
$$\implies \frac{\partial L(x_n, x_{n-1})}{\partial x_n} + \frac{\partial L(x_{n+1}, x_n)}{\partial x_n} = 0$$

つぎに,対応する「離散版のハミルトニアン」を

$$H(x_n, p_n) = \frac{p_{n+1} + p_n}{2} \cdot (x_{n+1} - x_n) - L(x_{n+1}, x_n) \tag{7.9}$$

によって定義する.ただし,右辺の x_{n+1}, p_{n+1} は共役な運動量の定義 (7.8) を使って消去するものとする.

先ほどの例題 7.1 の場合,式 (7.8) は

$$\begin{aligned} p_n &= (x_{n+1} - x_n) + K(x_{n+1} + x_n), \\ p_{n+1} &= (x_{n+1} - x_n) - K(x_{n+1} + x_n) \end{aligned} \tag{7.10}$$

であるから,x_{n+1}, p_{n+1} を消去して p_n, x_n で表せば

$$H = \frac{1}{2}(x_{n+1} - x_n)^2 + \frac{K}{2}(x_{n+1} + x_n)^2 = \frac{1}{2(1+K)}\left(p_n^2 + 4Kx_n^2\right) \tag{7.11}$$

のように,連続時間の調和振動子ハミルトニアンに類似の簡単な表式になる.

例題 7.2 ハミルトニアン (エネルギー) の式 (7.11) が保存量であることを示せ.

解 式 (7.11) の右辺を E_n と書き,E_{n+1} との差を計算すると

$$\begin{aligned} E_{n+1} - E_n &= \frac{1}{2(1+K)}\left((p_{n+1}^2 - p_n^2) + 4K(x_{n+1}^2 - x_n^2)\right) \\ &= \frac{1}{2(1+K)}\left((p_{n+1} + p_n)(p_{n+1} - p_n) + 4K(x_{n+1} + x_n)(x_{n+1} - x_n)\right) \end{aligned}$$

となる.運動量の項に (7.10) を使うと

$$p_{n+1} + p_n = 2(x_{n+1} - x_n), \quad p_{n+1} - p_n = -2K(x_{n+1} + x_n)$$

であるから,座標の項と打ち消し合うことがわかる.ゆえに $E_{n+1} = E_n$ すなわち保存量である. □

以上の結果は単振動の特殊性のおかげ (線形なので厳密に解ける) という側面もあるが,ポテンシャルが一般の場合にも変分原理が適用できて,既知の差分方

程式が得られることがわかる.

例題 7.3 作用

$$S = \sum_n L(x_{n+1}, x_n), \\ L(x_{n+1}, x_n) = \frac{1}{2h}(x_{n+1} - x_n)^2 - \frac{h}{2}\left(U(x_n) + U(x_{n+1})\right) \tag{7.12}$$

の変分によって

$$\frac{x_{n+1} + x_{n-1} - 2x_n}{h^2} = -U'(x_n) \iff \frac{\mathrm{d}^2 x}{\mathrm{d}t^2} = -U'(x) \tag{7.13}$$

が導かれることを示せ (これはヴェルレの差分方程式とよばれている). また,共役な運動量の定義 (7.8)

$$p_n = -\frac{\partial L(x_{n+1}, x_n)}{\partial x_n}, \quad p_{n+1} = +\frac{\partial L(x_{n+1}, x_n)}{\partial x_{n+1}}$$

と (7.13) とを合わせると

$$x_{n+1} = x_n + hp_n - \frac{h^2}{2}U'(x_n), \quad p_{n+1} = p_n - \frac{h}{2}\left(U'(x_n) + U'(x_{n+1})\right) \tag{7.14}$$

というリープ・フロッグ (あるいはシュテルマー–ヴェルレ) 法の差分方程式が得られることを示せ.

解 与えられたラグランジアンを離散版のオイラー–ラグランジュ方程式 (7.3) に代入すれば,容易に差分方程式 (7.13) が得られる. また,運動量の定義にしたがえば

$$p_n = -\frac{\partial L(x_{n+1}, x_n)}{\partial x_n} = \frac{1}{h}(x_{n+1} - x_n) + \frac{h}{2}U'(x_n), \\ p_{n+1} = +\frac{\partial L(x_{n+1}, x_n)}{\partial x_{n+1}} = \frac{1}{h}(x_{n+1} - x_n) - \frac{h}{2}U'(x_{n+1})$$

と求まるから,合わせて (7.14) が得られる. □

注意 前章末の問 6.1 でみたように,リープ・フロッグ法ではポアソン括弧の推移性が成り立つ. 漸化式 $(x_n, p_n) \to (x_{n+1}, p_{n+1})$ を与える差分方程式 (7.14) は正準変換になっているのである.

7.2 離散時間ノイマン系

拘束条件のある正準力学系の例として「ノイマン系」を前章で紹介した.本節では時間が離散的な場合にノイマン系を拡張しよう.

変分原理

パラメータ $0 < \omega_1 < \omega_2 < \cdots < \omega_N$ は与えられたものとして,作用

$$S = \sum_n L(x^{n+1}, x^n; \alpha^{n+1}, \alpha^n),$$

$$L = \sum_{j=1}^N \omega_j x_j^{n+1} x_j^n - \frac{\alpha^n}{2}\left[\sum_{j=1}^N (x_j^n)^2 - 1\right] - \frac{\alpha^{n+1}}{2}\left[\sum_{j=1}^N (x_j^{n+1})^2 - 1\right] \tag{7.15}$$

を考える.ここで,上付き添え字 n は離散時間を表す.「補助変数」α^n は,拘束条件 $\sum_j (x_j^n)^2 = 1$ に対する「ラグランジュの未定乗数」とみることができる.作用 S の変分をとると

$$\delta S = \sum_n \left[\delta x_j^n \left(\omega_j(x_j^{n+1} + x_j^{n-1}) - 2\alpha^n x_j^n\right) - \delta\alpha^n \left(\sum_{j=1}^N (x_j^n)^2 - 1\right)\right] \tag{7.16}$$

となるから,

$$\omega_j(x_j^{n+1} + x_j^{n-1}) = 2\alpha^n x_j^n \qquad (j = 1, 2, \cdots, N) \tag{7.17}$$

と拘束条件

$$\sum_{j=1}^N (x_j^n)^2 = 1 \tag{7.18}$$

を得る.

例題 7.4 運動方程式 (7.17) と拘束条件 $\sum_j (x_j^{n+1})^2 = 1$, $\sum_j (x_j^{n-1})^2 = 1$ を用いて,変数 x_j^{n+1} を消去すれば

$$\alpha^n = \frac{\sum_{j=1}^N \left(x_j^n x_j^{n-1}\right)/\omega_j}{\sum_{j=1}^N \left(x_j^n/\omega_j\right)^2} \tag{7.19}$$

が得られることを示せ.

解 式 (7.17) の両辺を ω_j で割り，x_j^{n-1} を移項して平方すると

$$(x_j^{n+1})^2 = \left(\frac{2\alpha^n}{\omega_j}x_j^n - x_j^{n-1}\right)^2 = (x_j^{n-1})^2 - \frac{4\alpha^n}{\omega_j}x_j^n x_j^{n-1} + 4(\alpha^n)^2\left(\frac{x_j^n}{\omega_j}\right)^2$$

を得る．よって，両辺を j について和をとり，拘束条件を使えば

$$\alpha^n \cdot \left(\sum_{j=1}^{N}\left(\frac{x_j^n}{\omega_j}\right)^2\right) = \sum_{j=1}^{N}\frac{x_j^n x_j^{n-1}}{\omega_j}$$

であるから，式 (7.19) が得られる． □

注意 式 (7.19) は x_j^{n-1} と x_j^n がわかれば α^n がわかることを意味する．すると，(7.17) を用いて x_j^{n+1} が決まることになる．すなわち，補助変数 α^n を消去すれば

$$x_j^{n+1} = -x_j^{n-1} + \frac{2x_j^n}{\omega_j} \cdot \frac{\sum\limits_{k=1}^{N}\left(x_k^n x_k^{n-1}\right)/\omega_k}{\sum\limits_{k=1}^{N}(x_k^n/\omega_k)^2} \quad (j=1,2,\cdots,N) \qquad (7.20)$$

となる．この式は漸化式 $(x_j^{n-1}, x_j^n) \to (x_j^n, x_j^{n+1})$ を与えており，計算機でシミュレーションするのに適している．

保存量

上記の離散版ノイマン系には，連続版と同様に自由度と同じ数の N 個の保存量が存在している．言い換えると，この系は離散化しても相変わらず完全積分可能なのである．

例題 7.5 次の量

$$A_j^n = (x_j^n)^2 + \sum_{k \neq j}^{N} \frac{(\omega_j x_j^{n+1} x_k^n - \omega_k x_k^{n+1} x_j^n)^2}{\omega_j^2 - \omega_k^2} \quad (j=1,2,\cdots,N) \qquad (7.21)$$

が保存量である (すなわち n に依らない) ことを $A_j^{n-1} = A_j^n$ を示すことで証明せよ．

解 はじめに，式 (7.17) を使えば

$$2\alpha^n x_j^n x_k^n = \omega_j(x_j^{n+1} + x_j^{n-1})x_k^n = \omega_k(x_k^{n+1} + x_k^{n-1})x_j^n \tag{7.22}$$

すなわち

$$\omega_j(x_j^{n+1} + x_j^{n-1})x_k^n = \omega_k(x_k^{n+1} + x_k^{n-1})x_j^n \tag{7.23}$$

が成り立つことに注意しておく．さて $A_j^{n-1} = A_j^n$ を具体的に書けば

$$(x_j^{n-1})^2 + \sum_{k \neq j}^N \frac{(\omega_j x_j^n x_k^{n-1} - \omega_k x_k^n x_j^{n-1})^2}{\omega_j^2 - \omega_k^2}$$

$$= (x_j^n)^2 + \sum_{k \neq j}^N \frac{(\omega_j x_j^{n+1} x_k^n - \omega_k x_k^{n+1} x_j^n)^2}{\omega_j^2 - \omega_k^2}$$

である．そこで，左辺から右辺第 2 項を引いたものを式変形して，右辺第 1 項に等しいことを示そう．

$$(x_j^{n-1})^2 + \sum_{k \neq j}^N \frac{1}{\omega_j^2 - \omega_k^2} \left[(\omega_j x_j^n x_k^{n-1} - \omega_k x_k^n x_j^{n-1})^2 - (\omega_j x_j^{n+1} x_k^n - \omega_k x_k^{n+1} x_j^n)^2 \right]$$

$$= (x_j^{n-1})^2$$

$$+ \sum_{k \neq j}^N \frac{1}{\omega_j^2 - \omega_k^2} \left[(\omega_j x_j^n x_k^{n-1} - \omega_k x_k^n x_j^{n-1})^2 - (\omega_j x_j^{n-1} x_k^n - \omega_k x_k^{n-1} x_j^n)^2 \right]$$

$$= (x_j^{n-1})^2 + \sum_{k \neq j}^N \frac{1}{\omega_j^2 - \omega_k^2} (\omega_j^2 - \omega_k^2) \left((x_k^{n-1} x_j^n)^2 - (x_j^{n-1} x_k^n)^2 \right)$$

$$= (x_j^{n-1})^2 + (x_j^n)^2 \sum_{k \neq j}^N (x_k^{n-1})^2 - (x_j^{n-1})^2 \sum_{k \neq j}^N (x_k^n)^2$$

$$= (x_j^{n-1})^2 + (x_j^n)^2 \cdot (1 - (x_j^{n-1})^2) - (x_j^{n-1})^2 \cdot (1 - (x_j^n)^2) = (x_j^n)^2 \tag{7.24}$$

となる．最初の等号で，和の部分の第 2 項を等式 (7.22) を使って

$$\omega_j x_j^{n+1} x_k^n - \omega_k x_k^{n+1} x_j^n = -\omega_j x_j^{n-1} x_k^n + \omega_k x_k^{n-1} x_j^n \tag{7.25}$$

に置き換えた． □

7.3 ロトカ–ボルテラ系と戸田格子

ロトカ–ボルテラ系

微分方程式

$$\frac{\mathrm{d}u_j}{\mathrm{d}t} = u_j(u_{j+1} - u_{j-1}) \qquad (j=1,2,\cdots,N) \tag{7.26}$$

をロトカ–ボルテラ方程式 (Lotka-Volterra equation) という ($u_0 = u_N$, $u_{N+1} = u_1$ とする).

注意 これは「食物連鎖」を記述する方程式として提案された方程式で,添え字 j の生物は $j+1$ の生物を捕食して増加し,$j-1$ の生物に捕食されて減少するという関係にある.ただし,いまは周期境界条件を課しているので「ジャンケン」のように全体としては絶対の強者はいないという関係になっている.そのため,各生物の個体数が増加・減少を繰り返す振動パターンが生じる.

さて,この方程式は完全積分可能な方程式として有名であるが,これの時間離散版がある.

$$\frac{u_j^{n+1} - u_j^n}{h} = u_j^n u_{j+1}^n - u_j^{n+1} u_{j-1}^{n+1} \iff u_j^{n+1}(1 + h u_{j-1}^{n+1}) = u_j^n(1 + h u_{j+1}^n) \tag{7.27}$$

よって $x_j^n = h u_j^n$ と書けば

$$x_j^{n+1}(1 + x_{j-1}^{n+1}) = x_j^n(1 + x_{j+1}^n) \tag{7.28}$$

と簡潔に表される.

さて,この連立差分方程式は次のような行列 S を導入すれば **LR 形式**とよばれる行列方程式として,まとめて表すことができる.以下,簡単のため $N=3$ の場合で書く.まず「シフト行列」とよばれる

$$S = \begin{pmatrix} 0 & 1 & 0 \\ 0 & 0 & 1 \\ 1 & 0 & 0 \end{pmatrix}, \quad S^{-1} = \begin{pmatrix} 0 & 0 & 1 \\ 1 & 0 & 0 \\ 0 & 1 & 0 \end{pmatrix} \tag{7.29}$$

を定義する.これは任意の対角行列

$$\mathrm{diag}(a_1, a_2, a_3) \equiv \begin{pmatrix} a_1 & 0 & 0 \\ 0 & a_2 & 0 \\ 0 & 0 & a_3 \end{pmatrix} \tag{7.30}$$

に対して (記号 diag は diagonal = 対角的に由来する)
$$S^{-1} \operatorname{diag}(a_1, a_2, a_3) S = \operatorname{diag}(a_3, a_1, a_2),$$
$$S \operatorname{diag}(a_1, a_2, a_3) S^{-1} = \operatorname{diag}(a_2, a_3, a_1) \tag{7.31}$$
という変換をする (これを確かめてみよ). 行列 S は 3 個の文字 $(1, 2, 3)$ の置換のうち 3 次の巡回置換 $\begin{pmatrix} 1 & 2 & 3 \\ 3 & 1 & 2 \end{pmatrix}$ の表現行列なのである.

例題 7.6 これを使うと，対角行列 $X_n = \operatorname{diag}(x_1^n, x_2^n, x_3^n)$ に対して
$$L_n = E + X_n, \quad R_n = S X_n S \tag{7.32}$$
と定義すれば (E は単位行列), 離散ロトカ–ボルテラ系 (7.28) は
$$L_{n+1} R_{n+1} = R_n L_n \tag{7.33}$$
と表されることを示せ.

解 3 次の行列なので直接に行列計算してもできるが，ここでは「種明かし」をしよう．式 (7.33) を S を含む形に書けば
$$(E + X_{n+1}) S X_{n+1} S = S X_n S (E + X_n)$$
$$\iff S^{-1}(E + X_{n+1}) S \cdot X_{n+1} = X_n \cdot S (E + X_n) S^{-1}$$
よって，式 (7.31) の規則にしたがえば
$$\operatorname{diag}(1 + x_3^{n+1}, 1 + x_1^{n+1}, 1 + x_2^{n+1}) \cdot \operatorname{diag}(x_1^{n+1}, x_2^{n+1}, x_3^{n+1})$$
$$= \operatorname{diag}(x_1^n, x_2^n, x_3^n) \cdot \operatorname{diag}(1 + x_2^n, 1 + x_3^n, 1 + x_1^n) \tag{7.34}$$
あとは対角行列同士の積であるから簡単であろう. 結果はロトカ–ボルテラ方程式そのものである. □

注意 実際は，これを逆にたどって式 (7.33) にたどり着いたのである. なお，LR 形式の名前の由来は Left-Right (左右を入れ替えたものを再びもとに戻すと時間が進む) から来ている.

戸田格子

連立微分方程式系

$$\frac{dQ_j}{dt} = P_j, \quad \frac{dP_j}{dt} = e^{Q_{j-1}-Q_j} - e^{Q_j-Q_{j+1}} \quad (j=1,2,\cdots,N) \tag{7.35}$$

を戸田格子 (Toda lattice) という. ただし, $Q_0 = Q_N$, $Q_{N+1} = Q_1$, $P_0 = P_N$, $P_{N+1} = P_1$ とする (周期境界条件).

戸田格子も完全積分可能系として有名であるが, これの時間離散化された方程式もよく知られている. 新しい変数 $I_j = e^{-hP_j}$, $V_j = h^2 \cdot e^{Q_j - Q_{j+1}}$ を導入し, 連立差分方程式系

$$I_j^{n+1} + V_{j-1}^{n+1} = I_j^n + V_j^n, \quad I_j^{n+1} V_j^{n+1} = I_{j+1}^n V_j^n \tag{7.36}$$

がそれである.

例題 7.7 極限 $h \to 0$ で差分方程式 (7.36) が微分方程式 (7.35) に帰着することを確かめよ.

解 第1の式は

$$I_j^{n+1} - I_j^n = V_j^n - V_{j-1}^{n+1}$$
$$\iff e^{-hP_j^{n+1}} - e^{-hP_j^n} = h^2 \left(e^{Q_j^n - Q_{j+1}^n} - e^{Q_{j-1}^{n+1} - Q_j^{n+1}} \right)$$
$$\implies \frac{P_j^{n+1} - P_j^n}{h} = e^{Q_{j-1}^{n+1} - Q_j^{n+1}} - e^{Q_j^n - Q_{j+1}^n}$$
$$\implies \frac{dP_j}{dt} = e^{Q_{j-1} - Q_j} - e^{Q_j - Q_{j+1}} \tag{7.37}$$

となる. ここで, 左辺の指数関数を h の1次まで展開した. また, 第2の式は

$$\frac{I_j^{n+1}}{I_{j+1}^n} = \frac{V_j^n}{V_j^{n+1}} \iff e^{-h(P_j^{n+1} - P_{j+1}^n)} = e^{(Q_j^n - Q_{j+1}^n) - (Q_j^{n+1} - Q_{j+1}^{n+1})}$$
$$\iff -P_j^{n+1} + P_{j+1}^n = -\frac{Q_j^{n+1} - Q_j^n}{h} + \frac{Q_{j+1}^{n+1} - Q_{j+1}^n}{h}$$
$$\implies \frac{dQ_j}{dt} = P_j, \quad \frac{dQ_{j+1}}{dt} = P_{j+1} \tag{7.38}$$

となる. ここでは, 指数関数の中身同士を等しいと置いた. □

戸田格子の差分方程式も **LR 形式**に表すことができる．以下，簡単のため $N=3$ の場合で書く．行列 L_n, R_n を以下のように定義する．

$$L_n = \begin{pmatrix} 1 & 0 & V_3^n \\ V_1^n & 1 & 0 \\ 0 & V_2^n & 1 \end{pmatrix}, \quad R_n = \begin{pmatrix} I_1^n & 1 & 0 \\ 0 & I_2^n & 1 \\ 1 & 0 & I_3^n \end{pmatrix} \quad (7.39)$$

例題 7.8 上記の定義のもとで，LR 方程式

$$L_{n+1} R_{n+1} = R_n L_n \quad (7.40)$$

が差分方程式 (7.36) に等価であることを示せ．

解 3 次の行列の掛け算を実行すればよい．たとえば (1, 1) 行列要素は

$$I_1^{n+1} + V_3^{n+1} = I_1^n + V_1^n$$

(1, 2) 行列要素は $1 = 1$ という恒等式になる．また，(1, 3) 行列要素は

$$I_3^{n+1} V_3^{n+1} = I_1^n V_3^n$$

で差分方程式 (7.36) に一致する．他の行列要素も同様である． □

このように，ロトカ–ボルテラ系および戸田格子の差分方程式はともに「LR 形式」で表すことができることがわかった．章末の問 7.4 にはノイマン系の LR 形式表現も示した．

注意 ソリトン系について，わが国は，戸田盛和『非線形格子力学』(岩波書店，1987)，和達三樹『非線形波動』(岩波書店，1992)，広田良吾『直接法によるソリトンの数理』(岩波書店，1992) などの名著を持つ．手前味噌ながら著者にも『非線形物理学』(裳華房，2010) があるが，こちらはソリトンに加えてカオスとパターン形成の話題を「非線形」という括りで合わせて紹介したものである．

7.4 3 体問題を解く

表題は有名な (悪名高いというべきか) 重力 3 体問題ではなくて，前節のロトカ–ボルテラ系や戸田格子の $N=3$ の場合を解いてみよう，というのである．

ロトカ–ボルテラ系

解くべき方程式は,式 (7.28) の $N = 3$ の場合

$$
\begin{aligned}
X_1(1 + X_3) &= x_1(1 + x_2), \\
X_2(1 + X_1) &= x_2(1 + x_3), \\
X_3(1 + X_2) &= x_3(1 + x_1)
\end{aligned}
\tag{7.41}
$$

である.ここで時刻 n の変数を小文字で,時刻 $n+1$ の変数を大文字で表した.大文字の X たちを小文字の x たちで表せというのである.

注意 諸君はこの連立方程式が解けるだろうか.著者はズルをして「数式処理言語」にかけてパソコンで解いた.もちろん後から験算をしたのであるが,便利な時代になったものである.

さて,解答は

$$
\begin{aligned}
X_1 &= x_1 \cdot \frac{1 + x_2 + x_2 x_3}{1 + x_3 + x_3 x_1}, \\
X_2 &= x_2 \cdot \frac{1 + x_3 + x_3 x_1}{1 + x_1 + x_1 x_2}, \\
X_3 &= x_3 \cdot \frac{1 + x_1 + x_1 x_2}{1 + x_2 + x_2 x_3}
\end{aligned}
\tag{7.42}
$$

となる.分母分子に同じものが規則的に現れていることがわかる:

$$
\begin{aligned}
\Delta_1 &= 1 + x_3 + x_3 x_1, \\
\Delta_2 &= 1 + x_1 + x_1 x_2, \\
\Delta_3 &= 1 + x_2 + x_2 x_3
\end{aligned}
\tag{7.43}
$$

そこで,いったん Δ たちは未知だと考え,$X_1 = x_1 \Delta_3/\Delta_1$, $X_2 = x_2 \Delta_1/\Delta_2$, $X_3 = x_3 \Delta_2/\Delta_3$ と仮定して,もとの方程式に代入すると

$$
\begin{aligned}
-(1 + x_2)\Delta_1 + \Delta_3 + x_3 \Delta_2 &= 0, \\
-(1 + x_3)\Delta_2 + \Delta_1 + x_1 \Delta_3 &= 0, \\
-(1 + x_1)\Delta_3 + \Delta_2 + x_2 \Delta_1 &= 0
\end{aligned}
\tag{7.44}
$$

を得る.これは Δ たちについて斉次な連立方程式で,係数の行列式は恒等的にゼロとなる.

$$\begin{vmatrix} -(1+x_2) & x_3 & 1 \\ 1 & -(1+x_3) & x_1 \\ x_2 & 1 & -(1+x_1) \end{vmatrix}$$
$$= -(1+x_1)(1+x_2)(1+x_3) + x_1 x_2 x_3 + 1$$
$$+ x_1(1+x_2) + x_2(1+x_3) + x_3(1+x_1) = 0 \tag{7.45}$$

よって，Δ たちは互いに 1 次従属であることがわかる．

例題 7.9 連立方程式 (7.44) を Δ_3 を既知として Δ_1, Δ_2 について解け．

解 クラメルの方法で行列式を使って解ける．最初の二つから

$$\Delta_1 = \frac{\begin{vmatrix} -1 & x_3 \\ -x_1 & -(1+x_3) \end{vmatrix}}{\begin{vmatrix} -(1+x_2) & x_3 \\ 1 & -(1+x_3) \end{vmatrix}} \cdot \Delta_3 = \frac{1 + x_3 + x_3 x_1}{1 + x_2 + x_2 x_3} \cdot \Delta_3,$$

$$\Delta_2 = \frac{\begin{vmatrix} -(1+x_2) & -1 \\ 1 & -x_1 \end{vmatrix}}{\begin{vmatrix} -(1+x_2) & x_3 \\ 1 & -(1+x_3) \end{vmatrix}} \cdot \Delta_3 = \frac{1 + x_1 + x_1 x_2}{1 + x_2 + x_2 x_3} \cdot \Delta_3.$$

よって $\Delta_3 = 1 + x_2 + x_2 x_3$ とすれば，式 (7.43) の Δ_1, Δ_2 を再現できる． □

以上で 3 体ロトカ-ボルテラ系の初期値問題に対する「陽解法」ができたことになる．ある時刻の (x_1, x_2, x_3) がわかると，式 (7.42) の代入操作だけによって有限時間後の (X_1, X_2, X_3) が得られるのである (図 7.1)．

注意 この議論は一般の N でも実行できて，$X_j = x_j \Delta_{j-1}/\Delta_j$ と書くとき，Δ_j は $N-1$ 次の行列式を用いて表すことができる．詳しくは K. Sogo, *J. Phys. Soc. Jpn* **75** (2006) 084001 を参照してほしい．

戸田格子

同様にして戸田格子の差分方程式を $N = 3$ の場合に書くと

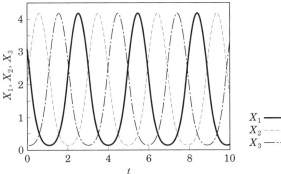

図 7.1 3 体ロトカ–ボルテラ方程式

$$
\begin{aligned}
I_1 + V_3 &= i_1 + v_1, & I_1 V_1 &= i_2 v_1, \\
I_2 + V_1 &= i_2 + v_2, & I_2 V_2 &= i_3 v_2, \\
I_3 + V_2 &= i_3 + v_3, & I_3 V_3 &= i_1 v_3
\end{aligned}
\tag{7.46}
$$

となる．前項と同じく，時刻の前後を大文字・小文字で区別した．これを解くと

$$
\begin{aligned}
I_1 &= i_2 \cdot \frac{i_3 i_1 + i_3 v_1 + v_3 v_1}{i_2 i_3 + i_2 v_3 + v_2 v_3}, & V_1 &= v_1 \cdot \frac{i_2 i_3 + i_2 v_3 + v_2 v_3}{i_3 i_1 + i_3 v_1 + v_3 v_1}, \\
I_2 &= i_3 \cdot \frac{i_1 i_2 + i_1 v_2 + v_1 v_2}{i_3 i_1 + i_3 v_1 + v_3 v_1}, & V_2 &= v_2 \cdot \frac{i_3 i_1 + i_3 v_1 + v_3 v_1}{i_1 i_2 + i_1 v_2 + v_1 v_2}, \\
I_3 &= i_1 \cdot \frac{i_2 i_3 + i_2 v_3 + v_2 v_3}{i_1 i_2 + i_1 v_2 + v_1 v_2}, & V_3 &= v_3 \cdot \frac{i_1 i_2 + i_1 v_2 + v_1 v_2}{i_2 i_3 + i_2 v_3 + v_2 v_3}
\end{aligned}
\tag{7.47}
$$

で，これらも規則正しい構造をもっていることがわかる．すなわち

$$
I_j = i_{j+1} \Delta_{j+1}/\Delta_j, \quad V_j = v_j \Delta_j/\Delta_{j+1}
$$

とすると (周期境界条件: $\Delta_4 = \Delta_1$ である)

$$
\begin{aligned}
\Delta_1 &= i_2 i_3 + i_2 v_3 + v_2 v_3, \\
\Delta_2 &= i_3 i_1 + i_3 v_1 + v_3 v_1, \\
\Delta_3 &= i_1 i_2 + i_1 v_2 + v_1 v_2
\end{aligned}
\tag{7.48}
$$

となる．このとき $I_j V_j = i_{j+1} v_j$ は恒等的に成り立つことに注意しよう．そこでふたたび Δ たちは未知だと考え，$I_j + V_{j-1} = i_j + v_j$ に代入すると

$$
-v_3 \Delta_3 + (i_1 + v_1)\Delta_1 - i_2 \Delta_2 = 0,
$$

$$-v_1\Delta_1 + (i_2+v_2)\Delta_2 - i_3\Delta_3 = 0, \tag{7.49}$$
$$-v_2\Delta_2 + (i_3+v_3)\Delta_3 - i_1\Delta_1 = 0$$

を得る．これも Δ たちについて斉次な連立方程式で係数の行列式は恒等的にゼロとなるから，Δ たちは互いに 1 次従属である．

例題 7.10 連立方程式 (7.49) を Δ_3 を既知として Δ_1, Δ_2 について解け．

解 同様にクラメルの方法で解ける．最初の二つを使って

$$\Delta_1 = \frac{\begin{vmatrix} v_3 & -i_2 \\ i_3 & i_2+v_2 \end{vmatrix}}{\begin{vmatrix} i_1+v_1 & -i_2 \\ -v_1 & i_2+v_2 \end{vmatrix}} \cdot \Delta_3 = \frac{i_2 i_3 + i_2 v_3 + v_2 v_3}{i_1 i_2 + i_1 v_2 + v_1 v_2} \cdot \Delta_3,$$

$$\Delta_2 = \frac{\begin{vmatrix} i_1+v_1 & v_3 \\ -v_1 & i_3 \end{vmatrix}}{\begin{vmatrix} i_1+v_1 & -i_2 \\ -v_1 & i_2+v_2 \end{vmatrix}} \cdot \Delta_3 = \frac{i_3 i_1 + i_3 v_1 + v_3 v_1}{i_1 i_2 + i_1 v_2 + v_1 v_2} \cdot \Delta_3.$$

よって $\Delta_3 = i_1 i_2 + i_1 v_2 + v_1 v_2$ とすれば，式 (7.48) の Δ_1, Δ_2 を再現する．

以上で 3 体戸田格子の初期値問題に対する「陽解法」ができたことになる．□

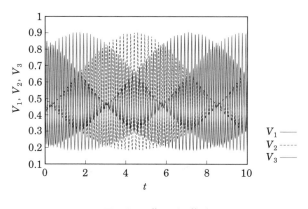

図 7.2 3 体の戸田格子

演習問題

問 7.1 離散版調和振動子の共役運動量の式

$$p_n = (x_{n+1} - x_n) + K(x_{n+1} + x_n), \quad p_{n+1} = (x_{n+1} - x_n) - K(x_{n+1} + x_n)$$

を (x_{n+1}, p_{n+1}) についての連立方程式と考え，(x_n, p_n) の線形結合として解き，ポアソン括弧の推移性

$$\{x_{n+1}, p_{n+1}\} = \{x_n, p_n\} \tag{7.50}$$

を示せ．

問 7.2 振り子のラグランジアン

$$S = \int dt \left(\frac{1}{2} \left(\frac{d\theta}{dt} \right)^2 + K \cos\theta \right) \tag{7.51}$$

からオイラー–ラグランジュの運動方程式として $\ddot\theta = -K\sin\theta$ を得ることは既出である．一方で，これの離散時間版は

$$S = \sum_j \left[\sin^2\left(\frac{\theta_{j+1} - \theta_j}{4} \right) - \varepsilon \cdot \sin^2\left(\frac{\theta_{j+1} + \theta_j}{4} \right) \right] \tag{7.52}$$

で与えられる．変分 $\delta S = 0$ により，離散版の運動方程式を導け．

問 7.3 多粒子系のリープ・フロッグ法の場合もポアソン括弧の推移性が成り立つ．

$$\{x_j^{n+1}, p_k^{n+1}\} = \{x_j^n, p_k^n\} \quad (= \delta_{jk}) \tag{7.53}$$

これを示せ．ただし，多粒子系のリープ・フロッグ法は

$$x_j^{n+1} = x_j^n + h p_j^n - \frac{h^2}{2} U_j(x^n), \quad p_j^{n+1} = p_j^n - \frac{h}{2}\left[U_j(x^n) + U_j(x^{n+1})\right] \tag{7.54}$$

とする．ここで，記法

$$U_j(x^n) \equiv \frac{\partial U}{\partial x_j^n}, \quad U_j(x^{n+1}) \equiv \frac{\partial U}{\partial x_j^{n+1}}$$

を採用した．

問 7.4 ノイマン系の差分方程式 (7.23) は「LR 形式」とよばれる行列形式で表現することができる．式を簡単にするために $N=3$ の場合を例にして考えよう．

3 次元ベクトル X を

$$X = \begin{pmatrix} x_1 \\ x_2 \\ x_3 \end{pmatrix}, \quad X^{\mathrm{T}} = (x_1, x_2, x_3) \qquad (\text{T は転置}) \tag{7.55}$$

とすると，拘束条件 $\sum_j x_j^2 = 1$ は $X^{\mathrm{T}} X = 1$ と書ける．そこで $\Omega = \mathrm{diag}(\omega_1, \omega_2, \omega_3)$ を対角行列として，L, R 行列を

$$L_n = \Omega + X_{n-1} X_n^{\mathrm{T}}, \quad R_n = \Omega - X_n X_{n-1}^{\mathrm{T}} \tag{7.56}$$

で定義する．ここで $X_n^{\mathrm{T}} = (x_1^n, x_2^n, x_3^n)$ で，時刻 n のときの値である．また，$X_n^{\mathrm{T}} X_n = 1$ であるが，$X_n X_n^{\mathrm{T}}$ は行列であることに注意せよ．このとき，行列の等式

$$L_{n+1} R_{n+1} = R_n L_n \tag{7.57}$$

がノイマン系の差分方程式に帰着することを示せ．

問 7.5 ロトカ–ボルテラ系と戸田格子が，じつは等価であることを示そう．前者は 1 階差分方程式であり，後者は (変数をたとえば V に絞れば) 2 階差分方程式であることに注意する：自由度が「後者は前者の 2 倍ある」のである．そこで，ロトカ–ボルテラの長さを戸田格子の長さの 2 倍にとって，次の変換をする．

$$V_j = x_{2j} x_{2j+1}, \quad I_j = (1 + x_{2j-1})(1 + x_{2j}) \qquad (j = 1, 2, \cdots, N) \tag{7.58}$$

このとき，ロトカ–ボルテラの差分方程式を使って戸田格子の差分方程式を導け．

問 7.6 三つの慣性モーメント I_1, I_2, I_3 のうちの二つが相等しい ($I_1 = I_2 \equiv I$) コマを「対称コマ」あるいは「ラグランジュのコマ」(Lagrange's top) という．重力のもとで対称コマの角運動量 M のしたがう方程式は，慣性座標系で

$$\frac{d\boldsymbol{M}}{dt} = mg\ell(\boldsymbol{e}_z \times \boldsymbol{e}_3), \quad \frac{d\boldsymbol{e}_3}{dt} = \boldsymbol{\omega} \times \boldsymbol{e}_3, \quad \frac{d\boldsymbol{e}_z}{dt} = 0 \tag{7.59}$$

で与えられる．ここで $\boldsymbol{\omega}$ は角速度ベクトル，$\boldsymbol{e}_z, \boldsymbol{e}_3$ はそれぞれ鉛直上向きの単位ベクトル，コマの軸方向の単位ベクトルである．また m はコマの質量，ℓ はコマの重心から下端 (固定点) までの長さである．$\boldsymbol{M}$ と $\boldsymbol{\omega}$ のあいだには

$$\boldsymbol{M} = I\omega_1 \boldsymbol{e}_1 + I\omega_2 \boldsymbol{e}_2 + I_3 \omega_3 \boldsymbol{e}_3 = I\boldsymbol{\omega} + (I_3 - I)\omega_3 \boldsymbol{e}_3 \tag{7.60}$$

の関係があるから，式 (7.59) の 2 番目は

$$\frac{\mathrm{d}\boldsymbol{e}_3}{\mathrm{d}t} = \frac{1}{I}\left[\boldsymbol{M} - (I_3 - I)\omega_3 \boldsymbol{e}_3\right] \times \boldsymbol{e}_3 = \frac{1}{I}\boldsymbol{M} \times \boldsymbol{e}_3 \tag{7.61}$$

と書ける．よって，方程式は $\boldsymbol{M}$, $\boldsymbol{e}_3$, $\boldsymbol{e}_z$ の三つのベクトル変数 ($\boldsymbol{e}_z$ は定ベクトル) のあいだで閉じた連立微分方程式となる．

そこで，等式 $\omega_0^2 = mg\ell/I$ で定義される角速度 ω_0 を使い $\boldsymbol{M}/I\omega_0 \to \boldsymbol{m}$ とし，$\omega_0 t \to t$ と置き換えれば，$\boldsymbol{m}$, t は無次元になる．変数名の変更 $\boldsymbol{e}_3 = \boldsymbol{a}$, $\boldsymbol{e}_z = \boldsymbol{p}$ を採用すれば，式 (7.59) は

$$\frac{\mathrm{d}\boldsymbol{m}}{\mathrm{d}t} = \boldsymbol{p} \times \boldsymbol{a}, \quad \frac{\mathrm{d}\boldsymbol{a}}{\mathrm{d}t} = \boldsymbol{m} \times \boldsymbol{a}, \quad \frac{\mathrm{d}\boldsymbol{p}}{\mathrm{d}t} = 0 \tag{7.62}$$

と簡潔に表現されることがわかる．さて，この方程式系を時間離散化する:

$$\boldsymbol{m}_{j+1} - \boldsymbol{m}_j = h\,\boldsymbol{p} \times \boldsymbol{a}_j, \quad \boldsymbol{a}_{j+1} - \boldsymbol{a}_j = \frac{h}{2}\,\boldsymbol{m}_{j+1} \times (\boldsymbol{a}_{j+1} + \boldsymbol{a}_j) \tag{7.63}$$

この差分方程式系について，以下のことを示せ．

(1) $\boldsymbol{m}_j \cdot \boldsymbol{p} =$ 一定 ($\equiv m_z$)

(2) $\boldsymbol{a}_{j+1}^2 = \boldsymbol{a}_j^2$ ($\equiv 1$)

(3) $\boldsymbol{m}_j \cdot \boldsymbol{a}_j =$ 一定 ($\equiv m_3$)

(4) 最後に

$$E_j = \frac{1}{2}\boldsymbol{m}_j^2 + \boldsymbol{a}_j \cdot \boldsymbol{p} + \frac{h}{2}\,(\boldsymbol{a}_j \times \boldsymbol{m}_j) \cdot \boldsymbol{p} \tag{7.64}$$

とするとき $E_{j+1} = E_j =$ 一定 を示せ．

第8章
変分法による近似計算

変分法は基礎方程式の導出以外にも，実際的な応用すなわち物理量の近似計算に有効に用いられる．これについて，いくつかの例をみていこう．

8.1 コンデンサ容量の近似計算

同心球型コンデンサ

電磁気学への適用例として，内径 a と外径 b の間に静電エネルギーを蓄える同心球型コンデンサを考えよう．内径での電位を V, 外径での電位をゼロとするときの内部静電ポテンシャル $\phi(r)$ は，境界条件 $\phi(a) = V, \phi(b) = 0$ を満たす．このときの静電エネルギーは

$$U = \int \frac{\varepsilon_0}{2} \left(\nabla \phi\right)^2 \mathrm{d}^3\boldsymbol{r} \equiv \frac{1}{2}CV^2 \tag{8.1}$$

で与えられる．対称性からポテンシャルは球対称であるから，上式は

$$U = \int \frac{\varepsilon_0}{2}\left(\frac{\mathrm{d}\phi}{\mathrm{d}r}\right)^2 4\pi r^2\,\mathrm{d}r = 2\pi\varepsilon_0 \int_a^b r^2 \left(\frac{\mathrm{d}\phi}{\mathrm{d}r}\right)^2 \mathrm{d}r \tag{8.2}$$

となり，静電容量は

$$C = \frac{4\pi\varepsilon_0}{V^2} \int_a^b r^2 \left(\frac{\mathrm{d}\phi}{\mathrm{d}r}\right)^2 \mathrm{d}r \tag{8.3}$$

によって計算される．

ポテンシャル ϕ に対して適当な **試行関数** (trial function) を仮定して，静電容量の近似計算を実行しよう．たとえば，パラメータなしの1次式

$$\phi_1(r) = V \cdot \frac{b-r}{b-a} \tag{8.4}$$

の場合は，式 (8.3) に代入して

$$\frac{C_1}{4\pi\varepsilon_0} = \frac{b^2 + ba + a^2}{3(b-a)} \tag{8.5}$$

となる．これに対してパラメータ α を含む 2 次式

$$\phi_2(r) = V \cdot \left(1 + \alpha \frac{r-a}{b-a} - (1+\alpha)\left(\frac{r-a}{b-a}\right)^2\right)$$

の場合は，長い計算ののち

$$\frac{C(\alpha)}{4\pi\varepsilon_0} = \frac{(2a^2 + ab + 2b^2)\alpha^2 - (a^2 - 2ab - 9b^2)\alpha + (2a^2 + 6ab + 12b^2)}{15(b-a)}$$

となる．よって，これを最小にする α とそのときの最小値は，微分のゼロ点から

$$\alpha = \frac{a^2 - 2ab - 9b^2}{2(2a^2 + ab + 2b^2)}, \tag{8.6}$$

$$\frac{C_2}{4\pi\varepsilon_0} = \frac{a^4 + 4a^3 b + 10a^2 b^2 + 4ab^3 + b^4}{4(b-a)(2a^2 + ab + 2b^2)} \tag{8.7}$$

で与えられる．

注意 前にも述べた数式処理言語を使えば，それほどたいへんな計算ではない．最小値を決める部分は，高校でも馴染みの 2 次関数の最小値問題である．

例題 8.1 上の問題は厳密に解ける．解を求めて上記の近似結果と比べてみよ．

解 式 (8.2) の変分から得られるオイラー–ラグランジュ方程式を解けば

$$\frac{\mathrm{d}}{\mathrm{d}r}\left(r^2 \frac{\mathrm{d}\phi}{\mathrm{d}r}\right) = 0 \implies \phi(r) = \frac{A}{r} + B$$

となり，積分定数 A, B を境界条件 $\phi(a) = V$, $\phi(b) = 0$ から決めれば

$$A = \frac{Vab}{b-a}, \quad B = -\frac{A}{b} = -\frac{Vab}{b-a} \cdot \frac{1}{b} \tag{8.8}$$

を得る．したがって，厳密解は

$$\phi(r) = \frac{Vab}{b-a}\left(\frac{1}{r} - \frac{1}{b}\right) \quad (a < r < b), \quad \frac{C_0}{4\pi\varepsilon_0} = \frac{ab}{b-a} \tag{8.9}$$

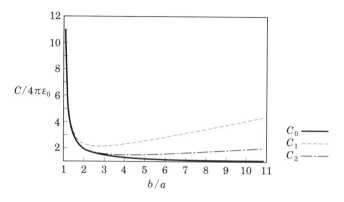

図 8.1　同心球コンデンサの近似計算

となる．図 8.1 は横軸を b/a にして $(a \equiv 1)$，厳密解を C_0，1 次式を C_1，2 次式を C_2 として，縦軸 $C/4\pi\varepsilon_0$ を描いたものである．

領域 $1 < b/a \lesssim 1.4$ ではどれも大差なく一致するが，大きいところでは相違が目立っている．その中でも変分近似した C_2 のほうが C_1 より厳密解 C_0 に近くなっていることがわかる．変分多項式の次数を上げればもっと改善されることが期待できるが，そのぶん計算は複雑になる． □

注意　ファインマンの本『ファインマン物理学 III 電磁気学』(岩波書店, 1961) p.275 には，同軸円柱型コンデンサの場合の同様な近似計算が紹介されている．上記の例はそれを同心球に置き換えたものである．

8.2　エネルギー準位の近似計算

量子力学への適用例として，水素原子の基底エネルギーの変分法による近似計算を紹介しよう．

例題 8.2　ハミルトニアンを

$$H = -\frac{\hbar^2}{2m}\nabla^2 - \frac{e^2}{4\pi\varepsilon_0 r} \tag{8.10}$$

8.2 エネルギー準位の近似計算

とするとき，基底状態の波動関数への試行関数として，パラメータ α を含む

$$\psi = A\, e^{-\alpha r} \tag{8.11}$$

を採用する．この試行関数によるエネルギー期待値

$$E(\alpha) = \frac{\langle \psi | H | \psi \rangle}{\langle \psi | \psi \rangle} \tag{8.12}$$

を計算し，エネルギー $E(\alpha)$ が最小になるようにパラメータ α を決めよ．

解 波動関数 ψ には角度依存性がないから

$$\nabla^2 = \frac{\partial^2}{\partial r^2} + \frac{2}{r}\frac{\partial}{\partial r} \tag{8.13}$$

としてよい．また，規格化因子 A は分母と分子でキャンセルするので無視してよい．

$$\langle \psi | \psi \rangle = \int_0^\infty 4\pi r^2\, dr\, e^{-2\alpha r} = \frac{4\pi \Gamma(3)}{(2\alpha)^3} = \frac{\pi}{\alpha^3},$$

$$\langle \psi | H | \psi \rangle = \int_0^\infty 4\pi r^2\, dr\, e^{-\alpha r} \left[-\frac{\hbar^2}{2m}\left(\frac{d^2}{dr^2} + \frac{2}{r}\frac{d}{dr} \right)e^{-\alpha r} - \frac{e^2}{4\pi\varepsilon_0 r}e^{-\alpha r}\right]$$

$$= \int_0^\infty 4\pi r^2\, dr\, e^{-2\alpha r} \left[-\frac{\hbar^2}{2m}\left(\alpha^2 - \frac{2\alpha}{r} \right) - \frac{e^2}{4\pi\varepsilon_0 r}\right]$$

ここでさらに

$$\int_0^\infty dr\, 4\pi r\, e^{-2\alpha r} = \frac{4\pi \Gamma(2)}{(2\alpha)^2} = \frac{\pi}{\alpha^2}$$

であるから

$$\langle \psi | H | \psi \rangle = -\frac{\hbar^2 \alpha^2}{2m}\frac{\pi}{\alpha^3} + \frac{\hbar^2 \alpha}{m}\frac{\pi}{\alpha^2} - \frac{e^2}{4\pi\varepsilon_0}\frac{\pi}{\alpha^2} = \frac{\hbar^2}{2m}\frac{\pi}{\alpha} - \frac{e^2}{4\pi\varepsilon_0}\frac{\pi}{\alpha^2}$$

より

$$E(\alpha) = \frac{\langle \psi | H | \psi \rangle}{\langle \psi | \psi \rangle} = \frac{\alpha^3}{\pi}\left(\frac{\hbar^2}{2m}\frac{\pi}{\alpha} - \frac{e^2}{4\pi\varepsilon_0}\frac{\pi}{\alpha^2} \right) = \frac{\hbar^2}{2m}\alpha^2 - \frac{e^2}{4\pi\varepsilon_0}\alpha \tag{8.14}$$

を得る．したがって

$$\alpha = \frac{e^2}{4\pi\varepsilon_0}\cdot\frac{m}{\hbar^2} \quad \text{のとき，最小値} \quad E_0 = -\frac{m}{2\hbar^2}\cdot\frac{e^4}{(4\pi\varepsilon_0)^2} \tag{8.15}$$

を与えることがわかる. □

注意 変分法による近似計算が正確になる保証は必ずしもないのであるが, $\alpha = 1/a_H$, $E_0 = -Ry$ であるから，この場合には正しい基底エネルギーと基底状態波動関数を与えている．これに関連して章末の問 8.2 と問 8.3 をみよ．なお，水素原子のハミルトニアンを無次元化すると以下のようになる．

$$\mathcal{H} = -\nabla_\rho^2 - \frac{2}{\rho} \tag{8.16}$$

ここに $\rho = r/a_H$, $\mathcal{H} = H/Ry$, $a_H = \dfrac{4\pi\varepsilon_0 \hbar^2}{me^2}$, $Ry = \dfrac{me^4}{2\hbar^2 (4\pi\varepsilon_0)^2}$ である．
実際に解く際にも，無次元化方程式 $\mathcal{H}\psi = \varepsilon\psi$ を用いれば，余計なパラメータがないので計算間違いもなく，比較的容易に固有値 $\varepsilon = -1/n^2$ を得るであろう．

8.3 ギンツブルグ–ランダウの超伝導現象論

ギンツブルグ–ランダウ方程式

ギンツブルグとランダウは超伝導の現象論に関する有名な論文で，超伝導のオーダー・パラメータ ψ とベクトル・ポテンシャル $\boldsymbol{A}$ に依存する自由エネルギー汎関数

$$F = \int d^3 r \left[\frac{\hbar^2}{2M} \left| \left(\nabla - \frac{iq}{\hbar} \boldsymbol{A} \right) \psi \right|^2 - \alpha |\psi|^2 + \frac{\beta}{2} |\psi|^4 + \frac{1}{2\mu_0} (\nabla \times \boldsymbol{A})^2 \right] \tag{8.17}$$

を導入した．ここで M, q は，いまではクーパー対の質量と電荷であるとわかっているが，論文中では電子のそれらだと想定されていた．彼らは変分原理 $\delta F = 0$ から「ギンツブルグ–ランダウ方程式」(Ginzburg-Landau equation, 略して GL 方程式)

$$-\frac{\hbar^2}{2M} \left(\nabla - \frac{iq}{\hbar} \boldsymbol{A} \right)^2 \psi - \alpha\psi + \beta|\psi|^2 \psi = 0, \tag{8.18}$$

$$\nabla \times (\nabla \times \boldsymbol{A}) = \mu_0 \boldsymbol{j}, \quad \boldsymbol{j} = -\frac{i\hbar q}{M} \psi^* \nabla \psi - \frac{q^2}{M} |\psi|^2 \boldsymbol{A} \tag{8.19}$$

を導き，超伝導のいろいろな問題を解析することに成功した．この方程式の導出は章末の問 8.5 とした．なお，GL 論文は cgs-Gauss 単位系を用いているが，ここ

では現代的に MKSA 単位系に書き直した.

GL 方程式から得られる基本的な結果をまとめておこう.

(1) 一様かつ磁場なしの場合: 式 (8.18) より $\psi =$ 実数として

$$\psi_0^2 = \frac{\alpha}{\beta} \quad (\alpha > 0), \quad \psi_0 = 0 \quad (\alpha < 0) \tag{8.20}$$

を得る. パラメータ α を $\alpha = \alpha'(T_c - T)$, $\alpha' > 0$ と仮定すれば, 臨界温度以下 $T < T_c$ でオーダー・パラメータは非ゼロの **2 次相転移**を示す.

(2) 一様かつ磁場ありの場合: 自由エネルギーの式から

$$F = V\left(-\frac{\alpha}{2}\psi_0^2 + \frac{1}{2\mu_0}B^2\right) = \frac{\mu_0 V}{2}\left(H^2 - \frac{\alpha^2}{\mu_0 \beta}\right) \equiv \frac{\mu_0 V}{2}\left(H^2 - H_{cb}^2\right)$$

$$\implies H_{cb}^2 = \frac{\alpha^2}{\mu_0 \beta} \tag{8.21}$$

より**臨界磁場** H_{cb} の表式を得る (添え字の b はバルクの意味). ここで $V =$ 体積 で, 関係式 $B = \mu_0 H$ を用いた. よって, $H > H_{cb}$ のとき超伝導状態は壊される.

(3) 非一様かつ磁場なしの場合: GL 方程式 (8.18) は

$$-\frac{\hbar^2}{2M}\nabla^2\psi = \alpha\psi - \beta|\psi|^2\psi \tag{8.22}$$

となるが, 左辺と右辺第 1 項の次元を比較して

$$\xi^2 = \frac{\hbar^2}{2M\alpha} \tag{8.23}$$

とおけば, ξ は長さの次元を持つことがわかる. これを**相関距離** (coherence length) という. 臨界温度に下から近づくとき, 相関距離 ξ は無限大に発散する.

例題 8.3 方程式 (8.22) を $\psi = \psi(x) =$ 実数関数を仮定して解け.

解 問題の方程式は

$$\frac{d^2\psi}{dx^2} = \frac{2M}{\hbar^2}\left(\beta\psi^3 - \alpha\psi\right)$$

$$\implies \left(\frac{d\psi}{dx}\right)^2 = \frac{M\beta}{\hbar^2}(\psi^2 - \psi_0^2)^2 \quad (\psi_0^2 = \alpha/\beta)$$

$$\implies \psi(x) = \psi_0 \tanh(x/\sqrt{2}\xi) \tag{8.24}$$

と解ける．これを**キンク解**という．　　　　　　　　　　　　　　□

(4) 非一様かつ磁場ありの場合: 特に $z>0$ が超伝導体，$z<0$ は真空かつ外部磁場は y 軸方向を向いているとする．これは**マイスナー効果** (超伝導体中に磁場がない完全反磁性) の実験状況で，磁場は超伝導体内部に**侵入深さ** (penetration depth) λ 程度しか入り込めない．ここで，オーダー・パラメータの空間依存性が位相部分だけにあると仮定して $\psi = \psi_0\, e^{i\theta}$ とおくと，式 (8.19) の電流密度は

$$\boldsymbol{j} = \frac{\hbar q \psi_0^2}{M}\left(\nabla\theta - \frac{q}{\hbar}\boldsymbol{A}\right)$$

となる．よって，この両辺の $\nabla\times$ をとれば

$$\nabla\times\boldsymbol{j} = -\frac{q^2\psi_0^2}{M}\boldsymbol{B} \tag{8.25}$$

を得る．これは**ロンドン方程式**とよばれ，GL 論文以前にマイスナー効果を説明する方程式として知られていた．というのも，この左辺に $\mu_0 \boldsymbol{j} = \nabla\times\boldsymbol{B}$ を代入すると

$$\nabla^2\boldsymbol{B} = +\frac{\mu_0 q^2 \psi_0^2}{M}\boldsymbol{B} \equiv \frac{1}{\lambda^2}\boldsymbol{B}, \quad \lambda^2 = \frac{M}{\mu_0 q^2 \psi_0^2} = \frac{M\beta}{\mu_0 q^2 \alpha} \tag{8.26}$$

となり，磁場が $z>0$ で指数関数的に減衰する解 $B_y(z) = Be^{-z/\lambda}$ を持つからである．そのときの侵入深さは λ で与えられる．

(5) 長さの次元を持つ量が ξ, λ の二つ出てきたから，これらの比をとって無次元量

$$\kappa = \frac{\lambda}{\xi} = \sqrt{\frac{2M^2\beta}{\mu_0 q^2 \hbar^2}} \tag{8.27}$$

が定義される．これは **GL パラメータ**とよばれ，個々の超伝導体で固有の値をとる物性量である．特に $\kappa < 1/\sqrt{2}$ のとき第 1 種超伝導体，$\kappa > 1/\sqrt{2}$ のとき第 2 種超伝導体になることが知られている．

例 8.4 外部磁場 $\boldsymbol{B} = (0,0,B)$ を与える $\boldsymbol{A} = (0, Bx, 0)$ のもとで，式 (8.18) は

$$-\frac{\hbar^2}{2M}\frac{d^2\psi}{dx^2} + \frac{q^2 B^2}{2M}x^2\psi = \alpha\psi - \beta|\psi|^2\psi$$

となるが，これは ψ が小さいとして右辺第 2 項を無視すれば，調和振動子のシュレーディンガー方程式と類似する：

$$-\frac{\hbar^2}{2M}\frac{\mathrm{d}^2\psi}{\mathrm{d}x^2} + \frac{M\omega^2}{2}x^2\psi = \alpha\psi, \quad \omega \equiv qB/M \tag{8.28}$$

量子力学で学ぶように，左辺の固有値は $(n+1/2)\hbar\omega$ $(n=0,1,2,\cdots)$ であるから

$$\frac{1}{2}\hbar\omega > \alpha \iff H > H_{c2} \equiv \frac{2M\alpha}{\hbar\mu_0 q} \tag{8.29}$$

のとき，解は $\psi = 0$ のみとなる．この H_{c2} を「**第 2 臨界磁場**」という．

$$\frac{H_{c2}}{H_{cb}} = \frac{2M\alpha}{\hbar\mu_0 q} \cdot \sqrt{\frac{\mu_0 \beta}{\alpha^2}} = \sqrt{\frac{4M^2\beta}{\mu_0 \hbar^2 q^2}} = \sqrt{2}\kappa \tag{8.30}$$

よって $\kappa > 1/\sqrt{2}$ のとき $H_{c2} > H_{cb}$ となり，磁場が侵入しながらも超伝導が維持される状態 $(H \leq H_{c2})$ が存在できる．これを混合状態あるいは渦糸状態といい，このような状態を持つ物質を第 2 種超伝導体というのである．

8.4　超伝導薄膜の近似計算

さて前項の準備のもとで，薄膜超伝導体の問題に移ろう．xy 平面に平行な薄膜が $-d < z < d$ にあり，磁場が y 方向を向いている場合を考えると，$\psi = \psi(z) =$ 実数，$\boldsymbol{A} = (A(z), 0, 0)$ としてよいから，GL 方程式 (8.18) は

$$\begin{aligned}
&-\frac{\hbar^2}{2M}\frac{\mathrm{d}^2\psi}{\mathrm{d}z^2} + \frac{q^2 A^2}{2M}\psi = \alpha\psi - \beta\psi^3 \\
&\implies \frac{\mathrm{d}^2\psi}{\mathrm{d}z^2} + \frac{2M\alpha}{\hbar^2}\left(1 - \frac{q^2}{2M\alpha}A^2\right)\psi - \frac{2M\beta}{\hbar^2}\psi^3 = 0
\end{aligned} \tag{8.31}$$

となる．また，$\nabla \times \boldsymbol{B} = (-\mathrm{d}^2 A/\mathrm{d}z^2, 0, 0)$ ゆえ，GL 方程式 (8.19) は

$$-\frac{\mathrm{d}^2 A}{\mathrm{d}z^2} = -\frac{\mu_0 q^2}{M}\psi^2 A \implies \frac{\mathrm{d}^2 A}{\mathrm{d}z^2} = \frac{\mu_0 q^2}{M}\psi^2 A \tag{8.32}$$

となる．GL 論文ではこれらの非線形常微分方程式の近似解が求められているが，ここでは本章の趣旨にしたがって**変分法による**近似計算を試みよう．その前に，GL 論文に倣って方程式を**無次元化**する．

独立変数 z は，長さを侵入深さ λ でスケールして $z/\lambda \to z$ とする．従属変数

ψ は ψ_0 でスケールして $\psi/\psi_0 \to \psi$ とする．最後に磁場 H は $\sqrt{2}H_{cb}$ でスケールする．$\sqrt{2}$ を付けたのは GL 論文を踏襲したものである．これを従属変数 A のスケールに直すには，$\mu_0 H = \mathrm{d}A/\mathrm{d}z$ の関係を用いればよい．すなわち，$A_{cb} = \mu_0 \sqrt{2} H_{cb} \lambda = \sqrt{2M\alpha/q^2}$ として $A/A_{cb} \to A$ と無次元化する．

注意 同じ文字を使うのは変数記号の節約のためで，慣れてくれば切り替えが楽にできるようになるだろう．

これにより上記二つの方程式は

$$\frac{\mathrm{d}^2\psi}{\mathrm{d}z^2} + \kappa^2\left[(1-A^2)\psi - \psi^3\right] = 0, \quad \frac{\mathrm{d}^2 A}{\mathrm{d}z^2} = \psi^2 A \tag{8.33}$$

となる．方程式を特徴付けるパラメータは κ だけであることに注意せよ．

さてこのとき，変分法によりこれらの方程式を導くような汎関数は

$$S = \int_{-d}^{d} \mathcal{L}\, \mathrm{d}z,$$

$$\mathcal{L} = \frac{1}{2} - (1-A^2)\psi^2 + \frac{1}{2}\psi^4 + \frac{1}{\kappa^2}\left(\frac{\mathrm{d}\psi}{\mathrm{d}z}\right)^2 + \left(\frac{\mathrm{d}A}{\mathrm{d}z}\right)^2 - 2H_c \frac{\mathrm{d}A}{\mathrm{d}z} \tag{8.34}$$

で与えられる．ここで，冒頭の $1/2$ と末尾の $2H_c \mathrm{d}A/\mathrm{d}z$ の項は変分には寄与しないが，S が表面エネルギーに比例するという物理的な意味を持つように GL 論文に倣って付け加えた．なお，H_c は薄膜の臨界磁場で，バルクのそれとは異なる値をもち，のちほど決定される．実際に，ψ と A の変分により方程式 (8.33) が導かれることの確認は章末の問 8.6 とする．

例題 8.5 上記の汎関数 S に用いる $\psi(z)$, $H(z) = \mathrm{d}A/\mathrm{d}z$ が境界条件「$\psi'(\pm d) = 0$, $H(\pm d) = H_0 = $ 外場」を満たすように，試行関数として

$$\psi(z) = p_0 + \frac{1}{2}p_2 d^2 z^2 - \frac{1}{4}p_2 z^4, \quad A(z) = (H_0 - a_2 d^2)z + \frac{1}{3}a_2 z^3 \tag{8.35}$$

を採用しよう．ここで，係数 p_0, p_2, a_2 が変分パラメータで，(1) これらの試行関数を代入して z 積分を実行し S をパラメータ p_0, p_2, a_2 の関数として求める，(2) S の極小条件から p_0, p_2, a_2 を決定する，というのが処方である．これを実行せよ．

解 以下では簡単のため，特に $\kappa \to 0$ 極限の場合を考えよう．このとき S を有限とするには $d\psi/dz \to 0$ でなければならない．すなわち $p_2 = 0$ と簡単化される．このような条件で，S の積分計算を実行すると

$$S = d(1-p_0^2)^2 + p_0^2 \left(\frac{2d^3}{3}(H_0 - a_2 d^2)^2 + \frac{4d^5}{15}(H_0 - a_2 d^2)a_2 + \frac{2d^7 a_2^2}{63} \right)$$

$$+ \left(2d(H_0 - a_2 d^2)^2 + \frac{4d^3}{3}(H_0 - a_2 d^2)a_2 + \frac{2d^5 a_2^2}{5} \right)$$

$$- 2H_c \left(2d(H_0 - a_2 d^2) + \frac{2d^3 a_2}{3} \right) \tag{8.36}$$

となる．よって，極小条件から

$$\frac{\partial S}{\partial p_0^2} = 0 \implies p_0^2 = 1 - \frac{d^2}{3}\left(H_0^2 - \frac{8}{5}a_2 d^2 H_0 + \frac{68}{105}a_2^2 d^4 \right), \tag{8.37}$$

$$\frac{\partial S}{\partial a_2} = 0 \implies a_2 d^2 \left(1 + \frac{17}{42}p_0^2 d^2 \right) = \frac{5}{4}\left(H_0 - H_c + \frac{2}{5}p_0^2 d^2 H_0 \right) \tag{8.38}$$

を得る．これが変分パラメータ p_0, a_2 を決める連立の方程式となる．

はじめに**臨界磁場** H_c を決める．それには $H_0 = H_c$ として，上掲方程式の $p_0 \to 0$ 極限 (超伝導が壊れる条件) を調べれば

$$H_c = \frac{\sqrt{3}}{d} \quad \text{すなわち} \quad H_c = \sqrt{6} H_{cb} \cdot \frac{\lambda}{d} \tag{8.39}$$

と求まる．これは GL 論文の結果と一致する．

そこで，(8.37), (8.38) で $H_0 = H_c = \sqrt{3}/d$ とおけば

$$p_0^4 d^4 + \frac{84}{17}\left(1 - \frac{d^2}{5} \right)p_0^2 d^2 + \left(\frac{42}{17} \right)^2 \left(1 - \frac{4d^2}{5} \right) = 0$$

を得る．この方程式を解けば

$$p_0^2 d^2 = \frac{42}{85}\left(d^2 - 5 + \sqrt{d^2(d^2+10)} \right) \tag{8.40}$$

を得るから，d が減少するとき

$$d_c = \frac{\sqrt{5}}{2} \quad \text{すなわち} \quad d_c = \frac{\sqrt{5}}{2}\lambda \tag{8.41}$$

で $p_0^2 = 0$ となることがわかる．これは厚さが d_c より薄くなると超伝導が壊れること，すなわち**臨界厚さ**を与えている (図 8.2 を参照)．この結果も GL 論文と一

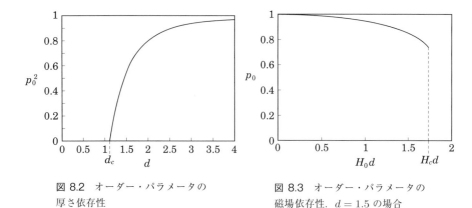

図 8.2 オーダー・パラメータの厚さ依存性

図 8.3 オーダー・パラメータの磁場依存性. $d = 1.5$ の場合

致している.ただし,GL 論文は $d \to \infty$ で正しく $\psi_0 \to 1$ を与えるのに対して,上式では $p_0^2 \to 84/85$ を与えるという残念な欠点がある.

最後に d を固定して,オーダー・パラメータ p_0 の磁場 H_0 依存性を調べれば,$d > d_c$ のときは $H_0 = H_c = \sqrt{3}/d$ のところで不連続に跳ぶことがわかる.たとえば図 8.3 は $d = 1.5$ のときに,縦軸を p_0 横軸を $H_0 d$ で描いたものである.$H_0 d = \sqrt{3} = H_c d$ で確かに不連続になっている.これは薄膜における磁場の増加による転移が 1 次相転移であることを意味している. □

このように,超伝導薄膜の振る舞いを変分法近似で調べるという方法は充分に満足な結果を与えることがわかる.

演習問題

問 8.1 トーマス–フェルミの原子モデルの (無次元化された) 基礎方程式

$$\frac{d^2\phi}{dr^2} = \frac{\phi^{3/2}}{\sqrt{r}}, \quad \phi(0) = 1, \quad \phi(\infty) = 0 \tag{8.42}$$

は,汎関数

$$S = \int_0^\infty \left(\frac{1}{2}\left(\frac{d\phi}{dr}\right)^2 + \frac{2}{5}\frac{\phi^{5/2}}{\sqrt{r}} \right) dr \tag{8.43}$$

の変分から得られることを示し，試行関数 $\phi = e^{-\alpha r}$ を用いた S の近似計算の極小条件から変分パラメータ α を決定せよ．

問 8.2 例題 8.2 と同じ水素原子の $1s$ 状態エネルギーの近似計算を，試行関数を

$$\psi(\rho) = B\, e^{-\beta \rho^2} \tag{8.44}$$

に変えて実行してみよ．すなわち，無次元化ハミルトニアンを用いた

$$E(\beta) = \frac{\langle \psi | \mathcal{H} | \psi \rangle}{\langle \psi | \psi \rangle}, \quad \mathcal{H} = -\left(\frac{\mathrm{d}^2}{\mathrm{d}\rho^2} + \frac{2}{\rho}\frac{\mathrm{d}}{\mathrm{d}\rho}\right) - \frac{2}{\rho} \tag{8.45}$$

を計算して最小値を決定せよ．

問 8.3 ハミルトニアン H の基底状態 $|0\rangle$ に対する試行状態 $|\alpha\rangle$ (α は変分パラメータ) によるエネルギー期待値 $E(\alpha) \equiv \langle \alpha | H | \alpha \rangle$ は真の基底エネルギー E_0 を下まわることがない:

$$E(\alpha) \geqq E_0 \tag{8.46}$$

ことを示せ．ただしここで，状態 $|\alpha\rangle$ は規格化 $\langle \alpha | \alpha \rangle = 1$ されているものとする．

問 8.4 ポテンシャル $U(\boldsymbol{r})$ が $U(\lambda \boldsymbol{r}) = \lambda^n U(\boldsymbol{r})$ を満たすとき，すなわち U が座標 $\boldsymbol{r}$ に関して n 次の同次関数のとき，束縛状態の運動エネルギー K とポテンシャルエネルギー U の期待値のあいだには

$$2\langle K \rangle = n \langle U \rangle \tag{8.47}$$

の関係があることを示せ．これを**ビリアル定理** (virial theorem) という．

問 8.5 ギンツブルグ–ランダウの自由エネルギー汎関数 (8.17) の変分により，GL 方程式 (8.18), (8.19) を導出せよ．

問 8.6 汎関数 (8.34) の変分から式 (8.33) が導かれることを示せ．

数学的付録

A オイラーのガンマ関数とベータ関数

ガンマ関数

オイラーのガンマ関数は

$$\Gamma(s) = \int_0^\infty x^{s-1} e^{-x} \, dx \quad (s > 0) \tag{A.1}$$

で定義される．なお，このタイプの積分は「オイラー積分」ともよばれている．ここで，条件 $s > 0$ は下限で積分が収束するためである．ガンマ関数の際立った特徴は，漸化式

$$\Gamma(s+1) = s \cdot \Gamma(s) \tag{A.2}$$

を持つことである．これは，部分積分によって

$$\Gamma(s+1) = \int_0^\infty x^s e^{-x} \, dx = \left[-x^s e^{-x}\right]_0^\infty + s \int_0^\infty x^{s-1} e^{-x} \, dx = s \cdot \Gamma(s)$$

と示される．とくに

$$\Gamma(1) = \int_0^\infty e^{-x} \, dx = \left[-e^{-x}\right]_0^\infty = 1 \tag{A.3}$$

であるから，自然数 n に対して

$$\Gamma(n+1) = n \cdot \Gamma(n) = n \cdot (n-1) \cdots 1 = n! \tag{A.4}$$

となる．ガンマ関数は階乗の非負整数値以外への一般化なのである．

注意 $n!$ となるのは $\Gamma(n+1)$ であって $\Gamma(n)$ ではない．よく間違えるので気をつけてほしい．

また
$$\Gamma(1/2) = \int_0^\infty \frac{e^{-x}}{\sqrt{x}}\,dx = \int_0^\infty e^{-u^2} 2\,du = \sqrt{\pi} \qquad (x = u^2) \tag{A.5}$$
である．ここで「ガウス積分」の公式
$$\int_{-\infty}^\infty e^{-u^2}\,du = \sqrt{\pi} \tag{A.6}$$
を用いた．これには，次のベータ関数を使った導出法もある．

ベータ関数

オイラーのベータ関数は
$$B(\alpha, \beta) = \int_0^1 x^{\alpha-1}(1-x)^{\beta-1}\,dx \qquad (\alpha, \beta > 0) \tag{A.7}$$
で定義される．条件 $\alpha, \beta > 0$ は上限と下限で積分が収束するためである．ベータ関数も，部分積分により，漸化式
$$B(\alpha, \beta) = \frac{\beta - 1}{\alpha} \cdot B(\alpha+1, \beta-1) = \frac{\alpha - 1}{\beta} \cdot B(\alpha-1, \beta+1) \tag{A.8}$$
を持つことが示される．このことは，公式
$$B(\alpha, \beta) = \frac{\Gamma(\alpha)\Gamma(\beta)}{\Gamma(\alpha + \beta)} \tag{A.9}$$
を使えばガンマ関数の漸化式を用いて直接に示すこともできる．そして，この公式自体は
$$\Gamma(\alpha) \cdot \Gamma(\beta) = \int_0^\infty u^{\alpha-1} e^{-u}\,du \int_0^\infty v^{\beta-1} e^{-v}\,dv$$
において，変数変換 $(u,v) \to (x,y)$: $x = u/(u+v)$, $y = u+v$ をすれば，$u = xy$, $v = (1-x)y$ で，変域は $0 < x < 1$, $0 < y < \infty$, ヤコビアンは

であるから

$$\Gamma(\alpha) \cdot \Gamma(\beta) = \int_0^\infty y^{\alpha+\beta-1} e^{-y} \,\mathrm{d}y \int_0^1 x^{\alpha-1}(1-x)^{\beta-1} \,\mathrm{d}x$$
$$= \Gamma(\alpha+\beta) \cdot B(\alpha, \beta) \tag{A.10}$$

と示される.

よって,とくに $\alpha = \beta = 1/2$ のときは

$$B(1/2, 1/2) = \Gamma(1/2)^2$$

ゆえ ($\Gamma(1) = 0! = 1$ である)

$$\Gamma(1/2)^2 = \int_0^1 \frac{\mathrm{d}x}{\sqrt{x(1-x)}} = \int_0^{\pi/2} 2\,\mathrm{d}\theta = \pi \qquad (x = \sin^2\theta) \tag{A.11}$$

より,$\Gamma(1/2) = \sqrt{\pi}$ を得る.よって,前項のガウス積分の公式も示されたことになる.

例題 A.1 ベータ関数を用いると,たとえば三角関数の定積分を

$$I(m,n) \equiv \int_0^{\pi/2} \sin^m \theta \cos^n \theta \,\mathrm{d}\theta$$
$$= \frac{1}{2} \cdot B\left(\frac{m+1}{2}, \frac{n+1}{2}\right) \qquad (m, n > -1) \tag{A.12}$$

のようにベータ関数で (したがってガンマ関数でも) 表すことができることを示せ.

解 変数変換 $x = \sin^2 \theta$ により $\mathrm{d}x = 2\sin\theta\cos\theta\,\mathrm{d}\theta$,$\sin\theta = x^{1/2}$,$\cos\theta = (1-x)^{1/2}$ ゆえ

$$I(m,n) = \int_0^1 x^{m/2}(1-x)^{n/2} \frac{\mathrm{d}x}{2x^{1/2}(1-x)^{1/2}}$$
$$= \frac{1}{2} \int_0^1 x^{\frac{m-1}{2}}(1-x)^{\frac{n-1}{2}} \,\mathrm{d}x$$

$$= \frac{1}{2} \cdot B\left(\frac{m+1}{2}, \frac{n+1}{2}\right)$$

と導出される．特別な場合の公式

$$\begin{aligned}I(m,0) &= \int_0^{\pi/2} \sin^m \theta \, d\theta = \int_0^{\pi/2} \cos^m \theta \, d\theta \\ &= I(0,m) = \frac{1}{2} \cdot B\left(\frac{m+1}{2}, \frac{1}{2}\right) \\ &= \frac{\sqrt{\pi}}{2} \cdot \frac{\Gamma\left(\frac{m+1}{2}\right)}{\Gamma\left(\frac{m+2}{2}\right)}\end{aligned} \quad (A.13)$$

は，特に m が偶数・奇数のとき

$$\int_0^{\pi/2} \sin^{2n} \theta \, d\theta = \frac{(2n-1)!!}{(2n)!!} \cdot \frac{\pi}{2}, \quad \int_0^{\pi/2} \sin^{2n+1} \theta \, d\theta = \frac{(2n)!!}{(2n+1)!!} \cdot 1 \quad (A.14)$$

としてよく使われる．ここで，記号「!!」は一つおきの階乗を意味する． □

ベータ関数の持つもうひとつの重要な性質は

$$B(\alpha, 1-\alpha) = \Gamma(\alpha) \cdot \Gamma(1-\alpha) = \frac{\pi}{\sin(\pi\alpha)} \qquad (0 < \alpha < 1) \quad (A.15)$$

である[1]．これを用いると，たとえば

$$I = \int_0^\infty \frac{dx}{x^n + 1} = \frac{\pi/n}{\sin(\pi/n)} \qquad (n > 1) \quad (A.16)$$

となる．これの証明は，変数変換 $u = 1/(x^n + 1)$ を使って

$$x = \left(\frac{1-u}{u}\right)^{1/n}, \quad dx = -\frac{1}{n} \cdot (1-u)^{\frac{1}{n}-1} u^{-\frac{1}{n}-1} du$$

より

$$I = \frac{1}{n} \int_0^1 u^{-\frac{1}{n}} (1-u)^{\frac{1}{n}-1} du = \frac{1}{n} \cdot B\left(\frac{1}{n}, 1-\frac{1}{n}\right) = \frac{\pi/n}{\sin(\pi/n)}$$

とすればよい．

例題 A.2　定積分

---

[1] 導出は，たとえば和達・十河『微分積分演習』(岩波書店，2000) p.190 にある．

$$(1)\ I_1 = \int_0^1 \frac{dx}{\sqrt{1-x^n}}, \quad (2)\ I_2 = \int_0^1 \sqrt{1-x^n}\,dx \qquad (n>0) \tag{A.17}$$

$$(3)\ I_3 = \int_0^\infty \frac{x^m\,dx}{x^n+1} \qquad (n-1>m\geqq 0) \tag{A.18}$$

を求めよ. (3) の条件 $n > m+1$ は積分の上限での収束のためである.

解 (1), (2) は変数変換 $x^n = u$ により $du = n\,u^{1-1/n}dx$ ゆえ

$$I_1 = \frac{1}{n}\int_0^1 u^{1/n-1}(1-u)^{-1/2}\,du = \frac{1}{n}\cdot B\left(\frac{1}{n},\frac{1}{2}\right), \tag{A.19}$$

$$I_2 = \frac{1}{n}\int_0^1 u^{1/n-1}(1-u)^{1/2}\,du = \frac{1}{n}\cdot B\left(\frac{1}{n},\frac{3}{2}\right) \tag{A.20}$$

となる. (3) は変数変換 $u = 1/(x^n+1)$ により

$$\begin{aligned}I_3 &= \frac{1}{n}\int_0^1 u^{-\frac{m+1}{n}}(1-u)^{\frac{m+1}{n}-1}\,du \\ &= \frac{1}{n}\cdot B\left(\frac{m+1}{n}, 1-\frac{m+1}{n}\right) \\ &= \frac{\pi/n}{\sin[\pi(m+1)/n]}\end{aligned} \tag{A.21}$$

を得る. これは $m=0$ で積分公式 (A.16) を再現する. □

注意 このように, ベータ関数・ガンマ関数はいろいろな定積分計算に大活躍する関数である. 命名法からすると「オイラーのアルファ関数」というのがあってもよさそうであるが, 聞いたことがない. もしかすると $e^{ix} = \cos x + i\sin x$ がそれなのかもしれない.

例題 A.3 3 変数のベータ関数の公式

$$\begin{aligned}B(\alpha,\beta,\gamma) &\equiv \int_0^1 dx \int_0^1 dy \int_0^1 dz\, x^{\alpha-1}y^{\beta-1}z^{\gamma-1}\delta(x+y+z-1) \\ &= \int_0^1 dx \int_0^1 dy\, x^{\alpha-1}y^{\beta-1}(1-x-y)^{\gamma-1} \qquad (0<x+y<1) \\ &= \frac{\Gamma(\alpha)\Gamma(\beta)\Gamma(\gamma)}{\Gamma(\alpha+\beta+\gamma)}\end{aligned} \tag{A.22}$$

を示せ. ここに $\delta(x)$ はディラックのデルタ関数である.

解 三つのガンマ関数の積

$$\Gamma(\alpha)\Gamma(\beta)\Gamma(\gamma) = \int_0^\infty u^{\alpha-1}e^{-u}\,du \int_0^\infty v^{\beta-1}e^{-v}\,dv \int_0^\infty w^{\gamma-1}e^{-w}\,dw$$

は,変数変換 $x = u/(u+v+w),\ y = v/(u+v+w),\ z = u+v+w$ によって,$u = xz,\ v = yz,\ w = (1-x-y)z$ で,変域は $0 < x,\ y < 1,\ 0 < x+y < 1,\ 0 < z < \infty$,ヤコビアンは

$$\frac{\partial(u,v,w)}{\partial(x,y,z)} = z^2$$

であるから

$$\Gamma(\alpha)\Gamma(\beta)\Gamma(\gamma) = \int_0^\infty z^{\alpha+\beta+\gamma-1}e^{-z}\,dz \int_0^1 dx \int_0^1 dy\ x^{\alpha-1}y^{\beta-1}(1-x-y)^{\gamma-1}$$
$$(0 < x+y < 1)$$
$$= \Gamma(\alpha+\beta+\gamma) \cdot B(\alpha,\beta,\gamma) \tag{A.23}$$

となる.変数の数が増えても同様である. □

B ルジャンドル多項式と球関数

ルジャンドル多項式

微分方程式

$$(1-x^2)\frac{d^2 P_n}{dx^2} - 2x\frac{dP_n}{dx} + n(n+1)P_n = 0 \qquad (n = 0, 1, 2, \cdots) \tag{A.24}$$

を「ルジャンドルの微分方程式」といい,その多項式解をルジャンドル多項式 (Legendre polynomials) という.定数倍を除いて,低次のものを書けば

$$P_0 = 1, \quad P_1 = x, \quad P_2 = \frac{1}{2}(3x^2 - 1), \quad P_3 = \frac{1}{2}(5x^3 - 3x) \tag{A.25}$$

である.偶数次のものは偶関数,奇数次のものは奇関数となっていることに注意してほしい.これは微分方程式が $x \to -x$ の変換に対して不変であることからの帰結である.

これらを求めるには,未定係数の多項式形を仮定して微分方程式に代入し係数を決めればよいが,それだと各次数 n ごとに繰り返さなくてはならない.ここで

は，代わりに (天下り的ではあるが) 次のような漸化式を利用する方法を紹介しよう．

$$P_{n+1}(x) = \left(x - \frac{1-x^2}{n+1}\frac{d}{dx}\right)P_n(x), \quad P_{n-1}(x) = \left(x + \frac{1-x^2}{n}\frac{d}{dx}\right)P_n(x) \tag{A.26}$$

右辺の P_n に作用する演算子部分を (ルジャンドル多項式の) **昇降演算子**という．

例題 A.4 漸化式 (A.26) から微分方程式 (A.24) を導け．

解 前者の漸化式で $n+1 \to n$ としたものに後者を使うと

$$P_n = \left(x - \frac{1-x^2}{n}\frac{d}{dx}\right)P_{n-1} = \left(x - \frac{1-x^2}{n}\frac{d}{dx}\right)\left(x + \frac{1-x^2}{n}\frac{d}{dx}\right)P_n$$

のように $P_{n\pm 1}$ が消去される (階段を 1 段下がってから 1 段上がるともとの階に戻る)．右辺の演算子部分を注意深く展開すると

$$x^2 - \frac{1-x^2}{n}\frac{d}{dx}x + x\frac{1-x^2}{n}\frac{d}{dx} - \frac{1-x^2}{n^2}\frac{d}{dx}(1-x^2)\frac{d}{dx}$$
$$= x^2 - \frac{1-x^2}{n} - \frac{1-x^2}{n^2}\left(-2x\frac{d}{dx} + (1-x^2)\frac{d^2}{dx^2}\right)$$

となるから，共通にある $(1-x^2)$ を約分して，最終的に

$$(1-x^2)\frac{d^2 P_n}{dx^2} - 2x\frac{dP_n}{dx} + n(n+1)P_n = 0$$

を得る．これはルジャンドルの微分方程式である．漸化式の組 (A.26) はルジャンドルの微分方程式 (A.24) に等価なのである．昇降演算子を使えば $P_0(x) = 1$ から始めて $P_1, P_2, \cdots$ と逐次に解を求めることができる．

あるいは，漸化式 (A.26) から微分項を消去すれば

$$(n+1)P_{n+1} - (2n+1)xP_n + nP_{n-1} = 0 \tag{A.27}$$

を得る．これを (ルジャンドル多項式の) **3 項漸化式**という．これを使えば (微分することなく) 初期値 $P_0(x) = 1$, $P_1(x) = x$ から出発して $P_2, P_3, \cdots$ を逐次に求めることができる． □

ルジャンドル多項式の母関数

$P_n(x)$ をルジャンドル多項式とするとき，等式

$$G(x,t) \equiv \frac{1}{\sqrt{1-2xt+t^2}} = \sum_{n=0}^{\infty} P_n(x) t^n \qquad (A.28)$$

が成り立つ．この左辺の関数 G をルジャンドル多項式の**母関数** (generating function) という．

例題 A.5 母関数 G が次の偏微分方程式を満たすことを確かめ，それを用いて $P_n(x)$ がルジャンドルの微分方程式を満たすことを示せ．

$$\frac{\partial}{\partial x}\left((1-x^2)\frac{\partial G}{\partial x}\right) + \frac{\partial}{\partial t}\left(t^2 \frac{\partial G}{\partial t}\right) = 0 \qquad (A.29)$$

解 1階偏微分は

$$\frac{\partial G}{\partial x} = \frac{t}{(1-2xt+t^2)^{3/2}}, \quad \frac{\partial G}{\partial t} = \frac{x-t}{(1-2xt+t^2)^{3/2}} \qquad (A.30)$$

ゆえ，左辺は

$$\frac{\partial}{\partial x}\left(\frac{(1-x^2)t}{(1-2xt+t^2)^{3/2}}\right) + \frac{\partial}{\partial t}\left(\frac{t^2(x-t)}{(1-2xt+t^2)^{3/2}}\right)$$
$$= \frac{-2xt+2tx-3t^2}{(1-2xt+t^2)^{3/2}} + \frac{(1-x^2)t\cdot 3t + t^2(x-t)\cdot 3(x-t)}{(1-2xt+t^2)^{5/2}}$$
$$= \frac{-3t^2+3t^2}{(1-2xt+t^2)^{3/2}} = 0$$

となる．よって G として右辺の級数を代入すると

$$\sum_{n=0}^{\infty} \frac{\partial}{\partial x}\left((1-x^2)\frac{\partial P_n}{\partial x}\right) t^n + \sum_{n=0}^{\infty} P_n \frac{\partial}{\partial t}\left(t^2 \cdot n t^{n-1}\right)$$
$$= \sum_{n=0}^{\infty} \left[\frac{\mathrm{d}}{\mathrm{d}x}\left((1-x^2)\frac{\mathrm{d}P_n}{\mathrm{d}x}\right) + n(n+1)P_n\right] t^n = 0$$
$$\implies (1-x^2)\frac{\mathrm{d}^2 P_n}{\mathrm{d}x^2} - 2x\frac{\mathrm{d}P_n}{\mathrm{d}x} + n(n+1)P_n = 0$$

を得る． □

注意 これを使うと $P_n(1) = 1$, $P_n(-1) = (-1)^n$ がいえる．実際，$x = 1$ を代入すると左辺は $1/(1-t)$ ゆえ，級数展開の係数はすべて 1 となり $P_n(1) = 1$ を得る．また，$x = -1$ を代入すると左辺は $1/(1+t)$ ゆえ，級数展開の係数は交互に ± 1 となるから $P_n(-1) = (-1)^n$ を得る．

ルジャンドル多項式の直交関係式

前項の母関数を用いると，ルジャンドル多項式の直交関係式

$$\int_{-1}^{1} P_m(x) P_n(x) \, \mathrm{d}x = \frac{2}{2n+1} \cdot \delta_{mn} \tag{A.31}$$

を示すことができる．実際

$$\frac{1}{\sqrt{1 - 2xu + u^2}} \cdot \frac{1}{\sqrt{1 - 2xv + v^2}} = \sum_{m=0}^{\infty} \sum_{n=0}^{\infty} P_m(x) P_n(x) u^m v^n \tag{A.32}$$

の左辺を x 積分すると

$$\int_{-1}^{1} \frac{\mathrm{d}x}{\sqrt{(1 - 2xu + u^2)(1 - 2xv + v^2)}}$$
$$= \frac{1}{\sqrt{4uv}} \int_{-1}^{1} \frac{\mathrm{d}x}{\sqrt{(a-x)(b-x)}} \quad \left(a = \frac{1+u^2}{2u},\ b = \frac{1+v^2}{2v}\right)$$

となる．この右辺の不定積分は $u, v > 0$ とするとき $a, b > 1$ ゆえ $|x| \leqq 1$ に対して

$$\int \frac{\mathrm{d}x}{\sqrt{(a-x)(b-x)}} = \log \left| \sqrt{a-x} - \sqrt{b-x} \right|^2 \tag{A.33}$$

で与えられる[2]．よって，定積分の結果は

$$\frac{1}{\sqrt{uv}} \log \left(\frac{1 + \sqrt{uv}}{1 - \sqrt{uv}} \right) = \sum_{n=0}^{\infty} \frac{2}{2n+1} \cdot (uv)^n \tag{A.34}$$

となる．ここで，級数展開公式 ($|x| < 1$)

$$\log(1+x) = x - \frac{x^2}{2} + \frac{x^3}{3} - \cdots, \quad \log(1-x) = -x - \frac{x^2}{2} - \frac{x^3}{3} - \cdots \tag{A.35}$$

を使った．これ自体は両辺を x 微分してみればわかる．以上から，直交性を表す積分公式 (A.31) が示された．

2] たとえば，『岩波数学公式 I』(岩波書店) p.122 にある．

注意 他にロドリグの公式とよばれる

$$P_n(x) = \frac{1}{2^n n!} \cdot \frac{d^n}{dx^n}(x^2-1)^n \qquad (n=0,1,2,\cdots) \tag{A.36}$$

を用いる証明法もある．それを例題 A.6 とした．

ルジャンドル多項式と球関数

ルジャンドルの微分方程式 (A.24) は変数変換 $x = \cos\theta$ により

$$\frac{1}{\sin\theta}\frac{d}{d\theta}\left(\sin\theta\frac{dP_n}{d\theta}\right) + n(n+1)P_n = 0 \tag{A.37}$$

となる．証明には

$$\frac{d}{d\theta} = -\sqrt{1-x^2}\cdot\frac{d}{dx}, \quad \sin\theta = \sqrt{1-x^2} \qquad (0 \leqq \theta \leqq \pi) \tag{A.38}$$

を使えばよい．

3次元のラプラシアンを極座標で表した

$$\nabla^2 = \frac{\partial^2}{\partial r^2} + \frac{2}{r}\frac{\partial}{\partial r} + \frac{1}{r^2}\left(\frac{1}{\sin\theta}\frac{\partial}{\partial\theta}\left(\sin\theta\frac{\partial}{\partial\theta}\right) + \frac{1}{\sin^2\theta}\frac{\partial^2}{\partial\phi^2}\right) \tag{A.39}$$

の角度部分の演算子を

$$\Lambda = \frac{1}{\sin\theta}\frac{\partial}{\partial\theta}\left(\sin\theta\frac{\partial}{\partial\theta}\right) + \frac{1}{\sin^2\theta}\frac{\partial^2}{\partial\phi^2} \tag{A.40}$$

で取り出せば，ルジャンドル多項式は

$$\Lambda P_n(\cos\theta) = -n(n+1)P_n(\cos\theta) \tag{A.41}$$

を満たす．すなわち演算子 Λ の固有関数になっていることがわかる．じつは $P_n(\cos\theta)$ は，より一般的な Λ の固有関数 $Y_n^m(\theta,\phi)$ (それを**球関数**という) の特別な場合 $P_n(\cos\theta) \propto Y_n^0(\theta,\phi)$ になっているのである．詳しくは，量子力学または物理数学の教科書で勉強してほしい．

例題 A.6 ルジャンドル多項式の直交関係式

$$\int_{-1}^{1} P_m(x)P_n(x)\,dx = \frac{1}{2^m m! \cdot 2^n n!}\int_{-1}^{1}\left(\frac{d^m}{dx^m}(x^2-1)^m\right)\left(\frac{d^n}{dx^n}(x^2-1)^n\right)dx$$

$$= \frac{2}{2n+1}\cdot\delta_{mn}$$

を示せ．ここで δ_{mn} はクロネッカーのデルタ記号である．

解 係数を除いた定積分項を考える．部分積分により $m > n$ のときは，m 階微分のほうの微分階数を減らし，n 階微分のほうの微分階数を増やしていく．すると最後に $(x^2 - 1)^n$ の $m + n$ 階微分が残るが，$m + n > 2n$ ゆえこれはゼロである．なお，部分積分の境界値はつねにゼロとなっている．その理由を考えてみよ．$m < n$ のときは，この逆をやればやはりゼロとなる．最後に $m = n$ の場合，部分積分の結果

$$(-1)^n \int_{-1}^{1} (x^2 - 1)^n \frac{d^{2n}}{dx^{2n}} (x^2 - 1)^n \, dx$$

が残る．係数 $(-1)^n$ は部分積分の回数から出る．微分項は定数 $(2n)!$ を与えるから，この定積分は

$$(2n)! \int_{-1}^{1} (1 - x^2)^n \, dx = (2n)! \cdot 2 \int_{0}^{\pi/2} \cos^{2n+1} \theta \, d\theta \qquad (x = \sin\theta)$$

$$= (2n)! \cdot 2 \cdot \frac{(2n)!!}{(2n+1)!!} = \frac{2}{2n+1} \cdot (2^n n!)^2 \qquad (A.42)$$

となり，もとの係数を掛けて $2/(2n+1)$ を得る．ここで，記号「!!」は一つおきの階乗を意味し，定積分公式 (A.14) を用いた． □

C ミンコフスキー空間と特殊相対論

ローレンツ変換

光速度 $c = 1$ の単位系で，空間の「距離」を決める計量が

$$ds^2 = dt^2 - d\boldsymbol{r}^2 = dt^2 - dx^2 - dy^2 - dz^2 \tag{A.43}$$

で与えられる空間 $(t, \boldsymbol{r})$ を 4 次元ミンコフスキー空間 (Minkowski space) という．そして，この空間計量を変えないような座標変換を「ローレンツ変換」という．

注意 正確にいうと，t を変えない狭義の空間回転も含めたものは「ポアンカレ変換」とよばれる．言い換えると，ポアンカレ変換は t を変えない 3 次元の空間回転と，t も変えるローレンツ変換とからなる．

ローレンツ変換の具体例を挙げよう．簡単のため y, z は変えず (t,x) のみを変える変換 $(t,x) \to (T,X)$ に限ると

$$T = t\cosh\alpha - x\sinh\alpha, \quad X = x\cosh\alpha - t\sinh\alpha$$

あるいは

$$\begin{pmatrix} T \\ X \end{pmatrix} = \begin{pmatrix} \cosh\alpha & -\sinh\alpha \\ -\sinh\alpha & \cosh\alpha \end{pmatrix} \begin{pmatrix} t \\ x \end{pmatrix} \tag{A.44}$$

は

$$T^2 - X^2 = (t\cosh\alpha - x\sinh\alpha)^2 - (-t\sinh\alpha + x\cosh\alpha)^2$$
$$= (\cosh^2\alpha - \sinh^2\alpha)(t^2 - x^2) = t^2 - x^2$$

ゆえ計量を変えない．ここで $\cosh\alpha, \sinh\alpha$ は双曲線関数で

$$\cosh\alpha = \frac{1}{2}\left(e^\alpha + e^{-\alpha}\right), \quad \sinh\alpha = \frac{1}{2}\left(e^\alpha - e^{-\alpha}\right),$$
$$\tanh\alpha = \frac{\sinh\alpha}{\cosh\alpha} = \frac{e^\alpha - e^{-\alpha}}{e^\alpha + e^{-\alpha}} \tag{A.45}$$

により定義される．上で用いた $\cosh^2\alpha - \sinh^2\alpha = 1$ はこの定義から容易にわかる．

$$\cosh^2\alpha - \sinh^2\alpha = \frac{1}{4}\left(e^\alpha + e^{-\alpha}\right)^2 - \frac{1}{4}\left(e^\alpha - e^{-\alpha}\right)^2 = \frac{1}{4}(2-(-2)) = 1$$

例題 A.7 ここで $\tanh\alpha = v$ と置くと

$$\cosh\alpha = \frac{1}{\sqrt{1-v^2}}, \quad \sinh\alpha = \frac{v}{\sqrt{1-v^2}} \tag{A.46}$$

と書けることを示せ．

解 右辺に $v = \tanh\alpha = \sinh\alpha/\cosh\alpha$ を代入すれば

$$\frac{1}{\sqrt{1-v^2}} = \frac{1}{\sqrt{1-\tanh^2\alpha}} = \frac{\cosh\alpha}{\sqrt{\cosh^2\alpha - \sinh^2\alpha}} = \cosh\alpha,$$
$$\frac{v}{\sqrt{1-v^2}} = \frac{\sinh\alpha}{\sqrt{\cosh^2\alpha - \sinh^2\alpha}} = \sinh\alpha$$

を得る． □

したがって，式 (A.44) から

$$T = \frac{t - vx}{\sqrt{1 - v^2}}, \quad X = \frac{x - vt}{\sqrt{1 - v^2}} \quad (A.47)$$

という有名なローレンツ変換の式を得る．ローレンツ変換はミンコフスキー空間の「直交変換」なのである．

注意 光速度 c を復活させるには $t \to ct,\ v \to v/c$ と置き換えればよい．

$$cT = \frac{ct - vx/c}{\sqrt{1 - (v/c)^2}} \implies T = \frac{t - vx/c^2}{\sqrt{1 - (v/c)^2}}, \quad X = \frac{x - vt}{\sqrt{1 - (v/c)^2}}$$

光速度 c がある公式が覚え難いのに比べれば，$c = 1$ とした表式がいかに簡便であるかがよくわかる．

波動方程式のローレンツ共変性

電磁場のしたがう真空 (電荷密度なし) の波動方程式は

$$\left(\frac{\partial^2}{\partial t^2} - \frac{\partial^2}{\partial \boldsymbol{r}^2} \right) \phi(t, \boldsymbol{r}) = 0 \quad (A.48)$$

で与えられる (光速度 $c = 1$ の単位系)．いま，ローレンツ変換

$$T = t \cosh \alpha - x \sinh \alpha, \quad X = x \cosh \alpha - t \sinh \alpha, \quad Y = y, \quad Z = z$$

を考えれば

$$\frac{\partial}{\partial t} = \frac{\partial T}{\partial t} \frac{\partial}{\partial T} + \frac{\partial X}{\partial t} \frac{\partial}{\partial X} = + \cosh \alpha \frac{\partial}{\partial T} - \sinh \alpha \frac{\partial}{\partial X}$$

$$\frac{\partial}{\partial x} = \frac{\partial T}{\partial x} \frac{\partial}{\partial T} + \frac{\partial X}{\partial x} \frac{\partial}{\partial X} = - \sinh \alpha \frac{\partial}{\partial T} + \cosh \alpha \frac{\partial}{\partial X}$$

であるから

$$\frac{\partial^2}{\partial t^2} - \frac{\partial^2}{\partial x^2} = \left(\cosh \alpha \frac{\partial}{\partial T} - \sinh \alpha \frac{\partial}{\partial X} \right)^2 - \left(-\sinh \alpha \frac{\partial}{\partial T} + \cosh \alpha \frac{\partial}{\partial X} \right)^2$$

$$= (\cosh^2 \alpha - \sinh^2 \alpha) \left(\frac{\partial^2}{\partial T^2} - \frac{\partial^2}{\partial X^2} \right) = \frac{\partial^2}{\partial T^2} - \frac{\partial^2}{\partial X^2} \quad (A.49)$$

が成り立つ．したがって，このローレンツ変換によりスカラー場は $\phi(t, \boldsymbol{r}) \to \Phi(T, \boldsymbol{R})$ の変換を受けるが，そのしたがう方程式は

$$\left(\frac{\partial^2}{\partial T^2} - \frac{\partial^2}{\partial \boldsymbol{R}^2}\right)\varPhi(T, \boldsymbol{R}) = 0 \tag{A.50}$$

のように形を変えないことがわかる．このような変換性を**ローレンツ共変性** (Lorentz covariant) という．波動方程式はローレンツ共変的なのである．アインシュタインの特殊相対論は

物理法則はローレンツ変換で共変的である

と表現できる．

例題 A.8 変数変換 $(t, x) \to (u, v)$：
$$2u = x - t, \quad 2v = x + t \iff x = v + u, \quad t = v - u \tag{A.51}$$
を考える．このとき
$$\frac{\partial^2}{\partial x^2} - \frac{\partial^2}{\partial t^2} = \frac{\partial^2}{\partial u \partial v} \tag{A.52}$$
を示せ．この演算は，パラメータ α を含む $U = u \cdot e^{\alpha}$, $V = v \cdot e^{-\alpha}$ の変換 $(u, v) \to (U, V)$ によって
$$\frac{\partial^2}{\partial u \partial v} = \frac{\partial^2}{\partial U \partial V}$$
のように共変的になることは容易にわかる．この変換がもとの変数の変換 $(t, x) \to (T, X)$ としてみればローレンツ変換になっていることを確かめよ．

解 偏微分の関係
$$\frac{\partial}{\partial x} = \frac{\partial u}{\partial x}\frac{\partial}{\partial u} + \frac{\partial v}{\partial x}\frac{\partial}{\partial v} = \frac{1}{2}\left(\frac{\partial}{\partial v} + \frac{\partial}{\partial u}\right),$$
$$\frac{\partial}{\partial t} = \frac{\partial u}{\partial t}\frac{\partial}{\partial u} + \frac{\partial v}{\partial t}\frac{\partial}{\partial v} = \frac{1}{2}\left(\frac{\partial}{\partial v} - \frac{\partial}{\partial u}\right)$$
を用いれば
$$\frac{\partial^2}{\partial x^2} - \frac{\partial^2}{\partial t^2} = \frac{1}{4}\left[\left(\frac{\partial}{\partial v} + \frac{\partial}{\partial u}\right)^2 - \left(\frac{\partial}{\partial v} - \frac{\partial}{\partial u}\right)^2\right] = \frac{\partial^2}{\partial u \partial v}$$
を得る．変換 $U = u \cdot e^{\alpha}$, $V = v \cdot e^{-\alpha}$ をもとの変数で書けば

を得る．

$$X - T = 2U = 2u \cdot e^{\alpha} = (x-t)e^{\alpha}, \quad X + T = 2V = 2v \cdot e^{-\alpha} = (x+t)e^{-\alpha}$$
$$\implies X = x\cosh\alpha - t\sinh\alpha, \quad T = t\cosh\alpha - x\sinh\alpha$$

を得る．これはローレンツ変換 (A.44) である． □

D ヤコビの楕円関数

ヤコビの楕円関数

楕円関数の表現法にはヤコビ流とワイエルシュトラス流の二つがあるが，ここではヤコビ流のものを与えよう: 三角関数の拡張であることが如実にみてとれるからである．ヤコビの楕円関数には $\text{sn}(x,k)$, $\text{cn}(x,k)$, $\text{dn}(x,k)$ の 3 種類がある．ここで k は楕円関数の母数 (modulus) とよばれるパラメータである．簡単のため k を省略して $\text{sn}\,x$, $\text{cn}\,x$, $\text{dn}\,x$ とか，本書ではもっと略して $s(x)$, $c(x)$, $d(x)$ と書くこともある．なお，これらのあいだには

$$\text{cn}^2 x + \text{sn}^2 x = 1, \quad \text{dn}^2 x + k^2 \text{sn}^2 x = 1 \tag{A.53}$$

の関係がある．前者から $\text{sn}\,x$, $\text{cn}\,x$ が三角関数 $\sin x$, $\cos x$ に似ていることがわかる．

さて，楕円関数の微分は

$$\dot{s} = c \cdot d, \quad \dot{c} = -s \cdot d, \quad \dot{d} = -k^2 s \cdot c \tag{A.54}$$

で与えられる（ドットは x 微分を表す）．よって，たとえば最初の式からは式 (A.53) を使って

$$\frac{d}{dx} s(x) = \sqrt{(1-s^2(x))(1-k^2 s^2(x))} \iff x = \int_0^s \frac{ds}{\sqrt{(1-s^2)(1-k^2 s^2)}}$$

を得る．したがって，この s と x は逆関数の関係にある:

$$s^{-1}(x) = \int_0^x \frac{dx}{\sqrt{(1-x^2)(1-k^2 x^2)}} \tag{A.55}$$

これを楕円関数 $s(x) = \text{sn}(x,k)$ のもともとの定義式とみることもできる．

注意 これは $k = 0$ のときの

$$\sin^{-1} x = \int_0^x \frac{\mathrm{d}x}{\sqrt{1-x^2}}$$

のアナロジーである.

微分の公式 (A.54) を使えば

$$\frac{\mathrm{d}}{\mathrm{d}x}\left(s^2(x) + c^2(x)\right) = 2s \cdot (c \cdot d) + 2c \cdot (-s \cdot d) = 0,$$

$$\frac{\mathrm{d}}{\mathrm{d}x}\left(k^2 s^2(x) + d^2(x)\right) = 2k^2 s \cdot (c \cdot d) + 2d \cdot (-k^2 s \cdot c) = 0$$

であるから,初期条件 $s(0) = 0$, $c(0) = 1$ を仮定すれば,等式 (A.53) が得られる. なお,$\mathrm{sn}\, x$ は奇関数で $\mathrm{cn}\, x$, $\mathrm{dn}\, x$ は偶関数である.

楕円関数の加法公式

楕円関数にも三角関数のように「加法公式」(addition formula) がある:

$$\mathrm{sn}(x+y) = \frac{\mathrm{sn}\, x\, \mathrm{cn}\, y\, \mathrm{dn}\, y + \mathrm{sn}\, y\, \mathrm{cn}\, x\, \mathrm{dn}\, x}{1 - k^2\, \mathrm{sn}^2 x\, \mathrm{sn}^2 y}, \tag{A.56}$$

$$\mathrm{cn}(x+y) = \frac{\mathrm{cn}\, x\, \mathrm{cn}\, y - \mathrm{sn}\, x\, \mathrm{sn}\, y\, \mathrm{dn}\, x\, \mathrm{dn}\, y}{1 - k^2\, \mathrm{sn}^2 x\, \mathrm{sn}^2 y}, \tag{A.57}$$

$$\mathrm{dn}(x+y) = \frac{\mathrm{dn}\, x\, \mathrm{dn}\, y - k^2\, \mathrm{sn}\, x\, \mathrm{sn}\, y\, \mathrm{cn}\, x\, \mathrm{cn}\, y}{1 - k^2\, \mathrm{sn}^2 x\, \mathrm{sn}^2 y} \tag{A.58}$$

三角関数と比べて分母がある点など相当に複雑であるが,たとえば $k = 0$, $\mathrm{dn}(x, 0) \equiv 1$ と置けば,三角関数の加法公式と同じになることがわかる.

加法公式を証明しよう.たとえば式 (A.56) の右辺を x で偏微分すると,簡単のため $\mathrm{sn}\, x = s_1$, $\mathrm{sn}\, y = s_2$ などと表記すれば

$$\frac{\partial}{\partial x}\left(\frac{s_1 c_2 d_2 + s_2 c_1 d_1}{1 - k^2 s_1^2 s_2^2}\right)$$

$$= \frac{c_1 d_1 c_2 d_2 + s_2(-s_1 d_1^2 - k^2 s_1 c_1^2)}{1 - k^2 s_1^2 s_2^2} - \frac{(s_1 c_2 d_2 + s_2 c_1 d_1)(-2k^2 s_1 c_1 d_1 s_2^2)}{(1 - k^2 s_1^2 s_2^2)^2}$$

$$= \frac{1}{(1 - k^2 s_1^2 s_2^2)^2}\Big[(1 - k^2 s_1^2 s_2^2)\left(c_1 d_1 c_2 d_2 - s_1 s_2(d_1^2 + k^2 c_1^2)\right)$$

$$\qquad\qquad + 2k^2(s_1 c_2 d_2 + s_2 c_1 d_1) s_1 c_1 d_1 s_2^2\Big]$$

となる.この右辺のカギ括弧内は $d_1^2 + k^2 s_1^2 = 1$, $1 - k^2 s_2^2 = d_2^2$ の関係を使えば

$$(1 - k^2 s_1^2 s_2^2)c_1 d_1 c_2 d_2 + s_1 s_2 \left(2k^2 s_1 c_1 d_1 s_2 c_2 d_2 - d_1^2 d_2^2 - k^2 c_1^2 c_2^2\right)$$

となる．よって，右辺の微分は添字 1, 2 すなわち変数 x, y の交換について対称となる．すなわち

$$\frac{\partial}{\partial x}(右辺) = \frac{\partial}{\partial y}(右辺)$$

である．これは右辺が $x+y$ の関数であることを意味する．ところが，右辺で $y = 0$ と置けば $s(x) = \mathrm{sn}\, x$ となるから，「右辺 $= s(x+y) = \mathrm{sn}(x+y) =$ 左辺」を得る．残りの加法公式も同様にして証明される．

注意 これはアーベルによる加法公式の証明法であるが，微分結果の対称性をみるだけでよい点が秀逸である．ただし，加法公式が既知の場合に限定されるのが難点である．

例題 A.9 慣性能率 I_1, I_2, I_3 を持つ剛体の自由な運動を記述するオイラーの微分方程式

$$I_1 \frac{\mathrm{d}\omega_1}{\mathrm{d}t} = (I_2 - I_3)\omega_2 \omega_3, \quad I_2 \frac{\mathrm{d}\omega_2}{\mathrm{d}t} = (I_3 - I_1)\omega_3 \omega_1, \quad I_3 \frac{\mathrm{d}\omega_3}{\mathrm{d}t} = (I_1 - I_2)\omega_1 \omega_2 \tag{A.59}$$

を「オイラーのコマ」(Euler's top) の運動方程式という．このとき，保存則

$$\frac{\mathrm{d}}{\mathrm{d}t}\left(I_1 \omega_1^2 + I_2 \omega_2^2 + I_3 \omega_3^2\right) = 0, \quad \frac{\mathrm{d}}{\mathrm{d}t}\left(I_1^2 \omega_1^2 + I_2^2 \omega_2^2 + I_3^2 \omega_3^2\right) = 0 \tag{A.60}$$

の成立を示せ．

解 式 (A.59) の両辺にそれぞれ ω_1, ω_2, ω_3 を掛けて辺々加えると，右辺がゼロとなることから，前者の保存則が得られる．同様に，式 (A.59) の両辺にそれぞれ $I_1 \omega_1$, $I_2 \omega_2$, $I_3 \omega_3$ を掛けて辺々加えると，ふたたび右辺がゼロとなることから，後者の保存則が得られる． □

そこで，初期条件で決まる定数 (二つの保存量の比である)

$$I = \frac{I_1^2 \omega_1^2 + I_2^2 \omega_2^2 + I_3^2 \omega_3^2}{I_1 \omega_1^2 + I_2 \omega_2^2 + I_3 \omega_3^2} \tag{A.61}$$

を導入し，
$$\omega_1/\omega = \alpha\ \Omega_1, \quad \omega_2/\omega = \beta\ \Omega_2, \quad \omega_3/\omega = \gamma\ \Omega_3 \tag{A.62}$$
として，係数 α, β, γ, k^2 を
$$\alpha^2 = \frac{I_2 I_3 (I_3 - I)}{(I_3 - I_1)(I_3 - I_2)(I - I_1)}, \quad \beta^2 = \frac{I_3 I_1 (I_3 - I)}{(I_3 - I_2)^2 (I - I_1)},$$
$$\gamma^2 = \frac{I_1 I_2}{(I_3 - I_2)(I_3 - I_1)}, \quad k^2 = \frac{(I_2 - I_1)(I_3 - I)}{(I - I_1)(I_3 - I_2)} \tag{A.63}$$
と定める．このとき，角速度の次元を持つスケール・パラメータ ω を使って時間変数を $\omega t \to t$ と無次元化すれば，微分方程式 (A.59) は
$$\frac{d\Omega_1}{dt} = -\Omega_2 \Omega_3, \quad \frac{d\Omega_2}{dt} = \Omega_3 \Omega_1, \quad \frac{d\Omega_3}{dt} = -k^2 \Omega_1 \Omega_2 \tag{A.64}$$
となる．ただし，ここで一般性を失うことなく $I_1 < I < I_2 < I_3$ を仮定した．

注意 導出には，スケール変換 (A.62) を方程式 (A.59) に代入して，式 (A.64) になるように α, β, γ, k を定めると式 (A.63) を得るのである．

なお，スケール・パラメータ ω には不定性がある．たとえば $\omega_j(t)$ が解であるとすると，$\tilde{\omega}_j(t) = a \cdot \omega_j(at)$ も解となる．これは微分方程式に代入してみればわかる．ここでは，以下に与える解の表式の見栄えを良くするため
$$\omega^2 = \frac{I(I_3 - I_2)(I - I_1)}{I_1 I_2 I_3} \omega_0^2 \tag{A.65}$$
と選ぶことにする．

式 (A.64) をみれば，$\Omega_1 = \mathrm{cn}(t, k)$, $\Omega_2 = \mathrm{sn}(t, k)$, $\Omega_3 = \mathrm{dn}(t, k)$ が解となることがわかる：微分公式 (A.54) と比較してみよ．ゆえに，もとの次元のある変数に戻して，式 (A.65) を使えば
$$\omega_1(t) = \omega_0 \sqrt{\frac{I(I_3 - I)}{I_1 (I_3 - I_1)}}\ \mathrm{cn}(\omega t, k), \quad \omega_2(t) = \omega_0 \sqrt{\frac{I(I_3 - I)}{I_2 (I_3 - I_2)}}\ \mathrm{sn}(\omega t, k),$$
$$\omega_3(t) = \omega_0 \sqrt{\frac{I(I - I_1)}{I_3 (I_3 - I_1)}}\ \mathrm{dn}(\omega t, k),$$
$$\omega = \omega_0 \sqrt{\frac{I(I_3 - I_2)(I - I_1)}{I_1 I_2 I_3}}, \quad k = \sqrt{\frac{(I_2 - I_1)(I_3 - I)}{(I - I_1)(I_3 - I_2)}} \tag{A.66}$$

が，オイラーのコマの運動方程式 (A.59) の厳密解となる．

注意 以上から

> オイラーのコマの運動方程式は，ヤコビの楕円関数の微分公式そのものである

といってよいことがわかる．

例題 A.10 上記の注意で述べたように，式 (A.59) が式 (A.64) に一致するように，各パラメータ α, β, γ, k を決定せよ．

解 変数変換 $\omega_1 = \omega\alpha\Omega_1$, $\omega_2 = \omega\beta\Omega_2$, $\omega_3 = \omega\gamma\Omega_3$, $t \to t/\omega$ を (A.59) に代入すれば

$$I_1\alpha\dot{\Omega}_1 = (I_2 - I_3)\beta\gamma\Omega_2\Omega_3,$$
$$I_2\beta\dot{\Omega}_2 = (I_3 - I_1)\gamma\alpha\Omega_3\Omega_1,$$
$$I_3\gamma\dot{\Omega}_3 = (I_1 - I_2)\alpha\beta\Omega_1\Omega_2$$

これが (A.64) に一致するには

$$(I_3 - I_2)\beta\gamma = I_1\alpha, \quad (I_3 - I_1)\gamma\alpha = I_2\beta, \quad (I_2 - I_1)\alpha\beta = k^2 I_3\gamma \tag{A.67}$$

となればよい．なお，少々ズルイが結果を見越して，$t = 0$ のとき $\omega_1 = \omega\alpha$, $\omega_2 = 0$, $\omega_3 = \omega\gamma$ として，等式 $I = (I_1^2\alpha^2 + I_3^2\gamma^2)/(I_1\alpha^2 + I_3\gamma^2)$ を使う．すなわち

$$I_1(I - I_1)\alpha^2 = I_3(I_3 - I)\gamma^2 \tag{A.68}$$

が成り立つ．まず，式 (A.67) から二つずつを組み合わせると

$$(I_3 - I_1)(I_2 - I_1)\alpha^2 = k^2 I_2 I_3,$$
$$(I_3 - I_2)(I_2 - I_1)\beta^2 = k^2 I_3 I_1,$$
$$(I_3 - I_2)(I_3 - I_1)\gamma^2 = I_1 I_2$$

を得る．よって，1 番目と 2 番目の辺々の比をとれば

$$\frac{\alpha^2}{\beta^2} = \frac{I_2(I_3 - I_2)}{I_1(I_3 - I_1)} \tag{A.69}$$

を得る．また，1 番目と 3 番目の辺々の比をとれば

$$k^2 \cdot \frac{I_3}{I_1} = \frac{(I_2 - I_1)\alpha^2}{(I_3 - I_2)\gamma^2} = \frac{I_2 - I_1}{I_3 - I_2} \cdot \frac{I_3(I_3 - I)}{I_1(I - I_1)} \implies k^2 = \frac{(I_2 - I_1)(I_3 - I)}{(I_3 - I_2)(I - I_1)} \tag{A.70}$$

を得る.ここで式 (A.68) を用いている.

以上から,α^2, β^2, γ^2 は I_1, I_2, I_3, I を用いて,以下のように表される.

$$\begin{aligned}
\alpha^2 &= \frac{I_2 I_3 (I_3 - I)}{(I_3 - I_1)(I_3 - I_2)(I - I_1)}, \\
\beta^2 &= \frac{I_3 I_1 (I_3 - I)}{(I_3 - I_2)^2 (I - I_1)}, \\
\gamma^2 &= \frac{I_1 I_2}{(I_3 - I_2)(I_3 - I_1)}
\end{aligned} \tag{A.71}$$

よって,式 (A.65) を用いて振幅 $\omega\alpha$, $\omega\beta$, $\omega\gamma$ を計算すれば,式 (A.66) を得る.□

参考文献

[1] L.D. ランダウ, E.M. リフシッツ著, 広重 徹, 水戸 巌訳『力学』東京図書 (1986)
[2] 高橋 康『量子力学を学ぶための解析力学入門』講談社 (2000)
[3] 大貫義郎『解析力学』岩波書店 (1987)
[4] 朝永振一郎『スピンはめぐる』中央公論社 (1974), みすず書房 (新版, 2008)
[5] V.I. アーノルド著, 蟹江幸博訳『数理解析のパイオニアたち』シュプリンガー・フェアラーク東京 (1999)
[6] W. Yourgrau and S. Mandelstam, *Variational Principles in Dynamics and Quantum Theory* (Dover, 1979)

演習問題の解答

第1章の解答

問 1.1 電子は磁気能率として有名なボーア磁子 μ_B を持ち,磁束密度 B のもとでエネルギー $E = \pm \mu_\mathrm{B} B$ を生じる (ゼーマン効果,符号は磁気能率 (電子スピン) の向きで決まる).これを使えば B の次元が例題 1.2 から $[B] = \mathrm{M/TQ}$ であったから

$$[\mu_\mathrm{B}] = \frac{\mathrm{ML}^2/\mathrm{T}^2}{\mathrm{M/TQ}} = \frac{\mathrm{QL}^2}{\mathrm{T}} \tag{S.1}$$

を得る.なお,ボーア磁子が $\mu_\mathrm{B} = e\hbar/2m$ で与えられることを知っていれば,直接に導くこともできる.

$$[\mu_\mathrm{B}] = \frac{\mathrm{Q} \cdot \mathrm{ML}^2/\mathrm{T}}{\mathrm{M}} = \frac{\mathrm{QL}^2}{\mathrm{T}} \tag{S.2}$$

注意 真空の透磁率 μ_0 は同じ文字 μ を使い,確かに磁性と関係してはいるのだが,紛らわしいことにその次元は磁気能率の次元とは異なっている:$[\mu_0] = \mathrm{ML/Q}^2$.こちらは関係式 $\varepsilon_0 \mu_0 = 1/c^2$ から確かめることができる.

$$[\varepsilon_0 \mu_0] = \frac{\mathrm{Q}^2 \mathrm{T}^2}{\mathrm{ML}^3} \cdot \frac{\mathrm{ML}}{\mathrm{Q}^2} = \frac{\mathrm{T}^2}{\mathrm{L}^2} = \frac{1}{[c^2]} \tag{S.3}$$

ここで c は光速度で,誘電率の次元は例題 1.1 で調べてある.当時の測定値をもとに計算した $1/\sqrt{\varepsilon_0 \mu_0}$ の値が光速度に近かったことから,マクスウェルは「光の電磁波説」を思い付いたという.

問 1.2 (1) 自分で作図してみると思いのほか難しいが,結果がきれいな直線に乗ることがわかると楽しい (図 S.1).近頃では両対数グラフ用紙は文房具店でも見つけ難いが,パソコン上で描ける時代になったからであろうか.

(2) は変数 G, M, a を用いて $T = G^\alpha M^\beta a^\gamma$ と書き,両辺の次元を比べれば

$$\mathrm{T} = \left(\mathrm{L}^3 \cdot \mathrm{M}^{-1} \cdot \mathrm{T}^{-2}\right)^\alpha (\mathrm{M})^\beta (\mathrm{L})^\gamma = \mathrm{L}^{3\alpha+\gamma} \cdot \mathrm{M}^{-\alpha+\beta} \cdot \mathrm{T}^{-2\alpha}$$

より,連立方程式 $3\alpha + \gamma = 0$, $-\alpha + \beta = 0$, $-2\alpha = 1$.これを解いて,$\alpha = -1/2$, $\beta = -1/2$, $\gamma = 3/2$ を得る.したがって

$$T = \sqrt{\frac{a^3}{GM}} \cdot (無次元量) \tag{S.4}$$

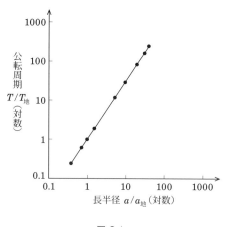

図 S.1

となる.詳しい計算によれば,この無次元量は 2π であることがわかる (第 2 章).

問 1.3 変数分離形をしているので,$v_\infty = \sqrt{mg/k}$ とおいて

$$\frac{dv}{dt} = -\frac{k}{m}(v^2 - v_\infty^2) \implies \int_0^v \frac{dv}{v_\infty^2 - v^2} = +\frac{k}{m}\int_0^t dt = \frac{kt}{m}$$

の左辺の積分は,部分分数に分解して

$$\frac{1}{2v_\infty}\int_0^v \left(\frac{1}{v_\infty - v} + \frac{1}{v_\infty + v}\right) dv = \frac{1}{2v_\infty}[-\log(v_\infty - v) + \log(v_\infty + v)]_0^v$$
$$= \frac{1}{2v_\infty}\log\left(\frac{v_\infty + v}{v_\infty - v}\right) \tag{S.5}$$

と計算される.よって,求める解は

$$\frac{v_\infty + v}{v_\infty - v} = \exp\left(\frac{2kv_\infty}{m}t\right) \implies v(t) = v_\infty \cdot \tanh\left(\sqrt{\frac{kg}{m}}\,t\right) \tag{S.6}$$

となる.ここで $\tanh x$ は双曲線関数のひとつで

$$\cosh x = \frac{e^x + e^{-x}}{2}, \quad \sinh x = \frac{e^x - e^{-x}}{2}, \quad \tanh x = \frac{\sinh x}{\cosh x} = \frac{e^x - e^{-x}}{e^x + e^{-x}} \tag{S.7}$$

で定義される.以上から,終端速度は $v(\infty) = v_\infty$ で与えられることがわかる.もっとも,その前に地面に達するかもしれない.速度 $v(t)$ を再度時間積分して,高度 $h(t)$ を求めてみよ.結果は

$$h(t) = h(0) - \frac{m}{k}\log\left[\cosh\left(\sqrt{\frac{kg}{m}}\,t\right)\right] \tag{S.8}$$

である．これを確かめてみよ．

問 1.4 右辺を展開して，規則 $du \wedge du = 0$, $dv \wedge dv = 0$, $du \wedge dv = -dv \wedge du$ を使うと

$$dx \wedge dy = \left(\frac{\partial x}{\partial u}\frac{\partial y}{\partial v} - \frac{\partial x}{\partial v}\frac{\partial y}{\partial u}\right) du \wedge dv \tag{S.9}$$

を得る．よって，記号 $\wedge$ を省略すれば式 (1.58) となる．次元が 3 次元 (3 変数) でも同様である．逆に「行列式」を記号 $\wedge$ と積の反交換規則によって定義することもできる．

問 1.5 変分原理 $\delta S = 0$ から得られる

$$\frac{d}{dx}\left(\frac{\partial f}{\partial \dot{y}}\right) = \frac{\partial f}{\partial y} \quad \Longrightarrow \quad \frac{d}{dx}\left(\frac{y\dot{y}}{\sqrt{1+\dot{y}^2}}\right) = \sqrt{1+\dot{y}^2} \tag{S.10}$$

を解くのでもよいのだが，ここでは最速降下線問題に倣って独立変数を x から y に変更すれば

$$S = 2\pi \int y\sqrt{1+\dot{x}^2}\, dy \equiv 2\pi \int F(y, x, \dot{x})\, dy \tag{S.11}$$

と書ける $(\dot{x} = dx/dy)$ ことを利用しよう．このときの変分条件 $\delta S = 0$ から

$$\frac{d}{dy}\left(\frac{\partial F}{\partial \dot{x}}\right) = \frac{\partial F}{\partial x} \equiv 0 \quad \Longrightarrow \quad \frac{\partial F}{\partial \dot{x}} = \frac{y\dot{x}}{\sqrt{1+\dot{x}^2}} = 一定 \equiv a \tag{S.12}$$

を得る．よって

$$\left(\frac{dx}{dy}\right)^2 = \frac{a^2}{y^2 - a^2} \quad \Longrightarrow \quad \frac{dx}{dy} = \pm\frac{a}{\sqrt{y^2 - a^2}} \tag{S.13}$$

という微分方程式を得る．微分公式

$$\frac{d}{dy}\log\left(y + \sqrt{y^2 - a^2}\right) = \frac{1}{\sqrt{y^2 - a^2}} \tag{S.14}$$

に注意すれば，微分方程式 (S.13) の解は，積分定数 b を導入して

$$\pm\frac{x-b}{a} = \log\left(y + \sqrt{y^2 - a^2}\right)$$
$$\Longrightarrow \quad y = \frac{1}{2}\left(e^{\pm(x-b)/a} + a^2 e^{\mp(x-b)/a}\right)$$
$$\Longrightarrow \quad y = \frac{a}{2}\left(e^{(x-c)/a} + e^{-(x-c)/a}\right) = a \cdot \cosh\left(\frac{x-c}{a}\right) \tag{S.15}$$

すなわち双曲線関数となる．ここで，積分定数 a, c は両端条件から決定される (図 S.2)．

注意 この問題は，重力下でひもの両端を持ったときにできる形状を求める「懸垂線問題」に現れる変分問題と同じである．そのため双曲線関数 $\cosh x$ は「懸垂線 (カテナリー) 関数」ともよばれる．

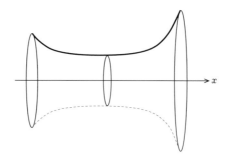

図 S.2　回転体の極小曲面

問 1.6　微分方程式
$$\left(\frac{d\phi}{dr}\right)^2 = \frac{a^2}{r^2(n^2r^2 - a^2)}$$
に，仮定 $n^2 = 1 + b^2/r^2$ を代入すると
$$\left(\frac{d\phi}{dr}\right)^2 = \frac{a^2}{r^2(r^2 + b^2 - a^2)} \tag{S.16}$$
となる．まず，$b^2 = 0$ のときは
$$\frac{d\phi}{dr} = \pm \frac{a}{r\sqrt{r^2 - a^2}} \implies \phi(r) = \pm \int_a^r \frac{a\,dr}{r\sqrt{r^2 - a^2}}$$
となる．右辺は，積分公式
$$\int^x \frac{dx}{x\sqrt{x^2 - 1}} = -\operatorname{cosec}^{-1} x \tag{S.17}$$
を使えば積分できる．この公式[1]は両辺を x 微分して直接に確かめられる．$\operatorname{cosec}^{-1} x = u \iff x = \operatorname{cosec} u = 1/\sin u$ として du/dx を計算すればよい．さて，この公式を $x = r/a$ として用いれば，上式は
$$\phi(r) = \pm \int_1^{r/a} \frac{dx}{x\sqrt{x^2 - 1}} = \mp \left(\operatorname{cosec}^{-1}\left(\frac{r}{a}\right) - \frac{\pi}{2}\right) \tag{S.18}$$
と積分される．よって，軌道の式
$$r(\phi) = \frac{a}{\cos\phi}, \quad -\frac{\pi}{2} < \phi < \frac{\pi}{2} \tag{S.19}$$
を得る．これは $x = r\cos\phi = a$ なる直線を表すが，期待通りの結果である．

今度は $b^2 \neq 0$ の場合を考え，$a^2 - b^2 = c^2$ とおけば $(a > c)$

---

[1]　『岩波数学公式 I』(岩波書店) p.108.

となるから，前と同様に $r = cx$ の変数変換により

$$\phi(r) = \pm \frac{a}{c} \int_1^{r/c} \frac{\mathrm{d}x}{x\sqrt{x^2-1}} \quad \Longrightarrow \quad r(\phi) = \frac{c}{\cos\left(\dfrac{c}{a} \cdot \phi\right)} \tag{S.20}$$

を得る．これから，軌道は順に

$$r = \infty \quad \left(\phi = -\frac{\pi}{2} \cdot \frac{a}{c}\right), \quad r = c \quad (\phi = 0), \quad r = \infty \quad \left(\phi = +\frac{\pi}{2} \cdot \frac{a}{c}\right) \tag{S.21}$$

となっていることがわかる．

注意 得られた経路は，不等式 $c < a$ のために図 S.3 に示す「スウィング・バイ」のような引力的軌道 ($\Delta\phi > \pi$) になる．この結果は「もし x 軸の負の部分に壁があったとしても壁の向こう側が見える」ということを意味している．原点付近の屈折率を人為的に変更できれば実現可能かもしれない．パラメータ $b^2 < 0$ であれば斥力的軌道 ($\Delta\phi < \pi$) もあり得るが，これは「屈折率 < 1」という非現実的な状況に相当する．

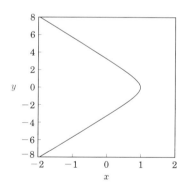

図 S.3 屈折光の軌道．$c = 1.00$, $a = 1.25$ のときの経路

/ 第2章の解答

問 2.1 質点の位置を (x, y) とすると

$$x = a\left(\cos\phi + \phi\sin\phi\right), \quad y = a\left(\sin\phi - \phi\cos\phi\right) \tag{S.22}$$

$$\frac{\mathrm{d}\phi}{\mathrm{d}r} = \pm \frac{a}{r\sqrt{r^2-c^2}} \quad \Longrightarrow \quad \phi(r) = \pm \int_c^r \frac{a\,\mathrm{d}r}{r\sqrt{r^2-c^2}}$$

と書ける．これを求めるには複素数 $z = x + iy$ を用いるのがわかりやすい．複素ベクトルの和から

$$z = ae^{i\phi} + (a\phi) \cdot e^{i\phi} \cdot e^{-i\pi/2} = a\left(e^{i\phi} + \phi \cdot e^{i(\phi - \pi/2)}\right)$$

ゆえ，両辺の実部と虚部を比較して (S.22) を得る．ここで角度 ϕ は糸と円の接点の展開角度である (図 S.4)．よって，ラグランジアンは

$$\dot{x} = a\phi\dot{\phi}\cos\phi, \quad \dot{y} = a\phi\dot{\phi}\sin\phi$$

$$\implies L = \frac{m}{2}\left(\dot{x}^2 + \dot{y}^2\right) = \frac{ma^2}{2}\phi^2\dot{\phi}^2 \tag{S.23}$$

で与えられる．このときオイラー–ラグランジュ方程式は

$$\frac{\mathrm{d}}{\mathrm{d}t}\left(\frac{\partial L}{\partial \dot{\phi}}\right) = \frac{\partial L}{\partial \phi} \implies \frac{\mathrm{d}}{\mathrm{d}t}\left(\phi^2 \dot{\phi}\right) = \phi\dot{\phi}^2 \implies \phi\ddot{\phi} + \dot{\phi}^2 = 0$$

$$\implies \frac{\mathrm{d}}{\mathrm{d}t}\left(\phi\dot{\phi}\right) = 0 \implies \phi\dot{\phi} = 一定 = \frac{v_0}{a} \tag{S.24}$$

となる．じつは，これは「エネルギー保存則 $ma^2(\phi\dot{\phi})^2/2 = 一定$」からも明らかな結果であった．これを積分して

$$\phi^2 = \frac{2v_0 t}{a} \tag{S.25}$$

を得る．

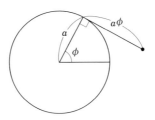

図 S.4 ほぐれていく糸の運動

注意 時刻 $t = 0$ は特異的であるが

$$\phi = \sqrt{\frac{2v_0 t}{a}}, \quad \dot{\phi} = \frac{1}{2}\sqrt{\frac{2v_0}{at}} \implies \phi\dot{\phi} = \frac{v_0}{a} \tag{S.26}$$

となっている．

問 2.2 ラグランジアンは
$$L = \frac{1}{2}\left(\dot{r}^2 + r^2\dot{\phi}^2\right) + \frac{\alpha}{r^2} \tag{S.27}$$
であるから，運動方程式は
$$\frac{\mathrm{d}}{\mathrm{d}t}\dot{r} = r\dot{\phi}^2 - \frac{2\alpha}{r^3} \quad\Longrightarrow\quad \ddot{r} = r\dot{\phi}^2 - \frac{2\alpha}{r^3}, \tag{S.28}$$
$$\frac{\mathrm{d}}{\mathrm{d}t}\left(r^2\dot{\phi}\right) = 0 \quad\Longrightarrow\quad r^2\dot{\phi} = \text{一定} \equiv h \tag{S.29}$$
で与えられる．よって，後者を前者に代入すると
$$\ddot{r} = \frac{h^2 - 2\alpha}{r^3}$$
を得る．あるいは，エネルギー保存則の形に書けば
$$\frac{1}{2}\dot{r}^2 + \frac{h^2 - 2\alpha}{2r^2} = E \tag{S.30}$$
となる．ゆえに，初期条件によって決まる $J \equiv h^2 - 2\alpha$ およびエネルギー E の正負によって，運動の様子は異なってくる．以下では，特に「軌道」を重点に調べよう．

(1) $J > 0, E > 0$ のとき
$$\frac{\mathrm{d}r}{\mathrm{d}t} = \pm\sqrt{2E - \frac{J}{r^2}}, \quad \frac{\mathrm{d}\phi}{\mathrm{d}t} = \frac{h}{r^2} \quad\Longrightarrow\quad \frac{\mathrm{d}r}{\mathrm{d}\phi} = \frac{\mathrm{d}r/\mathrm{d}t}{\mathrm{d}\phi/\mathrm{d}t} = \pm\frac{\sqrt{2E}}{h}\cdot r\sqrt{r^2 - \frac{J}{2E}}$$
を変数分離法により解けば，軌道は
$$r(\phi) = \frac{\sqrt{J/2E}}{\cos\left(\sqrt{J}\ \phi/h\right)} \tag{S.31}$$
となる．すなわち，無限遠から飛来し $\sqrt{J/2E}$ まで最接近して再び無限遠へ去っていく．その間の角度変化は $\Delta\phi = h\pi/\sqrt{J}$ である．これは初期条件によっては 2π を超える（原点を周回する）こともあり得る．また，このときの動径 r の時間依存性は
$$\frac{\mathrm{d}r}{\mathrm{d}t} = \pm\sqrt{2E}\cdot\frac{\sqrt{r^2 - J/2E}}{r} \quad\Longrightarrow\quad r^2 = \frac{J}{2E} + 2E\,t^2 \tag{S.32}$$
で与えられる（図 S.5（左上））．

一方で，$J < 0$ のときは回転のエネルギーが足りずに原点に吸い込まれてしまう．その様子は全エネルギー E の正負で少し異なってくる．

(2) $J < 0, E > 0$ のとき
$$\frac{\mathrm{d}r}{\mathrm{d}\phi} = \pm\frac{\sqrt{2E}}{h}\cdot r\sqrt{r^2 + \frac{|J|}{2E}}$$

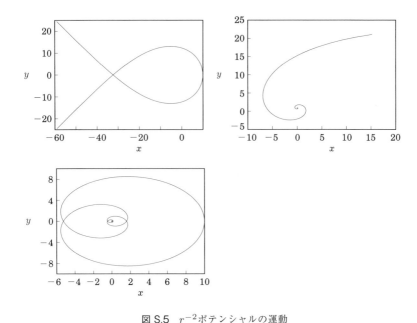

図 S.5 r^{-2}ポテンシャルの運動

を変数分離法により解いて，軌道は

$$r(\phi) = \frac{\sqrt{|J|/2E}}{\sinh\left(\sqrt{|J|}\,\phi/h\right)} \tag{S.33}$$

となる．すなわち無限遠から飛来して原点の周りを旋回しながら原点に収束する (図 S.5 (右上) は $h > 0$ の場合).

(3) $J < 0$, $E < 0$ のときは

$$\frac{\mathrm{d}r}{\mathrm{d}\phi} = \pm \frac{\sqrt{2|E|}}{h} \cdot r \sqrt{\frac{|J|}{2|E|} - r^2}$$

を変数分離法により解いて，軌道は

$$r(\phi) = \frac{\sqrt{|J|/2|E|}}{\cosh\left(\sqrt{|J|}\,\phi/h\right)} \tag{S.34}$$

となる．こちらは半径 $a = \sqrt{|J|/2|E|}$ の領域内を周回しながら原点に収束する．図 S.5 (下) には $h \gtrless 0$ 両方の場合を合わせて描いた．

問 2.3 (1) エネルギー保存則

は変数分離形であるから容易に積分できて，周期 T は

$$\frac{m}{2}\left(\frac{\mathrm{d}x}{\mathrm{d}t}\right)^2 + V(x) = E \implies \left(\frac{\mathrm{d}x}{\mathrm{d}t}\right)^2 = \frac{2}{m}(E - V(x))$$

$$T = 2\int_{x_1}^{x_2} \frac{\mathrm{d}x}{\sqrt{\frac{2}{m}(E - V(x))}} = \sqrt{2m}\int_{x_1}^{x_2} \frac{\mathrm{d}x}{\sqrt{E - V(x)}}$$

となる．

(2) $\alpha = 1$ のときは

$$T = \sqrt{2m}\int_{-x_0}^{x_0} \frac{\mathrm{d}x}{\sqrt{E - K|x|}} \qquad (x_0 = E/K)$$

$$= 2\sqrt{\frac{2m}{K}}\int_0^{x_0} \frac{\mathrm{d}x}{\sqrt{x_0 - x}} = 2\sqrt{\frac{2m}{K}} \cdot 2\sqrt{x_0} = \frac{4}{K}\sqrt{2mE} \qquad (\text{S.35})$$

となる：ゆえに $T \propto E^{1/2}$ である．つぎに $\alpha = 3$ のときは

$$T = \sqrt{2m}\int_{-x_0}^{x_0} \frac{\mathrm{d}x}{\sqrt{E - K|x|^3}} \qquad (x_0 = (E/K)^{1/3})$$

$$= 2\sqrt{\frac{2m}{K}}\int_0^{x_0} \frac{\mathrm{d}x}{\sqrt{x_0^3 - x^3}} = 2\sqrt{\frac{2m}{K}} \cdot \frac{1}{\sqrt{x_0}}\int_0^1 \frac{\mathrm{d}u}{\sqrt{1 - u^3}}$$

$$= 2\sqrt{\frac{2m}{K^{2/3}E^{1/3}}}\int_0^1 \frac{\mathrm{d}u}{\sqrt{1 - u^3}} \qquad (\text{S.36})$$

となる（図 S.6）：ゆえに $T \propto E^{-1/6}$ である．なお，右辺の定積分は次のようにベータ関数（数学的付録 A (p.160)）で書ける（$u^3 = x$ の置換）．

$$\int_0^1 \frac{\mathrm{d}u}{\sqrt{1 - u^3}} = \frac{1}{3}\int_0^1 x^{-2/3}(1 - x)^{-1/2}\,\mathrm{d}x = \frac{1}{3} \cdot B\left(\frac{1}{3}, \frac{1}{2}\right) = 1.40218\cdots \qquad (\text{S.37})$$

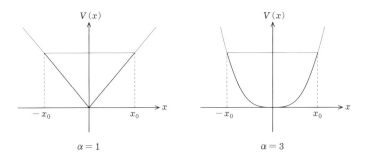

図 S.6 ポテンシャル $V(x) \propto |x|^\alpha$ ($\alpha = 1, 3$)

注意 一般の $\alpha > 0$ のとき，周期 $T(E) \propto E^\beta$ で，指数 $\beta = 1/\alpha - 1/2$ となる．なお，ベータ関数は

$$B(\alpha, \beta) = \int_0^1 x^{\alpha-1}(1-x)^{\beta-1}\,dx \qquad (\alpha, \beta > 0) \tag{S.38}$$

で定義され，ガンマ関数を用いて

$$B(\alpha, \beta) = \frac{\Gamma(\alpha)\Gamma(\beta)}{\Gamma(\alpha+\beta)} \tag{S.39}$$

と表される．詳しくは数学的付録 A (p.160) を参照せよ．

問 2.4 エネルギーは保存するから，特定の位置 (たとえば近日点) でそれを評価すればよい．近日点 $r = r_1 = \ell/(1+\varepsilon)$ では $\dot{r} = 0$ であり，角運動量保存則から $\dot{\phi} = h/r_1^2$ となる．よって

$$E = \frac{m}{2} \cdot \frac{h^2(1+\varepsilon)^2}{\ell^2} - GMm\frac{1+\varepsilon}{\ell} = -\frac{GMm}{2\ell}(1-\varepsilon^2)$$

を得る．右側の等号に式 (2.34) より $h^2 = GM\ell$ の関係を用いた．

注意 得られた表式は，結果的に $\varepsilon > 1$ の双曲線軌道の場合でも正しい．

問 2.5 有名な三角関数の公式を使えば

$$\cos\phi = \frac{1-\tan^2(\phi/2)}{1+\tan^2(\phi/2)} = \frac{(1-\varepsilon)\cos^2(\xi/2)-(1+\varepsilon)\sin^2(\xi/2)}{(1-\varepsilon)\cos^2(\xi/2)+(1+\varepsilon)\sin^2(\xi/2)} = \frac{\cos\xi-\varepsilon}{1-\varepsilon\cos\xi},$$

$$\sin\phi = \frac{2\tan(\phi/2)}{1+\tan^2(\phi/2)} = \frac{\sqrt{1-\varepsilon^2}\,\sin\xi}{1-\varepsilon\cos\xi}$$

の関係を得る．よって，後者の微分を実行すれば

$$d\phi\cos\phi = \sqrt{1-\varepsilon^2}\,\frac{\cos\xi-\varepsilon}{(1-\varepsilon\cos\xi)^2}\,d\xi \quad\Longrightarrow\quad d\phi = \frac{\sqrt{1-\varepsilon^2}}{1-\varepsilon\cos\xi}\,d\xi$$

を得る．さて，動径 r を与える軌道の式において ϕ の代わりに ξ を使えば

$$r = \frac{\ell}{1+\varepsilon\cos\phi} = \frac{\ell}{1-\varepsilon^2}(1-\varepsilon\cos\xi) \tag{S.40}$$

となる．また，角運動量保存則 $r^2\dot{\phi} = h$ から

$$dt = \frac{r^2}{h}d\phi = \frac{\ell^2}{h}\left(\frac{1-\varepsilon\cos\xi}{1-\varepsilon^2}\right)^2 \cdot \frac{\sqrt{1-\varepsilon^2}}{1-\varepsilon\cos\xi}d\xi = \frac{\ell^2}{h(1-\varepsilon^2)^{3/2}}(1-\varepsilon\cos\xi)d\xi$$

$$\Longrightarrow\quad t = \frac{\ell^2}{h(1-\varepsilon^2)^{3/2}}(\xi-\varepsilon\sin\xi) = \frac{T}{2\pi}(\xi-\varepsilon\sin\xi) \tag{S.41}$$

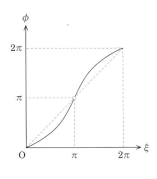
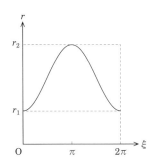

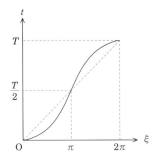

図 S.7　ϕ, r, t の ξ 依存性

を得る．ここで，公転周期 T の式 (2.42) を用いた．以上をまとめると

$$\frac{t}{T} = \frac{1}{2\pi}\,(\xi - \varepsilon \sin\xi), \quad \frac{r}{\ell} = \frac{1}{1-\varepsilon^2}\,(1 - \varepsilon\cos\xi), \quad \tan\left(\frac{\phi}{2}\right) = \sqrt{\frac{1+\varepsilon}{1-\varepsilon}}\tan\left(\frac{\xi}{2}\right) \quad \text{(S.42)}$$

となる．こうして

　　　　変数 t, r, ϕ は，ただひとつの変数 ξ によってパラメータ表示される

のである．

注意　変数 ξ の意味については，雑誌『数理科学』2009, June p.7 に解説記事を書いたことがある．興味のあるひとは読んでみてほしい．なお，例題 5.10 も参照のこと．

問 2.6　$\mathrm{d}\boldsymbol{A}/\mathrm{d}t = 0$ を示せばよい．

$$\dot{\boldsymbol{A}} = \ddot{\boldsymbol{r}} \times \boldsymbol{L} + \dot{\boldsymbol{r}} \times \dot{\boldsymbol{L}} + \frac{\alpha}{r^2}\dot{r}\,\boldsymbol{r} - \frac{\alpha}{r}\dot{\boldsymbol{r}}$$

において，運動方程式 $\ddot{\bm{r}} = -\dfrac{\alpha}{mr^3}\bm{r}$, $\bm{L} = m(\bm{r}\times\dot{\bm{r}})$ および角運動量保存則 $\dot{\bm{L}} = 0$ を用いれば

$$\dot{\bm{A}} = -\frac{\alpha}{r^3}\bm{r}\times(\bm{r}\times\dot{\bm{r}}) + \frac{\alpha}{r^2}\dot{r}\,\bm{r} - \frac{\alpha}{r}\dot{\bm{r}}$$

となる．ここで，等式

$$\bm{r}\times(\bm{r}\times\dot{\bm{r}}) = (\bm{r}\cdot\dot{\bm{r}})\bm{r} - (\bm{r}\cdot\bm{r})\dot{\bm{r}}, \tag{S.43}$$

$$\bm{r}\cdot\bm{r} = r^2 \implies \bm{r}\cdot\dot{\bm{r}} = \frac{1}{2}\frac{\mathrm{d}}{\mathrm{d}t}(\bm{r}\cdot\bm{r}) = \frac{1}{2}\frac{\mathrm{d}}{\mathrm{d}t}(r^2) = r\dot{r} \tag{S.44}$$

を使えば，右辺はすべて打ち消しあうことがわかる．式 (S.43) は「ベクトル 3 重積公式」

$$\bm{a}\times(\bm{b}\times\bm{c}) = (\bm{a}\cdot\bm{c})\bm{b} - (\bm{a}\cdot\bm{b})\bm{c} \tag{S.45}$$

である．

注意 ルンゲ–レンツのベクトルを最初に発見したのはラプラスであるという．その群論的な意味も含めて，国場敦夫『数理科学』2007, July p.50 に解説記事がある．

第 3 章の解答

問 3.1 変数 ξ のしたがう微分方程式は

$$\dot{\xi} = i\omega\xi + f(t) \implies \frac{\mathrm{d}}{\mathrm{d}t}\left(e^{-i\omega t}\xi(t)\right) = e^{-i\omega t}f(t)$$

となるから

$$\xi(t) = \xi(0)\,e^{i\omega t} + \int_0^t e^{i\omega(t-t')}f(t')\,\mathrm{d}t' \tag{S.46}$$

と解ける．よって，両辺の虚部を比較して

$$x(t) = x(0)\cos(\omega t) + \frac{p(0)}{\omega}\sin(\omega t) + \int_0^t \frac{\sin[\omega(t-t')]}{\omega}f(t')\,\mathrm{d}t' \tag{S.47}$$

を得る．

問 3.2 (1) 代入して $e^{i\Omega t}$ の係数比較から

$$m(-\Omega^2 + \omega^2)C = F \implies C = \frac{F}{m(\omega^2 - \Omega^2)} \quad (C \text{ は実数}) \tag{S.48}$$

を得る．

(2) 斉次解は $A\cos(\omega t) + B\sin(\omega t)$ であるから，一般解は

$$x(t) = A\cos(\omega t) + B\sin(\omega t) + \frac{F}{m(\omega^2 - \Omega^2)}\cos(\Omega t) \tag{S.49}$$

(3) 同様に，代入して係数比較により

$$m(-\Omega^2 + 2i\gamma\Omega + \omega^2)C = F \implies C = \frac{F}{m(\omega^2 + 2i\gamma\Omega - \Omega^2)} \quad (C \text{ は複素数}) \tag{S.50}$$

(4) $\omega^2 + 2i\gamma\Omega - \Omega^2$ の振幅と位相は

$$\omega^2 + 2i\gamma\Omega - \Omega^2 = \sqrt{(\omega^2 - \Omega^2)^2 + 4\gamma^2\Omega^2} \cdot e^{-i\delta}, \quad \tan\delta = \frac{2\gamma\Omega}{\Omega^2 - \omega^2} \tag{S.51}$$

であるから

$$|C| = \frac{F}{m\sqrt{(\omega^2 - \Omega^2)^2 + 4\gamma^2\Omega^2}}, \quad \delta = \tan^{-1}\left(\frac{2\gamma\Omega}{\Omega^2 - \omega^2}\right) \tag{S.52}$$

となる．よって，$\Omega = \omega \pm 0$ で $\delta = \pm \pi/2$ になる．これを **共鳴** といい，共鳴点 $\Omega = \omega$ の近傍では振幅が大きくなる．

$$|C|^2 = \frac{(F/m)^2}{(\omega^2 - \Omega^2)^2 + 4\gamma^2\Omega^2} \fallingdotseq \left(\frac{F}{2m\omega}\right)^2 \frac{1}{(\omega - \Omega)^2 + \gamma^2} \tag{S.53}$$

この形のスペクトルはローレンツ型スペクトル (あるいはローレンツィアン) とよばれる (図 S.8).

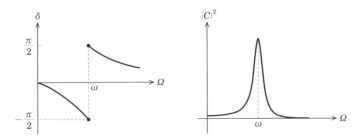

図 S.8 共鳴 (resonance)

問 3.3 座標の時間微分を計算すると

$$\dot{x} = \ell\left(\dot{\theta}\cos\theta\cos\phi - \dot{\phi}\sin\theta\sin\phi\right), \quad \dot{y} = \ell\left(\dot{\theta}\cos\theta\sin\phi + \dot{\phi}\sin\theta\cos\phi\right), \quad \dot{z} = \ell\dot{\theta}\sin\theta$$

ゆえ，運動エネルギーは

$$K = \frac{m}{2}\left(\dot{x}^2 + \dot{y}^2 + \dot{z}^2\right) = \frac{m\ell^2}{2}\left(\dot{\theta}^2 + \dot{\phi}^2\sin^2\theta\right) \tag{S.54}$$

となる．一方で，位置エネルギーは

$$U = mgz = -mg\ell\cos\theta \tag{S.55}$$

で与えられるから,ラグランジアン $L = K - U$ により,式 (3.76) を得る.保存則 (3.80) の左辺を τ 微分すると

$$\frac{\mathrm{d}}{\mathrm{d}\tau}(\text{左辺}) = \frac{\mathrm{d}\theta}{\mathrm{d}\tau} \cdot \frac{\mathrm{d}^2\theta}{\mathrm{d}\tau^2} - \alpha^2 \cdot \frac{\cos\theta}{\sin^3\theta} \cdot \frac{\mathrm{d}\theta}{\mathrm{d}\tau} + \sin\theta\,\frac{\mathrm{d}\theta}{\mathrm{d}\tau}$$

$$= \frac{\mathrm{d}\theta}{\mathrm{d}\tau}\left(\frac{\mathrm{d}^2\theta}{\mathrm{d}\tau^2} - \alpha^2 \cdot \frac{\cos\theta}{\sin^3\theta} + \sin\theta\right) = 0$$

となるから,確かに左辺は定数である.

注意 変数変換 $u = \cos\theta$ により,$\mathrm{d}u/\mathrm{d}\tau = -\mathrm{d}\theta/\mathrm{d}\tau \cdot \sin\theta$ を用いると

$$\left(\frac{\mathrm{d}u}{\mathrm{d}\tau}\right)^2 = \sin^2\theta\,(\beta + 2\cos\theta) - \alpha^2 = (1 - u^2)(\beta + 2u) - \alpha^2$$

$$\equiv 2(u - u_1)(u - u_2)(u_3 - u) \tag{S.56}$$

となる.ここで u_1, u_2, u_3 はパラメータ α, β とのあいだに「解と係数の関係」を有する.この右辺は $u = \pm 1, -\beta/2$ の 3 点で値 $-\alpha^2 < 0$ を取るから,$\beta > -2$ となる場合,すなわち $u_1 < -1 < u_2 < u_3 < 1$ の場合に物理的興味がある.このとき,変数 u は $u_2 \leqq u \leqq u_3$ の間を振動するからである.なお,この場合の厳密解は「ヤコビの楕円関数」(数学的付録 D (p.174) を参照) を用いて

$$u(\tau) = u_3 - (u_3 - u_2)\,\mathrm{sn}^2(\gamma\tau, k) \tag{S.57}$$

と表される.ここで

$$\gamma = \sqrt{\frac{u_3 - u_1}{2}}, \quad k = \sqrt{\frac{u_3 - u_2}{u_3 - u_1}} \tag{S.58}$$

である.実際,上式を τ 微分すると

$$\frac{\mathrm{d}u}{\mathrm{d}\tau} = -2\gamma(u_3 - u_2) \cdot \mathrm{sn}(\gamma\tau) \cdot \mathrm{cn}(\gamma\tau) \cdot \mathrm{dn}(\gamma\tau)$$

$$\implies \left(\frac{\mathrm{d}u}{\mathrm{d}\tau}\right)^2 = 4\gamma^2(u_3 - u_2)^2 \cdot \mathrm{sn}^2(\gamma\tau) \cdot \mathrm{cn}^2(\gamma\tau) \cdot \mathrm{dn}^2(\gamma\tau)$$

$$= 4 \cdot \frac{u_3 - u_1}{2} \cdot (u_3 - u_2)^2 \cdot \left(\frac{u_3 - u}{u_3 - u_2}\right) \cdot \left(\frac{u - u_2}{u_3 - u_2}\right) \cdot \left(1 - \frac{u_3 - u_2}{u_3 - u_1} \cdot \frac{u_3 - u}{u_3 - u_2}\right)$$

$$= 2(u - u_1)(u - u_2)(u_3 - u)$$

となる.ここで,関係式

$$\frac{\mathrm{d}}{\mathrm{d}x}\,\mathrm{sn}\,x = \mathrm{cn}\,x \cdot \mathrm{dn}\,x, \quad \mathrm{cn}^2 x = 1 - \mathrm{sn}^2 x, \quad \mathrm{dn}^2 x = 1 - k^2\mathrm{sn}^2 x$$

を用いた (数学的付録 D (p.174) を参照).

問 3.4　$\boldsymbol{a}\cdot\boldsymbol{b} = a_1 b_1 + a_2 b_2 + a_3 b_3$, $\boldsymbol{a}\cdot\nabla = a_1\partial/\partial x_1 + a_2\partial/\partial x_2 + a_3\partial/\partial x_3$ などを代入して，両辺を成分ごとに比較すればよい．面倒ではあるが初等的な計算である．左辺の第 1 成分は

$$\frac{\partial}{\partial x_1}(a_1 b_1 + a_2 b_2 + a_3 b_3) = \left(\frac{\partial a_1}{\partial x_1}b_1 + \frac{\partial a_2}{\partial x_1}b_2 + \frac{\partial a_3}{\partial x_1}b_3\right) + \left(a_1\frac{\partial b_1}{\partial x_1} + a_2\frac{\partial b_2}{\partial x_1} + a_3\frac{\partial b_3}{\partial x_1}\right)$$

である．一方，右辺のうちで $\boldsymbol{a}$ のほうを微分しているのは $(\boldsymbol{b}\cdot\nabla)\boldsymbol{a}$ と $\boldsymbol{b}\times(\nabla\times\boldsymbol{a})$ の項であるから，その第 1 成分は

$$\left(b_1\frac{\partial}{\partial x_1} + b_2\frac{\partial}{\partial x_2} + b_3\frac{\partial}{\partial x_3}\right)a_1 + b_2\left(\frac{\partial a_2}{\partial x_1} - \frac{\partial a_1}{\partial x_2}\right) - b_3\left(\frac{\partial a_1}{\partial x_3} - \frac{\partial a_3}{\partial x_1}\right)$$
$$= b_1\frac{\partial a_1}{\partial x_1} + b_2\frac{\partial a_2}{\partial x_1} + b_3\frac{\partial a_3}{\partial x_1}$$

となり，上記の左辺第 1 成分の $\boldsymbol{a}$ を微分した部分に一致している．$\boldsymbol{b}$ のほうを微分した項も同様である．

問 3.5　速度 $\boldsymbol{v} = \dot{\boldsymbol{r}}$ であるから

$$x(t) = \int_0^t u(t)\,\mathrm{d}t = \frac{E}{B}\int_0^t \sin(\omega t)\,\mathrm{d}t = \frac{E}{\omega B}(1 - \cos(\omega t)), \tag{S.59}$$

$$y(t) = \int_0^t v(t)\,\mathrm{d}t = \frac{E}{B}\int_0^t (\cos(\omega t) - 1)\,\mathrm{d}t$$
$$= \frac{E}{B}\left(\frac{\sin(\omega t)}{\omega} - t\right) = -\frac{E}{\omega B}(\omega t - \sin(\omega t)) \tag{S.60}$$

となる ($\omega = qB/m$)．この軌道は「サイクロイド」である (図 S.9)．

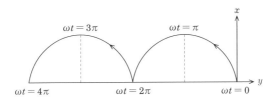

図 S.9　サイクロイド

注意　荷電粒子は電荷 (したがって ω) の符号にかかわらず，どちらも $-y$ 方向に移動する．これをプラズマ物理学では「$\boldsymbol{E}\times\boldsymbol{B}$ ドリフト」という．いまの場合 $\boldsymbol{e}_x \times \boldsymbol{e}_z = -\boldsymbol{e}_y$ だからであ

る．大きさも含めれば $v_{\text{drift}} = \boldsymbol{E} \times \boldsymbol{B}/|\boldsymbol{B}|^2$ と書ける．

問 3.6 (1) いつものようにして

$$p_r = \frac{\partial L}{\partial \dot{r}} = m\dot{r}, \quad p_\phi = \frac{\partial L}{\partial \dot{\phi}} = mr^2\dot{\phi} + \frac{q\mu}{cr} \tag{S.61}$$

(2) オイラー–ラグランジュ方程式は

$$\frac{\mathrm{d}}{\mathrm{d}t}\left(\frac{\partial L}{\partial \dot{r}}\right) - \frac{\partial L}{\partial r} = 0 \implies \frac{\mathrm{d}p_r}{\mathrm{d}t} - \left(mr\dot{\phi}^2 - \frac{q\mu\dot{\phi}}{cr^2}\right) = 0$$

$$\frac{\mathrm{d}}{\mathrm{d}t}\left(\frac{\partial L}{\partial \dot{\phi}}\right) - \frac{\partial L}{\partial \phi} = 0 \implies \frac{\mathrm{d}p_\phi}{\mathrm{d}t} = 0$$

となる．よって，

$$\ddot{r} = r\dot{\phi}^2 - \frac{q\mu\dot{\phi}}{mcr^2}, \quad p_\phi = \text{一定} \tag{S.62}$$

を得る．

(3) ハミルトニアンは

$$H = p_r\dot{r} + p_\phi\dot{\phi} - L = \frac{m}{2}(\dot{r}^2 + r^2\dot{\phi}^2) = \frac{1}{2m}\left(p_r^2 + \frac{1}{r^2}\left(p_\phi - \frac{q\mu}{cr}\right)^2\right)$$

となる (ポテンシャル部分は打ち消しあう)．ここで，(1) の結果

$$\dot{\phi} = \frac{1}{mr^2}\left(p_\phi - \frac{q\mu}{cr}\right)$$

を代入した．

(4) エネルギー保存則から

$$\frac{m}{2}\left(\frac{\mathrm{d}r}{\mathrm{d}t}\right)^2 + \frac{1}{2mr^2}\left(p_\phi - \frac{q\mu}{cr}\right)^2 = E \implies \left(\frac{\mathrm{d}r}{\mathrm{d}t}\right)^2 = \frac{2}{m}\left(E - \frac{1}{2mr^2}\left(p_\phi - \frac{q\mu}{cr}\right)^2\right)$$

となるので，$p_\phi = 0$ の場合には

$$\frac{\mathrm{d}r}{\mathrm{d}t} = \pm\sqrt{\frac{2}{m}\left(E - \frac{(q\mu)^2}{2mc^2r^4}\right)}$$

を得る．さらに (1) から $p_\phi = 0$ のときは

$$\frac{\mathrm{d}\phi}{\mathrm{d}t} = -\frac{q\mu}{mcr^3} \tag{S.63}$$

であるから，t を消去すると

$$\frac{\mathrm{d}r}{\mathrm{d}\phi} = \frac{\mathrm{d}r/\mathrm{d}t}{\mathrm{d}\phi/\mathrm{d}t} = \pm\frac{cr^3}{q\mu}\sqrt{2m\left(E - \frac{(q\mu)^2}{2mc^2r^4}\right)}$$

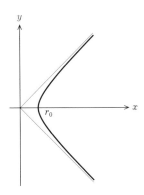

図 S.10　荷電粒子の軌道

(5) 右辺は $\pm Ar\sqrt{r^4 - r_0^4}$ と書き換えられる．すなわち，右辺をゼロにする r が r_0 であるから

$$r_0^4 = \frac{(q\mu)^2}{2mc^2 E} \tag{S.64}$$

また，$r \to \infty$ で比較すれば

$$\pm \frac{c\sqrt{2mE}}{q\mu} r^3 = \pm Ar^3 \implies A = \frac{c\sqrt{2mE}}{q\mu} = \frac{1}{r_0^2} \tag{S.65}$$

となることがわかる．

変数分離法によって (+ 符号の場合で，最接近の方向を $\phi = 0$ に選ぶと)

$$\int_{r_0}^{r} \frac{\mathrm{d}r}{r\sqrt{r^4 - r_0^4}} = A \int_0^\phi \mathrm{d}\phi \tag{S.66}$$

右辺は $A\phi$ で，左辺は置換 $u = r_0^2/r^2$ によれば，$\mathrm{d}u = -2u\,\mathrm{d}r/r$ ゆえ

$$左辺 = -\frac{1}{2r_0^2} \int_1^u \frac{\mathrm{d}u}{\sqrt{1-u^2}} = -\frac{1}{2r_0^2}\left(\sin^{-1} u - \frac{\pi}{2}\right)$$

となる．よって

$$u = \frac{r_0^2}{r^2} = \sin\left(\frac{\pi}{2} - 2r_0^2 A\phi\right) = \cos(2\phi) \implies r^2 = \frac{r_0^2}{\cos(2\phi)} \tag{S.67}$$

となる ($A = 1/r_0^2$ を用いた)．

この結果は (S.63) に注意すれば，電荷 $q > 0$ のとき $\phi = +\pi/4$ 方向の無限遠から飛来し，$\phi = 0$ で $r = r_0$ に最接近し，$\phi = -\pi/4$ 方向に再び飛び去っていくことを意味してい

る．$x = r\cos\phi, y = r\sin\phi$ と書けば $x^2 - y^2 = r_0^2$ という双曲線の式になる．なお，電荷 $q < 0$ のときはこれと逆向きの運動になる．よって，角度変化は $\Delta\phi = \pm\pi/2$ である．

注意 出典であるフェルミ『原子核物理学』(吉岡書店，1970) p.297 には，一般の $p_\phi \neq 0$ の場合やさらには相対論的な場合も含めて議論されている．この問題で重要な結論は，荷電粒子が侵入できない**禁止領域**が存在する，ということである．地球磁場の存在のおかげで，地球上の生物は宇宙線に曝されないで済んでいる．

第4章の解答

問 4.1 (A) の被積分関数は

$$\frac{\partial \delta\phi}{\partial x}\frac{\partial \chi}{\partial x} + \frac{\partial \delta\phi}{\partial y}\frac{\partial \chi}{\partial y} + \frac{\partial \delta\phi}{\partial z}\frac{\partial \chi}{\partial z}$$

であるから，各項ごとに部分積分すれば

$$-\delta\phi \left(\frac{\partial^2 \chi}{\partial x^2} + \frac{\partial^2 \chi}{\partial y^2} + \frac{\partial^2 \chi}{\partial z^2}\right) = -\delta\phi\ \nabla^2 \chi$$

となる．次の (B) の被積分関数は

$$\frac{\partial \delta A_x}{\partial x}(\nabla \cdot \boldsymbol{B}) + \frac{\partial \delta A_y}{\partial y}(\nabla \cdot \boldsymbol{B}) + \frac{\partial \delta A_z}{\partial z}(\nabla \cdot \boldsymbol{B})$$

であるから，これも項ごとに部分積分すればよい．

$$-\delta A_x \frac{\partial}{\partial x}(\nabla \cdot \boldsymbol{B}) - \delta A_y \frac{\partial}{\partial y}(\nabla \cdot \boldsymbol{B}) - \delta A_z \frac{\partial}{\partial z}(\nabla \cdot \boldsymbol{B}) = -\delta \boldsymbol{A} \cdot \nabla(\nabla \cdot \boldsymbol{B})$$

最後に (C) の被積分関数は

$$\left(\frac{\partial \delta A_z}{\partial y} - \frac{\partial \delta A_y}{\partial z}\right)(\nabla \times \boldsymbol{B})_x + \left(\frac{\partial \delta A_x}{\partial z} - \frac{\partial \delta A_z}{\partial x}\right)(\nabla \times \boldsymbol{B})_y$$

$$+ \left(\frac{\partial \delta A_y}{\partial x} - \frac{\partial \delta A_x}{\partial y}\right)(\nabla \times \boldsymbol{B})_z$$

であるから，部分積分すると

$$\left(\delta A_y \frac{\partial}{\partial z} - \delta A_z \frac{\partial}{\partial y}\right)(\nabla \times \boldsymbol{B})_x + \left(\delta A_z \frac{\partial}{\partial x} - \delta A_x \frac{\partial}{\partial z}\right)(\nabla \times \boldsymbol{B})_y$$

$$+ \left(\delta A_x \frac{\partial}{\partial y} - \delta A_y \frac{\partial}{\partial x}\right)(\nabla \times \boldsymbol{B})_z$$

$$= \delta A_x \left(\frac{\partial}{\partial y}(\nabla \times \boldsymbol{B})_z - \frac{\partial}{\partial z}(\nabla \times \boldsymbol{B})_y\right) + \delta A_y \left(\frac{\partial}{\partial z}(\nabla \times \boldsymbol{B})_x - \frac{\partial}{\partial x}(\nabla \times \boldsymbol{B})_z\right)$$

$$+\delta A_z \left(\frac{\partial}{\partial x}(\nabla \times \boldsymbol{B})_y - \frac{\partial}{\partial y}(\nabla \times \boldsymbol{B})_x \right)$$
$$= \delta \boldsymbol{A} \cdot (\nabla \times (\nabla \times \boldsymbol{B}))$$

となる．この場合だけ，マイナス符号が付かないのである．

問 4.2 直角 (デカルト) 座標系で $\boldsymbol{A} = (A_1, A_2, A_3)$, $\boldsymbol{B} = (B_1, B_2, B_3)$ と書くと

$$\boldsymbol{A} \times \boldsymbol{B} = (A_2 B_3 - A_3 B_2, A_3 B_1 - A_1 B_3, A_1 B_2 - A_2 B_1)$$

であるから，これと ∇ との内積は

$$\nabla \cdot (\boldsymbol{A} \times \boldsymbol{B}) = \frac{\partial}{\partial x}(A_2 B_3 - A_3 B_2) + \frac{\partial}{\partial y}(A_3 B_1 - A_1 B_3) + \frac{\partial}{\partial z}(A_1 B_2 - A_2 B_1)$$

である．積の微分のうち A を微分したものばかりを集めれば

$$B_3 \frac{\partial A_2}{\partial x} - B_2 \frac{\partial A_3}{\partial x} + B_1 \frac{\partial A_3}{\partial y} - B_3 \frac{\partial A_1}{\partial y} + B_2 \frac{\partial A_1}{\partial z} - B_1 \frac{\partial A_2}{\partial z}$$
$$= B_1 \left(\frac{\partial A_3}{\partial y} - \frac{\partial A_2}{\partial z} \right) + B_2 \left(\frac{\partial A_1}{\partial z} - \frac{\partial A_3}{\partial x} \right) + B_3 \left(\frac{\partial A_2}{\partial x} - \frac{\partial A_1}{\partial y} \right) = \boldsymbol{B} \cdot (\nabla \times \boldsymbol{A})$$

を得る．同様にして B の微分ばかりを集めると，$-\boldsymbol{A} \cdot (\nabla \times \boldsymbol{B})$ を与えることがわかる．よって証明された．連続の式のほうは，このベクトル解析の公式

$$\nabla \cdot (\boldsymbol{E} \times \boldsymbol{B}) = \boldsymbol{B} \cdot (\nabla \times \boldsymbol{E}) - \boldsymbol{E} \cdot (\nabla \times \boldsymbol{B})$$

にマクスウェル方程式を適用すると，右辺は

$$\boldsymbol{B} \cdot \left(-\frac{\partial \boldsymbol{B}}{\partial t} \right) - \boldsymbol{E} \cdot \frac{\partial \boldsymbol{E}}{\partial t} = -\frac{\partial}{\partial t} \left[\frac{1}{2}(\boldsymbol{E}^2 + \boldsymbol{B}^2) \right]$$

となるから，こちらも示された．

注意 じつは

$$\mathcal{E} = \mathcal{E}_0 + \mathcal{E}_1, \quad \mathcal{E}_0 = \frac{1}{2}(\boldsymbol{E}^2 + \boldsymbol{B}^2), \quad \mathcal{E}_1 = \frac{1}{4} \left(\dot{\boldsymbol{E}}^2 + \dot{\boldsymbol{B}}^2 + (\nabla \times \boldsymbol{E})^2 + (\nabla \times \boldsymbol{B})^2 \right),$$
$$\boldsymbol{S} = \boldsymbol{S}_0 + \boldsymbol{S}_1, \quad \boldsymbol{S}_0 = \boldsymbol{E} \times \boldsymbol{B}, \quad \boldsymbol{S}_1 = (\nabla \times \boldsymbol{E}) \times (\nabla \times \boldsymbol{B})$$

のように添字 1 の部分をそれぞれに加える修正をしても，マクスウェル方程式およびそれから出る波動方程式を用いれば

$$\frac{\partial \mathcal{E}}{\partial t} + \nabla \cdot \boldsymbol{S} = 0 \tag{S.68}$$

を示すことができる．このように，「保存するエネルギーと運動量密度の定義」には任意性があるのだが，この修正の可能性は実験によって否定されている．

問 4.3 電荷密度 ρ と電流密度 j が，分極ベクトル p を用いて
$$\rho = -\nabla \cdot p, \quad j = \frac{\partial p}{\partial t}$$
と書けるとすれば，連続の式
$$\frac{\partial \rho}{\partial t} + \nabla \cdot j = -\frac{\partial}{\partial t}(\nabla \cdot p) + \nabla \cdot \frac{\partial p}{\partial t} = 0$$
が自動的に成り立つ．同様にして「ヘルツ・ベクトル」$Z(r, t)$ を用いて
$$\phi = -\nabla \cdot Z, \quad A = \frac{\partial Z}{\partial t}$$
と書けるならば，ローレンツ条件
$$\frac{\partial \phi}{\partial t} + \nabla \cdot A = -\frac{\partial}{\partial t}(\nabla \cdot Z) + \nabla \cdot \frac{\partial Z}{\partial t} = 0$$
が自動的に満たされる．そして，これらを用いれば ϕ と A に対する波動方程式
$$\nabla^2 \phi - \frac{\partial^2 \phi}{\partial t^2} = -\rho \quad \Longrightarrow \quad \nabla \cdot \left(-\nabla^2 Z + \frac{\partial^2 Z}{\partial t^2} \right) = +\nabla \cdot p$$
$$\nabla^2 A - \frac{\partial^2 A}{\partial t^2} = -j \quad \Longrightarrow \quad \frac{\partial}{\partial t} \left(\nabla^2 Z - \frac{\partial^2 Z}{\partial t^2} \right) = -\frac{\partial}{\partial t} p$$
において，両辺から ∇ と $\partial/\partial t$ を取り除けば
$$\nabla^2 Z - \frac{\partial^2 Z}{\partial t^2} = -p$$
にまとめられる．

問 4.4 ハミルトニアン $H = H_0 + \lambda V$ について，パラメータ λ に関する「ヘルマン–ファインマンの定理」を適用すれば，固有エネルギー $E_n(\lambda)$ の微分は
$$\frac{\partial}{\partial \lambda} E_n(\lambda) = \frac{\partial}{\partial \lambda} \langle n, \lambda | H_0 + \lambda V | n, \lambda \rangle = \langle n, \lambda | V | n, \lambda \rangle = \frac{1}{\lambda} \langle n, \lambda | H_1 | n, \lambda \rangle$$
であるから $(H_1 = \lambda V)$，これを積分して
$$E_n(\lambda) = E_n(0) + \int_0^\lambda \frac{d\lambda}{\lambda} \langle n, \lambda | H_1 | n, \lambda \rangle$$
と書ける．

注意 各々の固有エネルギーは λ の変化に伴い，それぞれ連続的に変化するというのである．これを**量子力学的断熱変化**という．

問 4.5 本文中に述べた拡散方程式の場合の汎関数を極座標で表せばよい．

$$S = \int \mathcal{L} \sin\theta \, d\theta \, d\phi \, dt, \tag{S.69}$$

$$\mathcal{L} = \frac{1}{2}\left(\tilde{u}\frac{\partial u}{\partial t} - \frac{\partial \tilde{u}}{\partial t}u\right) + D\left(\frac{\partial \tilde{u}}{\partial \theta}\frac{\partial u}{\partial \theta} + \frac{1}{\sin^2\theta}\frac{\partial \tilde{u}}{\partial \phi}\frac{\partial u}{\partial \phi}\right) \tag{S.70}$$

の変分 $\delta S = 0$ の $\delta \tilde{u}$ の係数部分に問題の拡散方程式が現れる．そこだけを書けば

$$\delta\tilde{u}\left[\sin\theta\frac{\partial u}{\partial t} - D\left(\frac{\partial}{\partial\theta}\left(\sin\theta\frac{\partial u}{\partial\theta}\right) + \frac{1}{\sin\theta}\frac{\partial^2 u}{\partial\phi^2}\right)\right]$$

である．部分積分の際にヤコビアン $\sin\theta$ を拾ってくることに注意せよ．

変数分離法により基本解は

$$e^{-n(n+1)Dt}\, Y_n^m(\theta, \phi), \quad Y_n^m(\theta, \phi) \propto P_n^m(\cos\theta)e^{im\phi} \tag{S.71}$$

で与えられる．この Y_n^m を球関数という．よって，一般解は未知係数を a_{nm} として

$$u(\theta, \phi, t) = \sum_{n=0}^{\infty}\sum_{m=-n}^{n} a_{nm}\, e^{-n(n+1)Dt} Y_n^m(\theta, \phi) \tag{S.72}$$

と書ける．ただし，関数が ϕ に依存しない場合は $m = 0$ すなわち係数 $a_{n0} \equiv a_n$ のみがゼロでない．

$$u(\theta, t) = \sum_{n=0}^{\infty} a_n\, e^{-n(n+1)Dt}\, P_n(\cos\theta) \tag{S.73}$$

この $P_n(x)$ はルジャンドル多項式である．充分に時間が経てば a_n, $n \geqq 1$ の項はすべて減衰し，a_0 だけが生き残る．

$$\lim_{t\to\infty} u(\theta, t) = a_0 \tag{S.74}$$

このときの各係数 a_n は，初期条件から

$$a_n = \frac{2n+1}{2}\int_0^\pi u(\theta, 0)P_n(\cos\theta)\sin\theta\, d\theta = \frac{2n+1}{2}\int_{-1}^1 u(x,0)P_n(x)\, dx \tag{S.75}$$

で決まる（$x = \cos\theta$, 簡単のため同じ関数名 u を用いた）．ここで，直交性

$$\int_0^\pi P_m(\cos\theta)P_n(\cos\theta)\sin\theta\, d\theta = \int_{-1}^1 P_m(x)P_n(x)\, dx = \frac{2}{2n+1}\delta_{mn} \tag{S.76}$$

が使われている．詳しくは数学的付録 B (p.165) を参照してほしい[2]．

ただし，いまの簡単な初期条件の場合は，この種の積分計算をするまでもなく

$$1 - x^2 = \sum_{n=0}^{\infty} a_n P_n(x)$$

に，$P_0 = 1$, $P_1 = x$, $P_2 = (3x^2 - 1)/2$ を用いて

---

[2] 『岩波数学公式 III』（岩波書店）の球関数の項でも良い．

$$1 - x^2 = a_0 + a_1 x + a_2 \frac{3x^2 - 1}{2} \implies a_0 = \frac{2}{3}, a_1 = 0, a_2 = -\frac{2}{3}$$

を得る ($a_n = 0$, $n \geq 3$).

問 4.6 定義 (4.55) にしたがって微分計算をすればよい.

式が煩雑になるので文字の置換 $a = 1/2mk_B T$ をして，まず

$$\frac{\partial}{\partial p} e^{-ap^2/2} = -ape^{-ap^2/2} + e^{-ap^2/2} \frac{\partial}{\partial p} = e^{-ap^2/2} \left(-ap + \frac{\partial}{\partial p} \right) \tag{S.77}$$

に注意する．演算子なので右に微分されるものが残っていると考えることが重要である．必要な微分は 2 種類で，ひとつ目は

$$\frac{\partial}{\partial p} \left(p\, e^{-ap^2/2} \right) = e^{-ap^2/2} \left[1 + p \left(-ap + \frac{\partial}{\partial p} \right) \right] = e^{-ap^2/2} \left(1 - ap^2 + p \frac{\partial}{\partial p} \right) \tag{S.78}$$

である．二つ目は 2 階微分

$$\begin{aligned}
\frac{\partial^2}{\partial p^2} \left(e^{-ap^2/2} \right) &= \frac{\partial}{\partial p} \left[e^{-ap^2/2} \left(-ap + \frac{\partial}{\partial p} \right) \right] \\
&= e^{-ap^2/2} \left[-ap \left(-ap + \frac{\partial}{\partial p} \right) + (-a) + \left(-ap + \frac{\partial}{\partial p} \right) \frac{\partial}{\partial p} \right] \\
&= e^{-ap^2/2} \left(\frac{\partial^2}{\partial p^2} - 2ap \frac{\partial}{\partial p} + a^2 p^2 - a \right)
\end{aligned} \tag{S.79}$$

である．どちらも次元のこと (ap^2 は無次元) を考えると間違いを避けることができる．

以上を用いれば

$$\begin{aligned}
e^{ap^2/2} \frac{\partial}{\partial p} \left(p + \frac{1}{2a} \frac{\partial}{\partial p} \right) e^{-ap^2/2} &= \left(1 - ap^2 + p \frac{\partial}{\partial p} \right) + \frac{1}{2a} \left(\frac{\partial^2}{\partial p^2} - 2ap \frac{\partial}{\partial p} + a^2 p^2 - a \right) \\
&= \frac{1}{2a} \frac{\partial^2}{\partial p^2} - \frac{a}{2} p^2 + \frac{1}{2}
\end{aligned} \tag{S.80}$$

となり，パラメータ $a = 1/2mk_B T$ をもとに戻せば式 (4.56) を得る.

第5章の解答

問 5.1 具体的に書けば

$$\mathcal{D}_B \mathcal{D}_C - \mathcal{D}_C \mathcal{D}_B$$
$$= \left(\frac{\partial B}{\partial x} \frac{\partial}{\partial p} - \frac{\partial B}{\partial p} \frac{\partial}{\partial x} \right) \left(\frac{\partial C}{\partial x} \frac{\partial}{\partial p} - \frac{\partial C}{\partial p} \frac{\partial}{\partial x} \right) - \left(\frac{\partial C}{\partial x} \frac{\partial}{\partial p} - \frac{\partial C}{\partial p} \frac{\partial}{\partial x} \right) \left(\frac{\partial B}{\partial x} \frac{\partial}{\partial p} - \frac{\partial B}{\partial p} \frac{\partial}{\partial x} \right)$$

である．このとき

$$\partial^2/\partial p^2 \text{ の係数} = \frac{\partial B}{\partial x} \frac{\partial C}{\partial x} - \frac{\partial C}{\partial x} \frac{\partial B}{\partial x} = 0,$$

$$\partial^2/\partial x^2 \text{ の係数} = \frac{\partial B}{\partial p}\frac{\partial C}{\partial p} - \frac{\partial C}{\partial p}\frac{\partial B}{\partial p} = 0,$$

$$\partial^2/\partial x\partial p \text{ の係数} = -\frac{\partial B}{\partial p}\frac{\partial C}{\partial x} - \frac{\partial B}{\partial x}\frac{\partial C}{\partial p} + \frac{\partial C}{\partial x}\frac{\partial B}{\partial p} - \frac{\partial C}{\partial p}\frac{\partial B}{\partial x} = 0$$

と，A のすべての 2 階微分項が消える．B, C の 2 階微分も同様にして消える．ヤコビ恒等式の左辺の各項は A, B, C どれかの 2 階微分を必ず含むものだから，以上から恒等的にゼロとなることがわかる．

注意 $\mathcal{D}_A$ のような演算子は，リー微分とよばれる微分演算子の特別な場合になっている．第 6 章で導入される「シンプレクティック空間の内積記号」を使えば，ポアソン括弧は

$$\{A, B\} = (\nabla A, J\nabla B), \quad \nabla = \left(\frac{\partial}{\partial x}, \frac{\partial}{\partial p}\right), \quad J = \begin{pmatrix} 0 & 1 \\ -1 & 0 \end{pmatrix} \tag{S.81}$$

と表される．よって，$\mathcal{D}_A = (\nabla A, J\nabla)$ とも書ける．ちなみに，久保亮五先生は $\mathcal{D}_A$ を $A^\times$ と書いて「バッテン演算子」（右にあるものとのポアソン括弧や交換子積をとる）とよんだ．

問 5.2 運動方程式は，いつも通りの手続きにより

$$\frac{\mathrm{d}x}{\mathrm{d}t} = \frac{\partial H}{\partial p} = x, \quad \frac{\mathrm{d}p}{\mathrm{d}t} = -\frac{\partial H}{\partial x} = -p + 2x \tag{S.82}$$

となる．変数 x について閉じた前者の微分方程式の一般解は

$$x(t) = A\, e^t \tag{S.83}$$

である (A は積分定数)．これを p に関する後者の微分方程式に代入すると

$$\frac{\mathrm{d}p}{\mathrm{d}t} = -p + 2A\, e^t \iff e^{-t}\frac{\mathrm{d}}{\mathrm{d}t}\left(e^t p(t)\right) = 2A\, e^t \implies p(t) = A\, e^t + B\, e^{-t} \tag{S.84}$$

と解ける (A, B は積分定数)．

注意 より単純な $H = \gamma xp$ の場合には，汎関数

$$S = \int \mathrm{d}t\left(p\frac{\mathrm{d}x}{\mathrm{d}t} - H\right) \tag{S.85}$$

の変分から

$$\frac{\mathrm{d}x}{\mathrm{d}t} = \frac{\partial H}{\partial p} = \gamma x, \quad \frac{\mathrm{d}p}{\mathrm{d}t} = -\frac{\partial H}{\partial x} = -\gamma p \tag{S.86}$$

のように，それぞれ増大・減衰の方程式を得ることがわかる ($\gamma > 0$ のとき)．これは第 4 章でも議論した散逸型方程式のもっとも簡単な場合に相当している．この場合，変数 p は変数 x の

時間反転に対応する (変数 x とは独立な) 変数となっているのである.

問 5.3 ラグランジアンは極座標で

$$L = \frac{1}{2}\left(\dot{r}^2 + r^2\dot{\phi}^2\right) \tag{S.87}$$

と書けるから，共役な運動量はそれぞれ $p_r = \partial L/\partial \dot{r} = \dot{r}$, $p_\phi = \partial L/\partial \dot{\phi} = r^2\dot{\phi}$ である．これらのあいだのポアソン括弧を調べるため，これらを直角座標の変数で書き直すと

$$r = \sqrt{x^2+y^2}, \quad p_r = \dot{r} = \frac{x\dot{x}+y\dot{y}}{\sqrt{x^2+y^2}} = \frac{xp_x+yp_y}{\sqrt{x^2+y^2}}, \tag{S.88}$$

$$\phi = \tan^{-1}\left(\frac{y}{x}\right), \quad p_\phi = r^2\dot{\phi} = x\dot{y}-y\dot{x} = xp_y - yp_x \tag{S.89}$$

である．よって

$$\{r,p_r\} = \frac{\partial r}{\partial x}\frac{\partial p_r}{\partial p_x} - \frac{\partial r}{\partial p_x}\frac{\partial p_r}{\partial x} + \frac{\partial r}{\partial y}\frac{\partial p_r}{\partial p_y} - \frac{\partial r}{\partial p_y}\frac{\partial p_r}{\partial y} = \frac{x}{r}\cdot\frac{x}{r} + \frac{y}{r}\cdot\frac{y}{r} = 1, \tag{S.90}$$

$$\{\phi,p_\phi\} = \frac{\partial \phi}{\partial x}\frac{\partial p_\phi}{\partial p_x} - \frac{\partial \phi}{\partial p_x}\frac{\partial p_\phi}{\partial x} + \frac{\partial \phi}{\partial y}\frac{\partial p_\phi}{\partial p_y} - \frac{\partial \phi}{\partial p_y}\frac{\partial p_\phi}{\partial y} = \left(-\frac{y}{r^2}\right)\cdot(-y) + \frac{x}{r^2}\cdot x = 1 \tag{S.91}$$

を得る．その他の $\{r,r\} = \{p_r,p_r\} = 0$, $\{\phi,\phi\} = \{p_\phi,p_\phi\} = 0$ や $\{r,\phi\} = \{p_r,p_\phi\} = 0$, $\{r,p_\phi\} = \{\phi,p_r\} = 0$ なども明らかである．結局，極座標でみても互いに共役な一般化された座標と運動量のあいだのポアソン括弧は同じなのである．

問 5.4 M_1, M_2, M_3 は通常の角運動量であるから，関係式 (5.83) は例題 5.7 で確かめてある．次の関係式 (5.84) の最初は

$$\{M_1,N_2\} = \{L_{23},L_{42}\} = \{x_2p_3-x_3p_2,x_4p_2-x_2p_4\}$$
$$= x_4\{x_2,p_2\}p_3 + x_3\{p_2,x_2\}p_4 = x_4p_3 - x_3p_4 = L_{43} = N_3$$

となる．他も同様である．最後の関係式 (5.85) の最初は

$$\{N_1,N_2\} = \{L_{41},L_{42}\} = \{x_4p_1-x_1p_4,x_4p_2-x_2p_4\}$$
$$= -x_1\{p_4,x_4\}p_2 - x_2\{p_4,x_4\}p_1 = x_1p_2 - x_2p_1 = L_{12} = M_3$$

となる．他も同様である．以上の結果は，3 次元完全反対称テンソルの記号 ε_{ijk} を用いれば

$$\{M_i,M_j\} = \varepsilon_{ijk}M_k, \quad \{M_i,N_j\} = \varepsilon_{ijk}N_k, \quad \{N_i,N_j\} = \varepsilon_{ijk}M_k \tag{S.92}$$

とまとめて書ける．

注意 これらは 4 次元回転群の生成子である．じつは問 2.6 のルンゲ–レンツのベクトルは

この $\bm{N} = (N_1, N_2, N_3)$ と深く関係している．ただし，以上は 4 次元ユークリッド空間の回転であって，4 次元ミンコフスキー空間の回転とは微妙に異なっているので注意が必要である．

問 5.5 運動の対称性は，ϕ の微小変化 $\phi \to \phi + \varepsilon$ に対して
$$x \to X = x - \varepsilon y, \quad y \to Y = y + \varepsilon x, \quad z \to Z = z + K\varepsilon \tag{S.93}$$
と変化することである．よって，この無限小変換の生成子 G は
$$G = xp_y - yp_x + Kp_z = L_z + Kp_z \tag{S.94}$$
で与えられる．実際，ポアソン括弧を計算して
$$\delta x = \{G, x\} = \{xp_y - yp_x + Kp_z, x\} = +y,$$
$$\delta y = \{G, y\} = \{xp_y - yp_x + Kp_z, y\} = -x,$$
$$\delta z = \{G, z\} = \{xp_y - yp_x + Kp_z, z\} = -K$$
であるから
$$X = x - \varepsilon \delta x = x - \varepsilon y, \quad Y = y - \varepsilon \delta y = y + \varepsilon x, \quad Z = z - \varepsilon \delta z = z + K\varepsilon$$
となっている．最後にネーターの定理により，この量 $G = L_z + Kp_z$ が保存量となる．

通常の方法では，ラグランジアン
$$L(\phi, z, \dot{\phi}, \dot{z}, \alpha) = \frac{1}{2}\left(\dot{\phi}^2 + \dot{z}^2\right) + \alpha(z - K\phi) \tag{S.95}$$
を考える．ここで，α は拘束のためのラグランジュの未定乗数である．この場合，オイラー–ラグランジュ方程式は
$$\ddot{\phi} = -K\alpha, \quad \ddot{z} = \alpha, \quad z = K\phi \tag{S.96}$$
で与えられる．このとき，$L_z = \dot{\phi}$, $p_z = \dot{z}$ であるから，$G = L_z + Kp_z$ の微分は
$$\frac{dG}{dt} = \ddot{\phi} + K\ddot{z} = -K\alpha + K\alpha = 0 \tag{S.97}$$
となる．

注意 出典は V.I. アーノルド『古典力学の数学的方法』(岩波書店, 1996) p.84 である.

問 5.6 (1) 成分で書けば
$$m\ddot{x} = -eB\dot{y} + 2eU_a x/a^2, \quad m\ddot{y} = eB\dot{x} + 2eU_a y/a^2 \tag{S.98}$$

ゆえ，$\zeta = x + iy$ とすれば

$$m\frac{d^2\zeta}{dt^2} = ieB\frac{d\zeta}{dt} + \frac{2eU_a}{a^2}\zeta$$

という ζ に関する線形の常微分方程式を得る．定石通り $\zeta = e^{i\Omega t}$ を代入すると

$$m\Omega^2 - eB\Omega + \frac{2eU_a}{a^2} = 0$$

$$\implies \Omega = \frac{1}{2}\left(\frac{eB}{m} \pm \sqrt{\left(\frac{eB}{m}\right)^2 - \frac{8eU_a}{ma^2}}\right) = \omega_H \pm \sqrt{\omega_H^2 - \omega_C^2} \equiv \Omega_{1,2} \qquad (S.99)$$

を得るから一般解は

$$\zeta = a\, e^{i\Omega_1 t} + b\, e^{i\Omega_2 t} = e^{i\omega_H t}\left(a\, e^{i\sqrt{\omega_H^2 - \omega_C^2}\, t} + b\, e^{-i\sqrt{\omega_H^2 - \omega_C^2}\, t}\right) \qquad (S.100)$$

となる．よって，解の構造は例題 5.2 のフーコーの振り子の場合と同じであることがわかる．

(2) 式 (5.87) のハミルトニアンに至るのはそう難しくないが，ここでは (5.87) によるハミルトンの運動方程式が (5.86) を導くことを直接に確かめよう．運動方程式

$$\dot{r} = \frac{\partial H}{\partial p_r} = \frac{p_r}{m}, \quad \dot{p}_r = -\frac{\partial H}{\partial r} = \frac{p_\theta^2}{mr^3} - m(\omega_H^2 - \omega_C^2)r, \qquad (S.101)$$

$$\dot{\theta} = \frac{\partial H}{\partial p_\theta} = \frac{p_\theta}{mr^2} + \omega_H, \quad \dot{p}_\theta = -\frac{\partial H}{\partial \theta} = 0 \qquad (S.102)$$

より

$$\ddot{r} = \frac{p_\theta^2}{m^2 r^3} - (\omega_H^2 - \omega_C^2)r \implies \ddot{r} - r\dot{\theta}^2 = -2\omega_H r\dot{\theta} + r\omega_C^2 \qquad (S.103)$$

を得る．ここで

$$p_\theta = mr^2(\dot{\theta} - \omega_H) = 一定 \qquad (S.104)$$

を用いた．一方で，極座標の速度と加速度は

$$\dot{\boldsymbol{r}} = \dot{r}\,\boldsymbol{e}_r + r\dot{\theta}\,\boldsymbol{e}_\theta, \quad \ddot{\boldsymbol{r}} = (\ddot{r} - r\dot{\theta}^2)\,\boldsymbol{e}_r + (2\dot{r}\dot{\theta} + r\ddot{\theta})\boldsymbol{e}_\theta \qquad (S.105)$$

であるから，式 (5.86) は

$$\ddot{\boldsymbol{r}} + \frac{e}{m}\dot{\boldsymbol{r}} \times \boldsymbol{B} = \frac{2U_a}{ma^2}r\,\boldsymbol{e}_r$$

$$\implies (\ddot{r} - r\dot{\theta}^2)\,\boldsymbol{e}_r + (2\dot{r}\dot{\theta} + r\ddot{\theta})\boldsymbol{e}_\theta + \frac{eB}{m}\left(r\dot{\theta}\boldsymbol{e}_r - \dot{r}\boldsymbol{e}_\theta\right) = \frac{2U_a}{ma^2}r\,\boldsymbol{e}_r \qquad (S.106)$$

と書ける．ゆえに，係数を比較して

$$\ddot{r} - r\dot{\theta}^2 = \omega_C^2 r - 2\omega_H r\dot{\theta}, \quad 2\dot{r}\dot{\theta} + r\ddot{\theta} - 2\omega_H \dot{r} = 0 \qquad (S.107)$$

を得る．前者は式 (S.103) である．後者は $2\dot{r}\dot{\theta} + r\ddot{\theta} = (\mathrm{d}(r^2\dot{\theta})/\mathrm{d}t)/r$ ゆえ

$$\frac{\mathrm{d}}{\mathrm{d}t}\left(r^2\dot{\theta}\right) - \omega_H \frac{\mathrm{d}}{\mathrm{d}t}\left(r^2\right) = 0 \implies r^2(\dot{\theta} - \omega_H) = \text{定数} \tag{S.108}$$

で，式 (S.104) より，この定数は p_θ/m であることがわかる．以上で示された．

(3) ハミルトニアンが θ に依らないので p_θ は一定で

$$S = -Et + p_\theta \theta + S_0(r) \tag{S.109}$$

と書け，S_0 は簡約されたハミルトン–ヤコビの方程式

$$\frac{1}{2m}\left(\left(\frac{\mathrm{d}S_0}{\mathrm{d}r}\right)^2 + \frac{p_\theta^2}{r^2}\right) + \omega_H p_\theta + \frac{m}{2}(\omega_H^2 - \omega_C^2)r^2 = E \tag{S.110}$$

を満たす．ゆえに

$$S_0(r) = \int^r \mathrm{d}r \sqrt{2m\left(E - \omega_H p_\theta - \frac{m}{2}(\omega_H^2 - \omega_C^2)r^2\right) - \frac{p_\theta^2}{r^2}} \tag{S.111}$$

を得る．よって

$$t = \frac{\partial S_0}{\partial E} = \sqrt{\frac{m}{2}} \int^r \frac{\mathrm{d}r}{\sqrt{E - \omega_H p_\theta - \frac{m}{2}(\omega_H^2 - \omega_C^2)r^2 - p_\theta^2/r^2}}$$

$$= \frac{1}{\sqrt{\omega_H^2 - \omega_C^2}} \int^r \frac{r\,\mathrm{d}r}{\sqrt{(r^2 - r_1^2)(r_2^2 - r^2)}} \tag{S.112}$$

となる．ここで近日点と遠日点に相当する r_1, r_2 は

$$r_1^2 + r_2^2 = \frac{2(E - \omega_H p_\theta)}{m(\omega_H^2 - \omega_C^2)}, \quad r_1^2 r_2^2 = \frac{2p_\theta^2}{m(\omega_H^2 - \omega_C^2)} \tag{S.113}$$

から決まる．この積分 (S.112) は例題 5.10 の 2 次元調和振動子に現れた積分 (5.68) と同じであるから，初期条件を $r(0) = r_1$ に設定して

$$r^2(t) = r_1^2 \cos^2(\omega t) + r_2^2 \sin^2(\omega t), \quad \omega = \sqrt{\omega_H^2 - \omega_C^2} \tag{S.114}$$

を得る．これは一般解 (S.100) で

$$\zeta(t) = e^{i\omega_H t}\left(r_1 \cos(\sqrt{\omega_H^2 - \omega_C^2}\,t) + ir_2 \sin(\sqrt{\omega_H^2 - \omega_C^2}\,t)\right) \tag{S.115}$$

としたものに相当している．これから $\theta(t)$ も $\zeta(t) = r(t)e^{i\theta(t)}$ として求まる．得られた θ は 2 次元調和振動子（例題 5.10）の ϕ に一致する．二つのモデルのあいだのアナロジーが完成したのである．

注意 出典は S. Tomonaga, *J. Phys. Soc. Jpn*, **3** (1947) 56 と 江沢 洋『日本物理学会誌』

49 (1994) 1009 である．なお両文献とも少数ながら誤植があったので，それらの修正と若干の記号変更を施して出題した．磁電管は戦時研究のひとつとして朝永先生のほか小谷正雄・萩原雄祐などの諸先生がその発振原理の解明に寄与された．上記の江沢先生による解説記事はたいへんおもしろいので一読をお薦めする．なお磁電管はその後も進化を続けて，いまでは電子レンジの中にも使われている．

第6章の解答

問 6.1 変数 $p_{n+1/2}$ を消去すると

$$x_{n+1} = x_n + hp_n - \frac{h^2}{2}U'(x_n), \quad p_{n+1} = p_n - \frac{h}{2}(U'(x_n) + U'(x_{n+1})) \tag{S.116}$$

となる．よって

$$\{x_{n+1}, p_{n+1}\} = \{x_n + hp_n - \frac{h^2}{2}U'(x_n), p_n - \frac{h}{2}(U'(x_n) + U'(x_{n+1}))\}$$

$$= \{x_n, p_n\} + \text{RES} \tag{S.117}$$

ここで，残余項 (residual term) は

$$\text{RES} = -\frac{h}{2}\{x_n, U'(x_{n+1})\} - \frac{h^2}{2}\{p_n, U'(x_{n+1})\} + \frac{h^3}{4}\{U'(x_n), U'(x_{n+1})\}$$

$$= -\frac{h^2}{2}U''(x_{n+1}) + \frac{h^2}{2}U''(x_{n+1})\left(1 - \frac{h^2}{2}U''(x_n)\right) + \frac{h^4}{4}U''(x_n)U''(x_{n+1})$$

$$= 0 \tag{S.118}$$

となる．このとき

$$\{x_n, U'(x_{n+1})\} = \frac{\partial x_n}{\partial x_n}\frac{\partial U'(x_{n+1})}{\partial p_n} = \frac{\partial}{\partial p_n}U'\left(x_n + hp_n - \frac{h^2}{2}U'(x_n)\right) = h\,U''(x_{n+1})$$

などを用いた．以上で $\{x_{n+1}, p_{n+1}\} = \{x_n, p_n\}$ が示された．

問 6.2 正準運動方程式は

$$\dot{x} = \frac{\partial H}{\partial p} = p, \quad \dot{p} = -\frac{\partial H}{\partial x} = 2\alpha x(x^2 - x_0^2) \tag{S.119}$$

となる．よって，エネルギー保存則を $E = 0$ に対して書けば

$$E = \frac{1}{2}\left(\frac{dx}{dt}\right)^2 - \frac{\alpha}{2}(x^2 - x_0^2)^2 = 0 \implies \frac{dx}{dt} = \pm\sqrt{\alpha}(x^2 - x_0^2) \tag{S.120}$$

を得る．いまの状況は右辺の符号がマイナスの場合にあたり (題意より $|x| \leq x_0$ なので)，変

数分離
$$\frac{\mathrm{d}x}{\mathrm{d}t} = \sqrt{\alpha}(x_0^2 - x^2) \implies \int_0^x \frac{\mathrm{d}x}{x_0^2 - x^2} = \sqrt{\alpha}(t - t_0) \qquad (t_0 = 積分定数)$$
において，左辺の積分は
$$\int_0^x \frac{1}{2x_0}\left(\frac{1}{x_0 - x} + \frac{1}{x_0 + x}\right)\mathrm{d}x = \frac{1}{2x_0}\log\left(\frac{x_0 + x}{x_0 - x}\right) \tag{S.121}$$
であるから，x について解いて
$$x(t) = x_0 \tanh\left[x_0\sqrt{\alpha}(t - t_0)\right] \tag{S.122}$$
を得る．

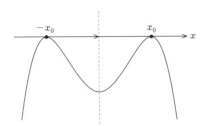

図 S.11　ポテンシャル $\dfrac{\alpha}{2}(x_0^2 - x^2)$

注意　これを「瞬間子」とよぶのは，1 階微分が $\dot{x} = x_0^2\sqrt{\alpha}\,\mathrm{sech}^2\left[x_0\sqrt{\alpha}(t - t_0)\right]$ となり，時刻 $t = t_0$ 近傍でのみゼロと大きく異なるという特徴に由来している．場の理論版のインスタントンもあり，物理的にも数学的にもたいへんおもしろい研究対象である．

問 6.3　正準運動方程式およびエネルギー保存則は
$$\frac{\mathrm{d}x}{\mathrm{d}t} = p, \quad \frac{\mathrm{d}p}{\mathrm{d}t} = ax - \frac{3}{2}x^2, \quad \frac{1}{2}\left(\frac{\mathrm{d}x}{\mathrm{d}t}\right)^2 + \frac{1}{2}x^2(x - a) = E = 0 \tag{S.123}$$
である．保存則は変数分離形なので，定石通り
$$\int_a^x \frac{\mathrm{d}x}{x\sqrt{a - x}} = \mp \int_{t_0}^t \mathrm{d}t = \mp(t - t_0) \qquad (t \gtreqless t_0) \tag{S.124}$$
を得る．この左辺の積分は，変数変換 $u = \sqrt{a - x}$ により
$$\int_a^x \frac{\mathrm{d}x}{x\sqrt{a - x}} = \int_0^u \frac{2\,\mathrm{d}u}{u^2 - a} = \frac{1}{\sqrt{a}}\log\left(\frac{\sqrt{a} - u}{\sqrt{a} + u}\right) = \frac{1}{\sqrt{a}}\log\left(\frac{\sqrt{a} - \sqrt{a - x}}{\sqrt{a} + \sqrt{a - x}}\right) \tag{S.125}$$

と計算される．よって

$$\log\left(\frac{\sqrt{a}+\sqrt{a-x}}{\sqrt{a}-\sqrt{a-x}}\right) = \sqrt{a}|t-t_0| \implies x(t) = \frac{a}{\cosh^2\left[\frac{\sqrt{a}}{2}(t-t_0)\right]} \tag{S.126}$$

を得る．この場合にも $\mathrm{sech}^2 = 1/\cosh^2$ が現れた．

問 6.4 線積分

$$J = K \oint \boldsymbol{v} \cdot d\boldsymbol{r} + q \oint \boldsymbol{A} \cdot d\boldsymbol{r} \tag{S.127}$$

のうち前者は容易に $v \cdot 2\pi a$ を与える．ここで a は円運動の半径である．後者はストークスの定理 (p.23) を使うと

$$\oint \boldsymbol{A} \cdot d\boldsymbol{r} = \int (\nabla \times \boldsymbol{A}) \cdot d\boldsymbol{S} = B \cdot \pi a^2 \tag{S.128}$$

となる．よって $J = 2\pi a K v + \pi q B a^2$ を得る．これに半径の式 $a = Kv/qB$ を代入すると

$$J = 3\pi \cdot \frac{(Kv)^2}{qB} \tag{S.129}$$

と求まる．通常は $Kv = p_\perp$ と書いて「磁場に垂直な運動量」と読む (Kv は共役運動量ではないのだが)．結局 $p_\perp^2/B$ が断熱不変なのである．このとき $p_\perp \propto \sqrt{B}$, $a \propto 1/\sqrt{B}$ である．

注意 同じ内容をプラズマ物理では「磁気能率 μ が断熱不変」と表現する．図 S.12 のように磁気能率 μ は電流 I と断面積 S を用いて $\mu = IS$ と書ける (次元が QL^2/T となること (問 1.1) を確かめよ)．$I = q\omega/2\pi$, $S = \pi a^2$ を，半径 $a = Kv/qB$, 回転角速度 $\omega = qB/K$ を使って表せば

$$\mu = \frac{Kv^2}{2B} = \frac{1}{2K} \cdot \frac{p_\perp^2}{B} \tag{S.130}$$

これは $K = $ 一定であるから，確かに断熱不変である．

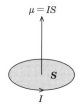

図 S.12 電流のつくる磁気能率

なお，磁場 B が時間変化すると電場 E が誘起されるので高次補正が生じると予想される．しかしながらスピッツァーによれば，クルスカルによって詳しい解析がなされ「補正項は出ない」のだという: L. Spitzer, *Physics of Fully Ionized Gases* (Dover, 1990) p.11.

問 6.5　角運動量 p_ϕ は一定であるから，第 2 の条件は簡単で

$$J_\phi = p_\phi \cdot 2\pi = n_\phi h \implies p_\phi = n_\phi \hbar \tag{S.131}$$

となる (角運動量の量子化)．一方で，エネルギー保存則

$$\frac{1}{2m}\left(p_r^2 + \frac{p_\phi^2}{r^2}\right) - \frac{e^2}{4\pi\varepsilon_0 r} = E \tag{S.132}$$

を p_r について解くと

$$p_r^2 = 2mE + \frac{2me^2}{4\pi\varepsilon_0}\frac{1}{r} - \frac{p_\phi^2}{r^2} = (-2mE)\cdot\frac{(r-r_1)(r_2-r)}{r^2} \quad (E<0\text{ のとき}) \tag{S.133}$$

を得る．ここで，係数比較により

$$r_1 + r_2 = -\frac{e^2}{4\pi\varepsilon_0 E}, \quad r_1 r_2 = -\frac{p_\phi^2}{2mE} \tag{S.134}$$

とした．以上を使うと，第 1 の量子化条件は

$$J_r = 2\sqrt{-2mE}\int_{r_1}^{r_2}\frac{\sqrt{(r-r_1)(r_2-r)}}{r}\,\mathrm{d}r = n_r h \tag{S.135}$$

となる．中央の積分に公式 (S.138)

$$\int_{r_1}^{r_2}\frac{\sqrt{(r-r_1)(r_2-r)}}{r}\,\mathrm{d}r = \pi\left(\frac{r_1+r_2}{2} - \sqrt{r_1 r_2}\right) \tag{S.136}$$

を使い，r_1, r_2 に関係式 (S.134) を代入すれば，左辺はエネルギー E を用いて表される．以上から

$$E = -\frac{me^4}{2(4\pi\varepsilon_0)^2\hbar^2}\cdot\frac{1}{n^2}, \quad n = n_r + n_\phi \tag{S.137}$$

というボーアのエネルギー準位式を得る．

積分公式の導出: 公式

$$\int_{r_1}^{r_2}\frac{\sqrt{(r-r_1)(r_2-r)}}{r}\,\mathrm{d}r = \pi\left(\frac{r_1+r_2}{2} - \sqrt{r_1 r_2}\right) \tag{S.138}$$

を示そう．例題 2.5 と同じ変数変換 $r = r_1\cos^2\theta + r_2\sin^2\theta$ により

$$\text{左辺} = 2(r_2-r_1)^2\int_0^{\pi/2}\frac{\sin^2\theta\cos^2\theta}{r_1\cos^2\theta + r_2\sin^2\theta}\,\mathrm{d}\theta$$

となる．半角公式 $\cos^2\theta = (1+\cos 2\theta)/2$, $\sin^2\theta = (1-\cos 2\theta)/2$ を使うと，被積分関数は

$$\frac{\sin^2\theta \cos^2\theta}{r_1\cos^2\theta + r_2\sin^2\theta}$$
$$= \frac{1}{2}\frac{1-\cos^2 2\theta}{(r_1+r_2)-(r_2-r_1)\cos 2\theta}$$
$$= \frac{\cos 2\theta}{2(r_2-r_1)} + \frac{r_1+r_2}{2(r_2-r_1)^2} - \frac{4r_1r_2}{2(r_2-r_1)^2}\cdot\frac{1}{(r_1+r_2)-(r_2-r_1)\cos 2\theta}$$

であるから (分母による分子の割り算を実行した)，定積分公式

$$\int_0^{\pi/2}\cos 2\theta\, d\theta = 0,\quad \int_0^{\pi/2} d\theta = \frac{\pi}{2},\quad \int_0^{\pi/2}\frac{d\theta}{(r_1+r_2)-(r_2-r_1)\cos 2\theta} = \frac{\pi}{4\sqrt{r_1r_2}} \tag{S.139}$$

を使って

$$\text{左辺} = \pi\left(\frac{r_1+r_2}{2} - \sqrt{r_1r_2}\right)$$

を得る．

問 6.6 保存量は

$$A_1 = x_1^2 + \frac{(x_2p_1 - x_1p_2)^2}{a_1-a_2},\quad A_2 = x_2^2 + \frac{(x_1p_2 - x_2p_1)^2}{a_2-a_1} \tag{S.140}$$

で与えられる．とくに $A_1 + A_2 = x_1^2 + x_2^2 = 1$ である．そこで，$x_1 = \cos(\phi/2)$, $x_2 = \sin(\phi/2)$ とおけば $p_1 = \dot{x}_1 = -(\dot{\phi}/2)\sin(\phi/2)$, $p_2 = \dot{x}_2 = (\dot{\phi}/2)\cos(\phi/2)$ で $x_1p_2 - x_2p_1 = \dot{\phi}/2$ ゆえ

$$A_1 = \cos^2\frac{\phi}{2} - \frac{\dot{\phi}^2}{4(a_2-a_1)},\quad A_2 = \sin^2\frac{\phi}{2} + \frac{\dot{\phi}^2}{4(a_2-a_1)}$$

$$\implies \frac{\dot{\phi}^2}{2(a_2-a_1)} - \cos\phi = A_2 - A_1 \equiv -\cos\phi_0 \tag{S.141}$$

を得る．これは振り子のエネルギー保存則 (3.45) に他ならない (ここで $a_2 - a_1 = \omega^2$ とする)．

第7章の解答

問 7.1 連立方程式を解くと

$$x_{n+1} = \frac{1-K}{1+K}x_n + \frac{1}{1+K}p_n,\quad p_{n+1} = \frac{1-K}{1+K}p_n - \frac{4K}{1+K}x_n \tag{S.142}$$

となる．よって

$$\{x_{n+1}, p_{n+1}\} = \left\{\frac{1-K}{1+K}x_n + \frac{1}{1+K}p_n, \frac{1-K}{1+K}p_n - \frac{4K}{1+K}x_n\right\}$$

$$= \frac{(1-K)^2 + 4K}{(1+K)^2}\{x_n, p_n\} = \{x_n, p_n\} \tag{S.143}$$

が示された．ここで，$\{x_n, x_n\} = 0$, $\{p_n, p_n\} = 0$, $\{p_n, x_n\} = -\{x_n, p_n\}$ を仮定した．

他の関係式 $\{x_{n+1}, x_{n+1}\} = 0$, $\{p_{n+1}, p_{n+1}\} = 0$ も容易に示される．

問 7.2 変分 $\theta_j \to \theta_j + \delta\theta_j$ により

$$\delta S = \sum_j \left[\sin\left(\frac{\theta_{j+1} - \theta_j}{2}\right) \cdot \frac{\delta\theta_{j+1} - \delta\theta_j}{4} - \varepsilon \cdot \sin\left(\frac{\theta_{j+1} + \theta_j}{2}\right) \cdot \frac{\delta\theta_{j+1} + \delta\theta_j}{4}\right]$$

$$= \sum_j \frac{\delta\theta_j}{4}\left[\sin\left(\frac{\theta_j - \theta_{j-1}}{2}\right) - \sin\left(\frac{\theta_{j+1} - \theta_j}{2}\right)\right.$$

$$\left. -\varepsilon \cdot \left(\sin\left(\frac{\theta_j + \theta_{j-1}}{2}\right) + \sin\left(\frac{\theta_{j+1} + \theta_j}{2}\right)\right)\right] \tag{S.144}$$

上記の「カギ括弧内 $=0$」を三角関数の和積公式を使って式変形すると，最終的に

$$\tan\left(\frac{\theta_{j+1} + \theta_{j-1}}{4}\right) = \frac{1-\varepsilon}{1+\varepsilon} \cdot \tan\left(\frac{\theta_j}{2}\right) \tag{S.145}$$

を得る．これが振り子運動の離散版方程式である．なお，これは微小振動の極限 $|\theta| \ll 1$ で $\tan$ を取り去れば

$$\theta_{j+1} + \theta_{j-1} = 2 \cdot \frac{1-\varepsilon}{1+\varepsilon}\,\theta_j$$

のように，調和振動子の離散版 (7.5) になっている．

問 7.3 問 6.1 で示した 1 粒子の場合とほとんど同様で

$$\{x_j^{n+1}, p_k^{n+1}\} = \{x_j^n, p_k^n\} + \text{RES},$$

$$\text{RES} = -\frac{h}{2}\{x_j^n, U_k(x^{n+1})\} - \frac{h^2}{2}\{p_j^n, U_k(x^n) + U_k(x^{n+1})\}$$

$$- \frac{h^2}{2}\{U_j(x^n), p_k^n\} + \frac{h^3}{4}\{U_j(x^n), U_k(x^{n+1})\} \tag{S.146}$$

の RES 項が消えることを示せばよい．等式

$$\{x_j^n, U_k(x^{n+1})\} = \frac{\partial}{\partial p_j^n}U_k(x^{n+1}) = h \cdot U_{kj}(x^{n+1}), \tag{S.147}$$

$$\{p_j^n, U_k(x^{n+1})\} = -\frac{\partial}{\partial x_j^n}U_k(x^{n+1}) = -U_{k\ell}(x^{n+1})\left[\delta_{j\ell} - \frac{h^2}{2}U_{j\ell}(x^n)\right], \tag{S.148}$$

$$\{U_j(x^n), U_k(x^{n+1})\} = \frac{\partial}{\partial x_\ell}U_j(x^n)\frac{\partial}{\partial p_\ell^n}U_k(x^{n+1}) = h \cdot U_{j\ell}(x^n)U_{k\ell}(x^{n+1}) \tag{S.149}$$

を使えば，各項が互いに打ち消し合うことがわかる．ここで，記法

$$U_{k\ell}(x^{n+1}) = \frac{\partial^2 U}{\partial x_k^{n+1} x_\ell^{n+1}} \tag{S.150}$$

を用いた．

注意 「分子動力学」(Molecular Dynamics，略して MD) は，計算機上で多数の分子集団の運動をシミュレートし，関心のある物理量をデータから「長時間平均」として取り出し，系の統計力学的性質を調べる学問である．多粒子系の連立微分方程式を計算機で解くという制約から，微分方程式を有限の時間ステップ h を持つ差分方程式に変えて近似的に扱わざるを得ない．このとき，計算機上で統計力学が成立するためには，その根拠のひとつである「リウヴィルの定理」

$$\prod_j \mathrm{d}x_j(t+h)\mathrm{d}p_j(t+h) = \prod_j \mathrm{d}x_j(t)\mathrm{d}p_j(t)$$

が満足されている必要がある．別の言葉でいえば，このときの差分方程式はポアソン括弧を保つ正準変換でなければならない．この要件を満たす差分法を**シンプレクティック差分法**という．ここで議論したリープ・フロッグ法はそんなシンプレクティック差分法のひとつなのである．

問 7.4 行列の計算をすると

$$\begin{aligned} L_{n+1}R_{n+1} &= (\Omega + X_n X_{n+1}^\mathrm{T})(\Omega - X_{n+1} X_n^\mathrm{T}) \\ &= \Omega^2 + (X_n X_{n+1}^\mathrm{T}\Omega - \Omega X_{n+1} X_n^\mathrm{T}) - X_n X_n^\mathrm{T}, \\ R_n L_n &= (\Omega - X_n X_{n-1}^\mathrm{T})(\Omega + X_{n-1} X_n^\mathrm{T}) \\ &= \Omega^2 + (\Omega X_{n-1} X_n^\mathrm{T} - X_n X_{n-1}^\mathrm{T}\Omega) - X_n X_n^\mathrm{T} \end{aligned}$$

となる (最後の項に $X_n X_{n+1}^\mathrm{T} X_{n+1} X_n^\mathrm{T} = X_n X_n^\mathrm{T}$ などを使った．$X_{n+1}^\mathrm{T} X_{n+1} = 1$ である)．よって

$$\begin{aligned} & X_n X_{n+1}^\mathrm{T}\Omega - \Omega X_{n+1} X_n^\mathrm{T} = \Omega X_{n-1} X_n^\mathrm{T} - X_n X_{n-1}^\mathrm{T}\Omega \\ \implies & \Omega(X_{n+1} + X_{n-1})X_n^\mathrm{T} = X_n(X_{n+1}^\mathrm{T} + X_{n-1}^\mathrm{T})\Omega \\ \implies & \omega_j(x_j^{n+1} + x_j^{n-1})x_k^n = \omega_k(x_k^{n+1} + x_{k-1}^{n-1})x_j^n \quad (j,k) \text{ 行列要素} \end{aligned} \tag{S.151}$$

を得る．これは差分方程式 (7.23) である．

注意 出典は前掲のモーザー–ベセロフ論文である．

問 7.5 以下では，ロトカ–ボルテラ方程式を

$$x_j^{n+1} - x_j^n = x_j^n x_{j+1}^n - x_{j-1}^{n+1} x_j^{n+1}, \tag{S.152}$$

$$x_j^{n+1}(1 + x_{j-1}^{n+1}) = x_j^n (1 + x_{j+1}^n) \tag{S.153}$$

の 2 通りの形で使う．戸田格子の差分方程式

$$I_j^{n+1} + V_{j-1}^{n+1} = I_j^n + V_j^n, \quad I_j^{n+1} V_j^{n+1} = I_{j+1}^n V_j^n \tag{S.154}$$

に変換式 (7.58) を代入すると，第 1 式は

$$\begin{aligned}
I_j^{n+1} &- I_j^n \\
&= (1 + x_{2j-1}^{n+1})(1 + x_{2j}^{n+1}) - (1 + x_{2j-1}^n)(1 + x_{2j}^n) \\
&= (x_{2j-1}^{n+1} - x_{2j-1}^n + x_{2j}^{n+1} - x_{2j}^n) + (x_{2j-1}^{n+1} x_{2j}^{n+1} - x_{2j-1}^n x_{2j}^n) \\
&= (x_{2j-1}^n x_{2j}^n - x_{2j-1}^{n+1} x_{2j-2}^{n+1} + x_{2j}^n x_{2j-1}^n - x_{2j}^{n+1} x_{2j-1}^{n+1}) + (x_{2j-1}^{n+1} x_{2j}^{n+1} - x_{2j-1}^n x_{2j}^n) \\
&= x_{2j}^n x_{2j+1}^n - x_{2j-1}^{n+1} x_{2j-2}^{n+1} \\
&= V_j^n - V_{j-1}^{n+1} \tag{S.155}
\end{aligned}$$

で一致する．第 2 式も

$$\begin{aligned}
I_j^{n+1} V_j^{n+1} & \\
&= (1 + x_{2j-1}^{n+1})(1 + x_{2j}^{n+1}) \cdot x_{2j}^{n+1} x_{2j+1}^{n+1} \\
&= x_{2j}^{n+1}(1 + x_{2j-1}^{n+1}) \cdot x_{2j+1}^{n+1}(1 + x_{2j}^{n+1}) \\
&= x_{2j}^n (1 + x_{2j+1}^n) \cdot x_{2j+1}^n (1 + x_{2j+2}^n) \\
&= (1 + x_{2j+1}^n)(1 + x_{2j+2}^n) \cdot x_{2j}^n x_{2j+1}^n \\
&= I_{j+1}^n V_j^n \tag{S.156}
\end{aligned}$$

で一致する．以上で等価性が示された．

注意 微分方程式の段階で等価性をみるのはたいへんだが，離散だと単なる等式になってしまうのである．

問 7.6 (1) は式 (7.63) の前者の両辺と $\boldsymbol{p}$ との内積をとれば，ベクトル積の性質より $\boldsymbol{m}_{j+1} \cdot \boldsymbol{p} - \boldsymbol{m}_j \cdot \boldsymbol{p} = 0$ を得る．同様に (2) は式 (7.63) の後者の両辺と $\boldsymbol{a}_{j+1} + \boldsymbol{a}_j$ との内積をとれば，ベクトル積の性質より $\boldsymbol{a}_{j+1}^2 - \boldsymbol{a}_j^2 = 0$ を得る．(3) はまず，前者と $\boldsymbol{a}_j$ との内積から $\boldsymbol{a}_j \cdot \boldsymbol{m}_{j+1} = \boldsymbol{a}_j \cdot \boldsymbol{m}_j$ を得る．つぎに後者と $\boldsymbol{m}_{j+1}$ との内積から $\boldsymbol{a}_{j+1} \cdot \boldsymbol{m}_{j+1} - \boldsymbol{a}_j \cdot \boldsymbol{m}_{j+1} = 0$ を得る．これらを合わせると $\boldsymbol{a}_{j+1} \cdot \boldsymbol{m}_{j+1} = \boldsymbol{a}_j \cdot \boldsymbol{m}_{j+1} = \boldsymbol{a}_j \cdot \boldsymbol{m}_j$ が示される．

(4) の $E_{j+1} = E_j$ は

$$\begin{aligned}
&E_{j+1} - E_j \\
&= \frac{1}{2}(\boldsymbol{m}_{j+1} + \boldsymbol{m}_j) \cdot (\boldsymbol{m}_{j+1} - \boldsymbol{m}_j) + (\boldsymbol{a}_{j+1} - \boldsymbol{a}_j) \cdot \boldsymbol{p} \\
&\quad + \frac{h}{2}(\boldsymbol{a}_{j+1} \times \boldsymbol{m}_{j+1} - \boldsymbol{a}_j \times \boldsymbol{m}_j) \cdot \boldsymbol{p} \\
&= \frac{h}{2}(\boldsymbol{m}_{j+1} + \boldsymbol{m}_j) \cdot (\boldsymbol{p} \times \boldsymbol{a}_j) + \frac{h}{2}(\boldsymbol{m}_{j+1} \times (\boldsymbol{a}_{j+1} + \boldsymbol{a}_j)) \cdot \boldsymbol{p} \\
&\quad + \frac{h}{2}(\boldsymbol{a}_{j+1} \times \boldsymbol{m}_{j+1} - \boldsymbol{a}_j \times \boldsymbol{m}_j) \cdot \boldsymbol{p} \\
&= \frac{h}{2}(\boldsymbol{a}_j \times (\boldsymbol{m}_{j+1} + \boldsymbol{m}_j) + \boldsymbol{a}_j \times (-\boldsymbol{m}_{j+1} - \boldsymbol{m}_j)) \cdot \boldsymbol{p} = 0
\end{aligned}$$

となる．以上で，すべて示された．

第8章の解答

問 8.1 汎関数の変分は

$$\delta S = \int_0^\infty \left(\frac{\mathrm{d}\delta\phi}{\mathrm{d}r}\frac{\mathrm{d}\phi}{\mathrm{d}r} + \frac{\phi^{3/2}}{\sqrt{r}}\delta\phi\right)\mathrm{d}r = \int_0^\infty \delta\phi\left(-\frac{\mathrm{d}^2\phi}{\mathrm{d}r^2} + \frac{\phi^{3/2}}{\sqrt{r}}\right)\mathrm{d}r$$

であるから，トーマス–フェルミ原子の基礎方程式

$$\frac{\mathrm{d}^2\phi}{\mathrm{d}r^2} = \frac{\phi^{3/2}}{\sqrt{r}}$$

が導かれる．そこで，試行関数 $\phi = e^{-\alpha r}$ を用いると

$$S = \int_0^\infty \left(\frac{\alpha^2}{2}e^{-2\alpha r} + \frac{2}{5}\cdot\frac{e^{-5\alpha r/2}}{\sqrt{r}}\right)\mathrm{d}r = \frac{\alpha}{4} + \frac{2}{5}\sqrt{\frac{2\pi}{5\alpha}}$$

であるから (オイラー積分ゆえガンマ関数で書ける)

$$\frac{\partial S}{\partial \alpha} = \frac{1}{4} - \frac{1}{5}\sqrt{\frac{2\pi}{5}}\alpha^{-3/2} = 0 \implies \alpha = \frac{2}{5}(4\pi)^{1/3} = 0.92995\cdots$$

を得る．残念ながら，数値解による値 $-\phi'(0) = 1.58807\cdots$ との一致はよくない．

注意 不一致の原因は r が大きいときの ϕ のベキ乗的な振る舞い (これは展開法によって示される)

$$\phi(r) = \frac{144}{r^3} + \cdots \quad (r \to \infty) \tag{S.157}$$

を指数関数が再現していないからである．ゾンマーフェルトは原点で値 1 を取り，r が大きい

演習問題の解答 217

ときに上記の漸近形を持つような内挿関数を提案したが，それは数値解を大略でよく再現している．

問 8.2 　規格化定数 B を無視して，分母は

$$\langle \psi | \psi \rangle = \int_0^\infty 4\pi \rho^2 \, \mathrm{d}\rho \, e^{-2\beta\rho^2} = \frac{4\pi}{(2\beta)^{3/2}} \int_0^\infty x^2 \, e^{-x^2} \, \mathrm{d}x = \frac{4\pi}{(2\beta)^{3/2}} \cdot \frac{\sqrt{\pi}}{4}$$

である (変数変換 $\sqrt{2\beta} \cdot \rho = x$)．一方の分子は

$$\frac{\mathrm{d}}{\mathrm{d}\rho} e^{-\beta\rho^2} = -2\beta\rho \, e^{-\beta\rho^2}, \quad \frac{\mathrm{d}^2}{\mathrm{d}\rho^2} e^{-\beta\rho^2} = (4\beta^2\rho^2 - 2\beta) \, e^{-\beta\rho^2}$$

より

$$\mathcal{H}\psi = \left(-\left(4\beta^2\rho^2 - 6\beta\right) - \frac{2}{\rho} \right) e^{-\beta\rho^2}$$

であるから

$$\langle \psi | \mathcal{H} | \psi \rangle = 4\pi \int_0^\infty \rho^2 \left(6\beta - 4\beta^2\rho^2 - \frac{2}{\rho} \right) e^{-2\beta\rho^2} \, \mathrm{d}\rho$$
$$= \frac{4\pi}{(2\beta)^{1/2}} \int_0^\infty \left(3x^2 - x^4 - \frac{2x}{\sqrt{2\beta}} \right) e^{-x^2} \, \mathrm{d}x$$
$$= \frac{4\pi}{(2\beta)^{1/2}} \left(\frac{3}{8}\sqrt{\pi} - \frac{1}{\sqrt{2\beta}} \right)$$

となる (同じく $\sqrt{2\beta} \cdot \rho = x$)．よって

$$E(\beta) = \frac{\langle \psi | \mathcal{H} | \psi \rangle}{\langle \psi | \psi \rangle} = 3\beta - 8\sqrt{\frac{\beta}{2\pi}}$$

を得る．これは $\beta = 8/9\pi \equiv \beta_0$ のとき最小値 $E(\beta_0) = -8/3\pi = -0.8488\cdots$ を取る．正確な値は -1 であるから少し大きく，近似の精度はよくない．試行関数であるガウス関数は，正しい解である指数関数とは振る舞いがかなり異なるから，当然の結果といえよう．なお，次の問 8.3 も参照せよ．

注意 　ガウス関数を含む定積分計算は，公式

$$\int_0^\infty e^{-ax^2} \, \mathrm{d}x = \frac{1}{2}\sqrt{\frac{\pi}{a}}, \quad \int_0^\infty x \, e^{-ax^2} \, \mathrm{d}x = \frac{1}{2a}$$

を用いて，両辺を何回か a 微分したのち $a = 1$ と置くとよい．あるいは，変数変換 $u = ax^2$ によりオイラー積分とガンマ関数に帰着させるのも良い考えである．

問 8.3 ハミルトニアン H の固有状態の規格化された直交完全系を $|j\rangle$ $(j=0,1,\cdots)$ とし,対応するエネルギー固有値を $E_0 \leqq E_1 \leqq \cdots$ とすると

$$|\alpha\rangle = \sum_{j=0}^{\infty} a_j |j\rangle, \quad \sum_{j=0}^{\infty} |a_j|^2 = 1$$

と書ける.ここに,係数 a_j は $a_j = \langle j|\alpha\rangle$ で与えられる.このとき

$$E(\alpha) = \langle\alpha|H|\alpha\rangle = \sum_{j=0}^{\infty}\sum_{k=0}^{\infty} a_j^* a_k \langle j|H|k\rangle = \sum_{j=0}^{\infty}\sum_{k=0}^{\infty} E_j a_j^* a_k \langle j|k\rangle$$

$$= \sum_{j=0}^{\infty} E_j |a_j|^2 \geqq E_0 \sum_{j=0}^{\infty} |a_j|^2 = E_0$$

が成り立つ.ここで,規格直交性 $\langle j|k\rangle = \delta_{jk}$ および不等式 $E_0 \leqq E_1 \leqq \cdots$ を用いた.

注意 試行状態 $|\alpha\rangle$ はハミルトニアン H の固有状態とは限らないこと,および不等式は基底エネルギーに対してのみ成立することに注意せよ.

問 8.4 ハミルトニアン

$$H = -\frac{\hbar^2}{2m}\nabla^2 + U(\boldsymbol{r})$$

にスケール変換のパラメータ λ を導入すれば

$$H \to H' = -\frac{\hbar^2}{2m\lambda^2}\nabla^2 + \lambda^n U(\boldsymbol{r})$$

に変換される.この H' の期待値をとったものは $\lambda = 1$ で極小になるから,λ で微分したのちに $\lambda = 1$ として

$$-2\langle K\rangle + n\langle U\rangle = 0$$

を得る.

問 8.5 自由エネルギー汎関数の変分を取れば,被積分関数として

$$\delta\psi^* \left[-\frac{\hbar^2}{2M}\left(\nabla - \frac{iq}{\hbar}\boldsymbol{A}\right)^2 \psi - \alpha\psi + \beta|\psi|^2\psi \right]$$

$$+ \delta\psi \left[-\frac{\hbar^2}{2M}\left(\nabla + \frac{iq}{\hbar}\boldsymbol{A}\right)^2 \psi^* - \alpha\psi^* + \beta|\psi|^2\psi^* \right]$$

$$+ \delta\boldsymbol{A} \cdot \left[\frac{1}{\mu_0}\nabla\times(\nabla\times\boldsymbol{A}) - \boldsymbol{j} \right]$$

を得る.ここで,電流 $\boldsymbol{j}$ の部分は

$$\frac{\hbar^2}{2M}\left(\left(+\frac{iq}{\hbar}\delta\boldsymbol{A}\right)\psi^*\cdot\left[\left(\nabla-\frac{iq}{\hbar}\boldsymbol{A}\right)\psi\right]+\left[\left(\nabla+\frac{iq}{\hbar}\boldsymbol{A}\right)\psi^*\right]\cdot\left(-\frac{iq}{\hbar}\delta\boldsymbol{A}\right)\psi\right)$$

$$=\delta\boldsymbol{A}\cdot\frac{iq\hbar}{2M}\left[\psi^*\left(\nabla-\frac{iq}{\hbar}\boldsymbol{A}\right)\psi-\psi\left(\nabla+\frac{iq}{\hbar}\boldsymbol{A}\right)\psi^*\right]\equiv-\delta\boldsymbol{A}\cdot\boldsymbol{j}$$

$$\boldsymbol{j}=-\frac{i\hbar q}{2M}\left(\psi^*\nabla\psi-\psi\nabla\psi^*\right)-\frac{q^2}{M}|\psi|^2\boldsymbol{A}=-\frac{i\hbar q}{M}\psi^*\nabla\psi-\frac{q^2}{M}|\psi|^2\boldsymbol{A}$$

のように計算される．電流密度 $\boldsymbol{j}$ の表式のうち，初項は $q\boldsymbol{p}/M=-(i\hbar q/M)\nabla$ の期待値で，次の $\boldsymbol{A}$ に比例する項は「反磁性電流」とよばれる．磁場中の荷電粒子はレンツの法則により磁場を打ち消す向きに回転運動する (反磁性) が，この項はそれを表している．

問 8.6 変分をとれば，部分積分ののち

$$\delta S=\int_{-d}^{d}\mathrm{d}z\left[2\delta\psi\left(-(1-A^2)\psi+\psi^3-\frac{1}{\kappa^2}\frac{\mathrm{d}^2\psi}{\mathrm{d}z^2}\right)+2\delta A\left(\psi^2 A-\frac{\mathrm{d}^2 A}{\mathrm{d}z^2}\right)\right]$$

となり，式 (8.33) が導かれる．

索引

数字・アルファベット

2 項係数……10
2 次元極座標……44, 55, 107
2 次元調和振動子……40, 207
3 次元極座標……16, 67, 201
GL パラメータ……154
LR 形式……137, 140, 145

あ 行

アインシュタイン規約……20, 124
アインシュタインの関係式……77
アンペールの法則……23
一般化されたガウス・ストークス公式……24
一般化された座標と運動量……56
因果律……74
インスタントン解……128
ウォード–高橋の関係式……96
宇宙線の運動……68
エネルギー保存則……37
エルミート共役……81
エルミート行列……81
オイラー–ラグランジュ方程式……39
オイラーの公式……12
オイラーのコマ……176
オイラーの変分方程式……31

か 行

外積代数……25
回転座標系……88
ガウスの定理……22
角運動量の代数……99
角運動量保存則……43
拡散方程式……82, 86
ガリレイの仕事の原理……38
換算質量……58
完全積分可能系……122, 130
完全反対称テンソル……19, 79, 204
ガンマ関数……160, 216
ガンマ行列……80
逆関数の微分……8
球関数……169, 201
球面振り子……67
共役運動量……53
キンク解……154
ギンツブルグ–ランダウ方程式……152
空間回転……91
空間並進……91
屈折の法則……28
クライン–ゴルドン方程式……77
グラスマン代数……25
ゲージ変換とゲージ不変性……73
ケプラー運動……44
ケプラー運動の軌道……45
ケプラー運動の周期……46
ケプラーの 3 法則……32
ケプラー–レビチビタ変数……49, 106
懸垂線問題……183
合成関数の微分……8
拘束系……121
コンデンサ容量……148

さ 行

サイクロイド……31, 195
サイクロトロン角振動数……66
最速降下線問題……31
作用……40
作用積分……40
作用変数……120
散逸系の方程式……82
三角関数……12
時間並進……91
磁気能率の次元……32
次元解析……4
次元と単位系……1
指数関数……10

自然単位……77
磁電管 (マグネトロンに同じ)……108
重心座標と相対座標……57
終端速度……14, 182
シュレーディンガー方程式……75
昇降演算子……166
侵入深さ……154
シンプレクティック空間 (相空間に同じ)……110
シンプレクティック空間の内積……111
シンプレクティック差分法……214
水素原子の基底エネルギー……150, 159
スカラーおよびベクトル・ポテンシャル……63, 71
ストークスの定理……23, 210
スファラロン解……128
正準形式……87, 131
正準変換……87, 97
生成消滅演算子……98
ゼーマン効果……181
相関距離……153
双曲線関数……182
相空間 (シンプレクティック空間に同じ)……109
相対論的自由粒子……62

た 行

第 1 種完全楕円積分……62
対数関数……10
楕円関数の加法公式……175
多重積分……21
多変数のテイラー展開……30
断熱不変量……118, 210
断熱変化……117
超伝導薄膜……155
調和振動子……4, 36, 131
直交関係式……168
通径……46
テイラー展開……11
ディラック括弧……124
ディラック行列……78
ディラックのデルタ関数……18, 164
ディラック方程式……78

電気抵抗の次元……4
電子ボルト……2
等加速度運動……13
トーマス–フェルミの原子モデル……158
戸田格子……139, 146
ド・ブロイ長……6, 78

な 行

ナブラ演算子……17
ニュートンの運動法則……35
ネーターの定理……91, 96, 205
ノイマン系……122, 134, 145

は 行

ハイゼンベルクの運動方程式……100
パウリ行列……79
波動方程式……74
バネの運動 (単振動・調和振動子に同じ)……36
ハミルトニアン……53
ハミルトン–ヤコビの方程式……101
ハミルトンの正準運動方程式……54
ハミルトンの変分原理……54
汎関数……27
微細構造定数……7
非相対論的極限……65
微分形式と外微分……24
微分の基本的性質……8
ビリアル定理……159
フーコーの振り子……89
フェルマーの原理……28, 34
フォッカー–プランク方程式……83
プラズマ物理……195, 210
プランク時間……6
プランク質量……6
プランク長さ……6
振り子……41, 59, 129, 145
分子動力学……214
ベータ関数……161, 190
ベクトル解析の公式……19

ヘルツ・ベクトル……85
ヘルマン–ファインマンの定理……76, 86
変数分離……103
偏微分……15
変分法……27
変分法による近似計算……148
ポアソン括弧……92, 110
ポアソン括弧と交換子積……100
ポアソン括弧の諸性質……93
ポアソン方程式……70
ポインティング・ベクトル……85
ボーア磁子……181
ボーアの公式……6
ボーアの量子化条件……120, 129
母関数……87, 167
保存力……37

ま 行

マイスナー効果……154
マクスウェル方程式……71
マクスウェル–ボルツマン分布……83
マグネトロン (磁電管に同じ)……108
マクローリン展開……11
ミンコフスキー空間……170
ミンコフスキー空間の内積……64, 80
ミンコフスキー計量……62
無限小変換の生成子……90

や 行

ヤコビアン……21, 33
ヤコビの恒等式……94, 106
ヤコビの楕円関数……60, 174, 194
誘電率の次元……3

ら 行

ラーマー角振動数……66
ライプニッツの規則……10
ラグランジアン……39

ラグランジュのコマ……146
ラグランジュの未定乗数……76, 134
ラプラシアン……18
ラプラス演算子……18
リープ・フロッグ法……127, 133, 145
リウヴィルの定理……116, 214
離散時間の変分原理……130
離心率……46
リュードベリ定数……6
量子力学的断熱変化……200
臨界磁場……153
ルジャンドル多項式……165, 201
ルンゲ–レンツのベクトル……49
ローレンツ型スペクトル……193
ローレンツ共変性……173
ローレンツ条件……73, 85
ローレンツ変換……64, 170
ローレンツ力の運動方程式……64
ロトカ–ボルテラ系……137, 146
ロドリグの公式……169
ロンドン方程式……154

十河 清(そごう・きよし)

1949年　香川県生まれ.
1981年　東京大学大学院理学系研究科物理学専攻博士課程修了.
　　　　北里大学理学部教授を経て,
現　在　株式会社 計算流体力学研究所所属. 理学博士.
　　　　専門は数理物理学, 統計力学.

著　書　『キーポイント確率・統計』,『微分積分演習』,『ゼロからの力学I,II』,
　　　　『ゼロからの電磁気学I,II』,『ゼロからの熱力学と統計力学』(以上,
　　　　共著, 岩波書店),『非線形物理学――カオス・ソリトン・パターン』
　　　　(裳華房), ほか.

 日本評論社ベーシック・シリーズ＝NBS

解析力学
(かいせきりきがく)

2017 年 5 月 20 日　第 1 版第 1 刷発行

著　者―――十河　清
発行者―――串崎　浩
発行所―――株式会社 日本評論社
　　　　　　〒170-8474 東京都豊島区南大塚 3-12-4
電　話―――(03) 3987-8621 (販売) (03) 3987-8599 (編集)
印　刷―――三美印刷
製　本―――難波製本
装　幀―――図工ファイブ
イラスト――Tokin

Ⓒ Kiyoshi Sogo 2017　　　　ISBN 978-4-535-80639-9

JCOPY 《(社)出版者著作権管理機構 委託出版物》本書の無断複写は著作権法上での例外を除き禁じられています. 複写される場合は, そのつど事前に, (社)出版者著作権管理機構(電話 03-3513-6969, FAX 03-3513-6979, e-mail: info@jcopy.or.jp)の許諾を得てください. また, 本書を代行業者等の第三者に依頼してスキャニング等の行為によりデジタル化することは, 個人の家庭内の利用であっても, 一切認められておりません.

NBS 日評ベーシック・シリーズ

大学で始まる「学問の世界」。講義や自らの学習のためのサポート役として、基礎力を身につけ、思考力、創造力を養うために随所に創意工夫がなされた教科書シリーズ。物理分野、刊行開始!

力学 御領 潤　■既刊／本体価格2400円

電磁気学 中村 真 ＊

熱力学 河原林 透 ＊

量子力学 畠山 温 ＊

統計力学 出口哲生 ＊

解析力学 十河 清　■既刊／本体価格2400円

物理数学 山崎 了＋三井敏之 ＊

相対性理論 小林 努　＊8月刊行予定

振動・波動 羽田野直道 ＊

＊は続刊

「学問の世界」への最初の1冊

日本評論社
https://www.nippyo.co.jp/